电炉炼钢除尘与节能技术问答

沈 仁 华伟明 沈 曙 编著

北 京
冶 金 工 业 出 版 社
2009

内容提要

本书分为12章，采用一问一答的形式，较系统地介绍了电炉炼钢除尘与节能技术。本书对电炉除尘系统进行了较详细的“解剖”，具有很强的实用性；介绍了电炉烟气治理和钢厂电炉节能（含无功补偿滤波技术）的成功范例和经验心得，可供借鉴。本书力求语言简练、易读易懂易记，适合于读者阅读。

本书可供广大冶金环保工作者、电炉炼钢企业的管理人员、操作人员、设备维护人员和有关院校除尘与节能专业的教学人员阅读，也可作为冶金企业除尘与节能方面的培训材料。

图书在版编目（CIP）数据

电炉炼钢除尘与节能技术问答/沈仁，华伟明，沈曙编著. —北京：冶金工业出版社，2009. 3

ISBN 978-7-5024-4548-5

Ⅰ. 电… Ⅱ. ①沈… ②华… ③沈… Ⅲ. ①电炉炼钢—除尘—问答 ②电炉炼钢—节能—问答 Ⅳ. TF741-44

中国版本图书馆CIP数据核字(2009)第028437号

出版人 曹胜利
地　址 北京北河沿大街嵩祝院北巷39号，邮编100009
电　话 (010) 64027926 电子信箱 postmaster@ cnmip. com. cn
责任编辑 刘小峰 美术编辑 李 心 版式设计 张 青
责任校对 白 迅 责任印制 牛晓波
ISBN 978-7-5024-4548-5
北京百善印刷厂印刷；冶金工业出版社发行；各地新华书店经销
2009年3月第1版，2009年3月第1次印刷
850mm×1168mm 1/32；9. 625印张；256千字；284页；1-3000册
29. 00元

冶金工业出版社发行部 电话：(010)64044283 传真：(010)64027893
冶金书店 地址：北京东四西大街46号(100711) 电话：(010)65289081
（本书如有印装质量问题，本社发行部负责退换）

前　言

世界电炉钢比例占钢总产量的36%，电炉炼钢除了在传统的合金钢领域继续保持优势外，在普通钢领域也具有竞争力，因而它成为两大主要炼钢方法之一。中国近十年来电炉炼钢技术得到了飞速发展。电炉—精炼—连铸流程中，原料精料、电炉（超）高功率化、炉外精炼、连铸、连轧、连续热处理、环保除尘、系统自动化、在线检测和包装标准化等，正在成为电炉炼钢企业的奋斗目标。

由于钢铁冶金企业的不断加速发展，对大气排放烟尘及有毒有害气体也越来越严重，造成了钢厂周围及其城市乡村大气层的污染物严重超标，使生存环境严重恶化，并消耗了大量的能源和资源。我国电炉炼钢除尘在20世纪90年代就实施国家标准（GB 9078—1996）《工业炉窑大气污染物排放标准》。但有些企业治理任务仍十分艰巨，甚至有难度与阻力。这是涉及到国计民生的大问题，必须引起有识之士和环保工作者的关注。

钢铁企业是能源消耗的大户，特别是电炉炼钢，消耗的电能是二次能源。我国政府对节约能源高度重视，制定了一系列节能减排的政策及法规，从中央到地方都设立了节约能源的机构。电炉炼钢厂采用高新技术节电产品及需求侧能源管理，生产实践证明，可以取得显著成效，不仅有巨大的经济效益，还显示出明显的社会效益。

生产、环保、节能实践证明，具有同样电炉除尘设备装备水平的电炉钢厂，有的可能烟尘等排放物达标，车间内空气环境符合标准，产量也创造了纪录，而有的却可能达不到令人满意的效果，消耗了能源并影响了钢产量。其关键取决于除尘操作人员的素质，虽然电炉除尘与节能技术不是什么尖端技术，然而要全面掌握其相关知识也不是一件容易的事，需要对从事电炉炼钢的生产、除尘、管理操作人员进行较系统的职业技术培训，并结合实践进行学习。作者有幸多年从事冶金电炉炼钢厂除尘与节能技术的研究、设计、实践工作，对该课题有所积累与建树。在节能减排方针的指导下，作者向重视该课题的专家、技术人员、有丰富实践操作经验的一线工人多次请教，共同商讨，进行总结，采用一问一答的形式编写成本书。本书力求语言简练、易读易懂易记，适合于技术工人阅读，希望本书能够成为广大冶金环保工作者与电炉除尘与节能技术一线管理、操作人员和有关院校师生学习基础理论、提高知识水平和操作技能的、有实用价值的辅导材料。

本书可分为两部分，第一部分介绍电炉炼钢除尘技术，较系统地阐述了电炉炼钢除尘技术系统的基本知识、有关数据及概念，各种烟尘与烟气的处理方法及除尘系统的检测，操作与控制等内容；第二部分介绍电炉炼钢节能技术（含无功补偿滤波技术)，着重介绍了德国法兰克盖姆普能源控制（无锡）有限公司开发的高新技术节电产品及国家 DSM 项目需求侧能源管理技术。这项技术与产品属于国家“十五”攻关项目及中国科学院清洁能源项目，其成功运用的项目获得了国家巨额节能奖。读者可以登陆网站 http：//www. frankeenergy. com 进一步了解有关专项技术介绍。

问渠哪得清如许，为有源头活水来。在本书出版过程中得到了冶金工业出版社、无锡东航环保工程有限公司、德国法兰克盖姆普中国代表处、冶金环保工程设计院等领导及有关人员以及深圳航空有限责任公司无锡分公司刘军总经理、薛冬泉副总经理的大力支持，对此深表谢意。

最后我们对为编写本书提供帮助的同志表示衷心的感谢，他们是王永忠、宋七棣、许汝钟、王阿英、沈磊、曹晓明、贾伟勃、吴建伟等。

由于编著者水平所限，书中不当之处，恳请读者批评指正。

编著者

2008 年 11 月

目　　录

1　电炉炼钢除尘技术基础

1.1　电炉除尘基础知识 …………………………………… 1
1. 电炉炼钢除尘的概念是什么？ …………………… 1
2. 电炉车间的组成和特点是什么？ ………………… 1
3. 常见的炼钢方法有哪些？ ………………………… 2
4. 电炉冶炼的主要方法有哪几种？ ………………… 3
5. 什么是氧化法？ …………………………………… 3
6. 什么是不氧化法？ ………………………………… 3
7. 什么是返回吹氧法？ ……………………………… 3
8. 电炉炼钢的特点是什么？ ………………………… 4
9. 电炉有哪几种除尘方法？ ………………………… 4
10. 电炉炼钢车间产生的有害物有什么特点？ ……… 5
11. 电炉炼钢车间主要有害物的来源有哪些？ ……… 6
12. 什么是烟气？ ……………………………………… 7
13. 烟气的主要成分是什么？ ………………………… 7
14. 何为烟气含尘量？ ………………………………… 8
15. 何为烟气温度？ …………………………………… 8
16. 粉尘的性质包括哪些内容？ ……………………… 8
17. 电炉烟尘有什么主要特征？ ……………………… 9
1.2　排烟量和排气方式 …………………………………… 9
18. 什么是电炉炉气量？ ……………………………… 9
19. 什么是钢包精炼炉炉气量？ ……………………… 9
20. 电炉炉内排烟量计算有几种方法？ ……………… 10
21. 何为综合计算法？ ………………………………… 10

22. 何为热平衡计算法? …… 10
23. 电炉炉外排烟有几种方法? …… 10
24. 何为炉外排烟屋顶罩? …… 10
25. 何为屋顶罩排烟量? …… 10
26. 密闭罩的结构形式有何特点? …… 11
27. 密闭罩排烟量如何确定? …… 11
28. 计算密闭罩排烟量有哪三种经验方法? …… 12
29. 什么是兑铁水罩排烟量? …… 12
30. 烟气导流板（罩）排烟量如何确定? …… 12
31. 什么是钢包精炼炉排烟量? …… 12
32. 什么是铁水倒罐站排烟量? …… 12
33. 什么是铁水脱磷站排烟量? …… 13
34. 怎样估算电炉散状料和辅原料的排烟量? …… 13
35. 何为直接式炉内排烟? …… 13
36. 什么是脱开式炉内排烟? …… 13
37. 什么是兑铁水罩排烟? …… 13
38. 何为烟气导流板（罩）排烟? …… 14
39. 什么是钢包精炼炉炉内排烟? …… 15
40. 什么是钢包精炼炉炉外排烟? …… 15
41. 什么是铁水倒罐站排烟? …… 15
42. 何为铁水脱磷站排烟? …… 15
43. 什么是电炉散状料和辅原料排烟? …… 16
44. 电炉散状料与辅原料排尘抽气罩设计应注意哪几点? …… 16
1.3 高温烟气冷却器 …… 16
45. 高温烟气有什么特性? …… 16
46. 什么是冷却方法的分类? …… 16
47. 何为直接冷却? …… 17
48. 何为间接冷却? …… 17
49. 冷却器的构造和分类有哪几种? …… 17

50. 强制风冷却器分几种？ …………………………… 17
51. 什么是饱和冷却塔？ …………………………… 17
52. 什么是蒸发冷却塔？ …………………………… 18
53. 水冷套管的用途是什么？ ………………………… 18
54. 水冷密排管进出口烟道的温度是多少？ ………… 18
55. 什么是自然对流空气冷却器？ …………………… 18
56. 强制风冷却器的冷却效果如何？ ………………… 18
57. 燃烧室的用途是什么？ ………………………… 18
58. 燃烧室分哪几种？ ……………………………… 19

2 袋式除尘器

59. 袋式除尘器有何特点？ ………………………… 20
60. 什么是长袋脉冲袋式除尘器？ …………………… 20
61. 大型长袋脉冲袋式除尘器有什么优点？ ………… 21
62. 什么是大型反吹风袋式除尘器？ ………………… 21
63. 反吹风袋式除尘器有什么特点？ ………………… 22
64. 影响袋式除尘器性能的主要因素是什么？ ……… 22
65. 袋式除尘器常用术语的含义是什么？ …………… 23
66. 什么是过滤面积计算及计算公式？ ……………… 24
67. 过滤风速的选择原则主要有哪几点？ …………… 24
68. 各类袋式除尘器的推荐过滤风速是多少？ ……… 25
69. 除尘器效率如何计算？ ………………………… 25
70. 设备阻力如何计算？ …………………………… 26
71. 漏风效率如何计算？ …………………………… 26
72. 压缩空气耗量如何计算？ ……………………… 26
73. 何为滤料？ ……………………………………… 27
74. 目前用于滤料的合成纤维主要有哪几种？ ……… 27
75. 滤料如何选用？ ………………………………… 27
76. 常用的LCM. D/G型大型长袋脉冲式除尘器
外形是什么样？ ………………………………… 27

77. 大型长袋脉冲除尘器的主要特点有哪些？ ………… 27
78. 什么是常用的 LFSF-D 大型反吹风袋式除尘器？…… 29
79. 大型反吹风袋式除尘器有何特点？ ……………… 29
80. 常用的 LCPM 型系列中型脉冲布袋除尘器有何特点？ ……………………………………… 29
81. 常用的 LCPM/GS 型系列中型离袋脉冲除尘器有何特点？ ……………………………………… 30
82. 常用的 ZC 型系列回转反吹风袋式除尘器主要特点是什么？ …………………………………… 31
83. 常用的 FSF 型系列三状态反吹风袋式除尘器主要特点是什么？ ……………………………… 31
84. 还有哪几种常用特式除尘器？ …………………… 31
85. 长袋低压脉冲袋式除尘器在 100t 电炉上的应用效果如何？ ………………………………… 31
86. 长袋低压脉冲袋式除尘器在 3 台 30t 电炉除尘系统的应用效果如何？ ……………………… 32
87. 反吹风袋式除尘器在 150t 电炉上应用效果如何？ ……………………………………… 32
88. 长袋低压脉冲袋式除尘器在 60t 电炉上的应用效果如何？ ………………………………… 32

3 除尘管道和输送设备

3.1 输排灰装置 ……………………………………… 33
89. 什么是输排灰装置？ …………………………… 33
90. 螺旋输送机如何选用？ ………………………… 33
91. 埋刮板输送机如何选用？ ……………………… 34
92. 斗式提升机如何选用？ ………………………… 35
93. 什么是气力输送装置？ ………………………… 35
94. 什么是排灰装置？ ……………………………… 36
95. 排灰装置的选用要求有几点？ ………………… 36

96. 插板阀有哪几种? …………………………………… 37
97. 什么是双层卸灰阀? ………………………………… 37
98. 锁气钢板卸灰阀有何特性? ………………………… 37
99. 什么是旋转卸灰阀? ………………………………… 37
100. 什么是贮灰仓? …………………………………… 37
101. 贮灰仓选用要求有哪几点? ……………………… 38
102. 料位计的用途是什么? …………………………… 39
103. 简易布袋除尘器用于何处? ……………………… 39
104. 什么是料仓振动防闭塞装置? …………………… 39
105. 空气炮的作用是什么? …………………………… 39
106. 空气锤的作用是什么? …………………………… 39
107. 贮灰仓需配置哪些辅助设置? …………………… 40
3.2 除尘管道系统 ………………………………………… 40
108. 除尘管道系统有何作用? ………………………… 40
109. 管道设计主要要求有哪几点? …………………… 40
110. 管道结构的含义是什么? ………………………… 41
111. 常用除尘管道的规格与壁厚是多少? …………… 41
112. 什么是管道加固? ………………………………… 42
113. 管道加固的常用钢材规格有哪几种? …………… 42
114. 加强筋的距离为多少适宜? ……………………… 42
115. 管道用什么材质较合理? ………………………… 42
116. 管道内的烟气密度如何计算? …………………… 42
117. 烟气量如何计算? ………………………………… 43
118. 如何计算管径? …………………………………… 43
119. 管道局部阻力损失如何计算? …………………… 44
120. 管道摩擦阻力损失如何计算? …………………… 44
121. 什么是管道的总阻力,如何计算? ……………… 44
122. 什么是管道固定支座? …………………………… 45
123. 管道支座的跨距要求是多少? …………………… 45
124. 什么是管道滑动支座? …………………………… 45

125. 管道摩擦阻力如何计算？ …… 45
126. 滑动摩擦副有什么优点？ …… 46
127. 什么是管道平面滑动支座？ …… 46
128. 什么是平面导向支座？ …… 46
129. 什么是管道膨胀补偿技术？ …… 47
130. 什么是非金属补偿器？ …… 47
131. 什么是金属波纹补偿器？ …… 47
132. 金属波纹补偿器的选用条件是什么？ …… 48
133. 什么是管道保温？ …… 48
134. 常用的保温材料有哪几种？ …… 49
135. 什么是管道的涂装？ …… 49
136. 什么是管道与设备腐蚀？ …… 49
137. 什么是除锈？ …… 49
138. 涂料使用时需要注意什么？ …… 49
139. 涂料中的底漆、中间漆、面漆分别应有什么性能？ …… 49
140. 除尘管道常用什么色卡？ …… 50
141. 什么是涂料牌号？ …… 50
3.3 除尘配套设备 …… 50
142. 什么是管道阀门，它的作用是什么？ …… 50
143. ZKJW-OICKB 型电动高温蝶阀适宜用在何处？ …… 50
144. ZKJW-O1 型电动蝶阀适宜用在何处？ …… 50
145. $ZK_{C}^{Y}VB$-0.05 型电动百叶圆式、窗式阀适用何处？ …… 51
146. ZSS^{W_R} 系列气动软密封蝶阀的概念是什么？ …… 51
147. 什么是 ZSSW 系列气动调节蝶阀？ …… 51
148. $Z_{SC}^{MA}W$-0.$1G_{B}^{K}$ 型气动高温蝶阀适宜用在何处？ …… 51
149. 火花捕集器的构造如何？ …… 51
150. 火花捕集器有什么用途？ …… 51
151. 烟气混合室的简单构造怎样？ …… 52

152. 烟气混合室有什么用途? …… 52
153. 烟囱(或排气筒)有什么用? …… 52
154. 大气污染物排放量如何计算? …… 52
155. 烟囱功能如何计算? …… 54
156. 烟囱设置有哪几条原则? …… 54

4 风机与配套电机

157. 除尘系统风机类型可分哪几类? …… 55
158. 风机的运行特性主要有哪几点? …… 55
159. 风机的主要性能参数要注意哪几点? …… 55
160. 什么是风机的特性曲线? …… 56
161. 气体密度对风机性能的影响有哪几点? …… 58
162. 叶轮直径对风机性能的影响有哪几点? …… 58
163. 什么是风机的并联工作? …… 59
164. 什么是风机的串联工作? …… 61
165. 怎样选用风机? …… 63
166. 如何进行风机选型计算? …… 63
167. 如何根据风机所处位置进行分类? …… 63
168. 风机结构形式大概分哪几种? …… 64
169. 风机耐磨措施有哪些? …… 65
170. 风机选用要求有哪几点? …… 65
171. 在选用电机时应注意哪几点,电机功率如何计算? …… 66
172. 液力耦合器的作用是什么? …… 67
173. 液力耦合器的工作原理是什么? …… 67
174. 风机布置均应遵守哪几点原则? …… 67
175. 什么是风机的隔振和消声? …… 69
176. 如何计算风机的声压和声功率级? …… 69
177. 什么是风机隔振措施? …… 69
178. 消声器的作用是什么? …… 71

179. 用于除尘系列的消声器有哪4种？ …… 71
180. 什么是风机的运行调节和节能？ …… 71
181. 风机的调节方法一般分哪两类？ …… 71
182. 什么是改变管网的性能曲线？ …… 72
183. 什么是改变风机性能曲线？ …… 72
184. 如何改变风机转速？ …… 72
185. 系统选择调速节能时应注意哪几点？ …… 72
186. 何为改变风机进口导流器叶片安装角度？ …… 72
187. 风机运行故障来自于哪些方面？ …… 73
188. 简明系统性能故障分析和排除方法是什么？ …… 73
189. 简明设备机械故障分析和排除方法是什么？ …… 74

5　除尘系统方案设计与实例简介

190. 除尘系统有哪几种组成？ …… 76
191. 什么是一次烟气排烟除尘系统？ …… 76
192. 电炉一次烟气除尘系统的工作特点是什么？ …… 76
193. 钢包精炼炉一次烟气除尘系统的工作特点是什么？ …… 79
194. 什么是电炉与精炼炉一次烟气排烟相结合的方案？ …… 80
195. 什么是二次烟气排烟除尘系统？ …… 80
196. 什么是电炉密闭罩和屋顶罩排烟？ …… 80
197. 什么是钢包精炼炉炉顶活动烟罩排烟？ …… 80
198. 什么是铁水倒罐和铁水脱磷排烟？ …… 84
199. 一次烟气与二次烟气排烟系统合并的优点是什么？ …… 84
200. 什么是电炉炉内排烟与屋顶罩排烟相结合？ …… 84
201. 什么是电炉炉内排烟与密闭罩排烟相结合？ …… 84
202. 什么是电炉炉内排烟与屋顶罩和密闭排烟相结合？ …… 84

203. 什么是电炉和精炼炉炉内排烟与屋顶罩排烟相结合？……90
204. 什么是电炉和精炼炉炉内排烟与电炉屋顶罩和密闭罩排烟相结合？……90
205. 什么是电炉半密闭导流罩形式的屋顶罩排烟系统？……90
206. 什么是电炉导流罩形式的屋顶罩排烟系统？……90
207. 按设备设置除尘系统除尘系统如何划分？……90
208. 除尘正压系统有什么特点？……91
209. 除尘负压系统有什么特点？……91
210. 除尘系统按工艺类型划分有哪几种？……91
211. 电炉一次烟气除尘系统与综合导流式环流屋顶罩在实际工程应用中的除尘效果如何？……91

6　除尘系统的检测、操作和控制

212. 什么是除尘系统的检测？……93
213. 主要的检测内容有哪几方面？……93
214. 什么是除尘系统的操作和控制？……94
215. 控制系统有哪些部分组成？……94
216. 要实现自动控制的装置，归纳为哪4类？……95
217. 除尘系统的操作方式如何？……95
218. 各独立传动设备和控制阀的操作有哪两种方式？……95
219. 典型的电炉除尘系统连锁内容有哪些？……96
220. 典型的除尘系统在自动操作运行中，使用在人机接口上（MMI）的功能键“电炉除尘系统运行”则会启动哪些顺序？……97
221. 系统开机需要做哪些准备？……98
222. 对于开机准备，尤其在第一次开机和长期的关机或大修改造以后，需检查哪些项目？……98

223. 什么是正常关机? …………………………………… 99
224. 什么是系统运行趋势? ……………………………… 99
225. 系统故障报警包括有哪些内容? ……………………… 100
226. 画面显示有哪些内容? ……………………………… 100

7 电炉炼钢的发展趋势与节能技术概述

227. 除尘系统风机的节电改造措施现状情况如何? … 101
228. 节电方案的原则是什么? …………………………… 101
229. 自动控制方案有哪些? ……………………………… 102
230. 电炉车间除尘系统风机节电方案分析考虑
哪些内容? ………………………………………… 102
231. 转炉车间除尘系统风机节电方案分析
哪些内容? ………………………………………… 104
232. 多烟尘捕集罩除尘系统风机节电方案应考虑
哪些内容? ………………………………………… 104
233. 列举节电效益实例分析? …………………………… 105
234. 投资(一套除尘系统)费用概算是多少? ……… 106
235. 节电方案实施步骤是什么? ………………………… 106
236. 通过风机节能改造措施可以得出什么结论? …… 106
237. 什么是LF钢包精炼炉,它的加热装置的
特点有哪些? ……………………………………… 106
238. 什么是LFV钢包精炼炉? ………………………… 107
239. 什么是VD炉? …………………………………… 107
240. 电炉容量及功率发展的趋势如何,什么是HP,
什么是UHP? ……………………………………… 108
241. 电炉容量及功率增大带来什么问题? …………… 109
242. 什么是功率补偿,功率补偿方式有哪几种? …… 109
243. 直流电炉的优点是什么,问题是什么? ………… 110
244. 电炉节能有哪些主要技术手段? ………………… 111
245. 电炉炼钢发展趋势如何? ………………………… 111

246. 电炉容量的变化趋势如何？ …………………… 112
247. 电炉炼钢，从环境保护角度分析，带来哪些危害，如何防止？ …………………………… 113
248. 电炉节能有哪些技术方法？ …………………… 114

8　能源管理及无功补偿技术

8.1　能源（负荷）管理 …………………………… 115
249. 为什么要开展能源（负荷）管理？ ………… 115
250. 能源（负荷）管理的作用及意义是什么？ ……… 116
251. 能源（负荷）管理系统包括哪些内容？ ……… 118
252. 什么样的企业(用户)适合能源(负荷)管理？ …… 119
253. 怎样开展能源（负荷）管理？ ………………… 120
254. 政府对开展能源（负荷）管理有哪些相关政策？ ………………………………… 122
255. 主要能源（负荷）管理成功范例有哪些？ ……… 122
256. 能源（负荷）管理的原理是什么？ ………… 123
257. 江苏锡钢为什么采用能源（负荷）管理，系统是如何设计的？ ……………………… 127
258. 江苏锡钢采用能源(负荷)管理后的效果如何？ …… 129
259. 江苏淮钢为什么采用能源（负荷）管理，系统是如何设计的？ ……………………… 130
260. 江苏淮钢采用能源(负荷)管理后的效果如何？ …… 134
261. 宝钢上海五钢及湖南衡阳钢厂采用能源（负荷）管理后的效果如何？ ………………… 135
262. 为更好开展能源(负荷)管理的建议有哪些？ …… 136
8.2　无功（滤波）补偿技术 …………………… 137
263. 提高功率因数对节能有什么意义？ ………… 137
264. 提高企业用电设备自然功率因数的方法有哪些？ …………………………………… 138
265. 无功功率补偿的种类有几种？ ……………… 141

266. 就地、集中补偿的技术应注意哪些问题? ········ 141
267. 电容补偿控制及安装方式的选择原则是什么? ··· 142
268. 如何进行无功功率补偿? ························ 142
269. 如何选择电容器组的投切方式? ················ 144
270. 无功自动补偿的调节方式有哪些? ·············· 144
271. 电容补偿的应用效果如何? ······················ 144
272. 10kV 配电网系统是如何进行节能设计的? ········ 146
273. 无功补偿的发展趋势如何? ······················ 147

9 低压充气式电容器及其无功补偿装置

274. 什么是 GMKP 充气式小型化环保型低压
电容器? ·· 149
275. 低压电容器是如何演变的? ······················ 150
276. GMKP 低压充气式环保型电容器的结构与
关键工艺有哪些? ······································ 151
277. GMKP 的性能特点有哪些? ······················ 151
278. 什么是 GMKPb 自动智能无功(抑谐防振)
补偿方案及装置? ······································ 158
279. GMKPb 为什么采用带串联电抗器保护? ··········· 158
280. 气体介质型圆柱形环保化电容器 GMKP 的
特点是什么? ·· 160
281. 全自动智能型控制器的特点是什么? ············ 162
282. 投切接触器及熔断器负荷开关的特点是什么? ··· 163
283. 自动多功能跟踪与控制的特点是什么? ·········· 164
284. 模块式/抽屉式结构的特点是什么? ·············· 165
285. 小型化模块是如何组装的? ······················ 166
286. GMKPb 电气原理图如何? ························ 168
287. GMKPb 的经济评价如何? ························ 168
288. 什么是 GMKPbst 智能型动态无功(滤波)
补偿装置? ·· 171

289. GMKPbst 智能型动态无功（滤波）补偿装置的适用范围和主要作用是什么？ …… 172
290. GMKPbst 智能型动态无功（滤波）补偿装置的工作原理是什么？ …… 172
291. GMKPbst 智能型动态无功（滤波）补偿装置的技术特点是什么？ …… 173
292. GMKPbst 智能型动态无功（滤波）补偿装置的主要功能是什么？ …… 175
293. 什么是 GMKPbr（TR）晶闸管（可控硅）快速开关滤波补偿装置，它的配置如何？ …… 176
294. GMKPbr（TR）晶闸管（可控硅）快速开关滤波补偿装置的配置如何？ …… 177
295. GMKPbr（TR）晶闸管（可控硅）快速开关滤波补偿装置有什么功能？ …… 177
296. GMKPb“非等比”补偿（滤波）装置大型电耗企业运用效果如何？ …… 178
297. GMKPb“非等比”补偿（滤波）装置还有哪些成功运用？ …… 181

10　高压电容器及其无功补偿装置

10.1　高压 GMKP 电容器及其使用 …… 182
298. 什么是高压 GMKP 电容器？ …… 182
299. 高压 GMKP 电容器的主要性能指标有哪些？ …… 183
300. 高压 GMKP 电容器的结构特征有哪些？ …… 185
301. 高压 GMKP 电容器有哪些独特优点？ …… 187
302. 高压 GMKP 电容器应如何安装调试？ …… 189
303. 高压 GMKP 电容器应如何使用维护？ …… 191
304. 高压 GMKP 电容器在修理和运输贮存方面有哪些注意事项？ …… 193
305. 高压 GMKP 电容器的安装容量如何确定？ …… 194

10.2 高压无功补偿装置 …… 195
306. 高压无功补偿装置的设计中采用了哪些标准及规范? …… 195
307. 高压无功补偿装置的用途及使用环境条件有哪些? …… 196
308. 高压无功补偿装置的结构如何? …… 197
309. 高压无功补偿装置应如何安装? …… 199
310. 高压无功补偿装置应如何运行维护? …… 199
311. 高压无功补偿装置的连锁有哪些? …… 200
10.3 高压智能型自功补偿装置 …… 200
312. 高压无功补偿装置的设计和制造时遵循哪些标准? …… 200
313. 高压无功补偿装置的使用环境条件是什么? …… 201
314. 高压无功补偿装置的型号及其意义是什么? …… 202
315. 高压无功补偿装置的一次原理图如何? …… 202
316. 高压无功补偿装置的产品结构如何? …… 203
317. 高压无功补偿装置的布置图如何? …… 203
318. 高压无功补偿装置在安装时有哪些注意事项? …… 205
319. 高压无功补偿装置在运行及维护时有哪些注意事项? …… 206

11 谐波治理及滤波补偿装置

11.1 电力谐波危害及治理 …… 208
320. 谐波有哪些来源? …… 208
321. 谐波有哪些危害? …… 208
322. 治理谐波有哪些手段? …… 211
323. GMKPb/r 无功补偿(滤波)装置系统有哪些独特的优点? …… 213
11.2 高压谐波滤波补偿装置 …… 214
324. 什么是高压谐波滤波补偿装置? …… 214

325. 高压谐波滤波补偿装置的工作原理和参照标准是什么？ …… 215
326. 高压谐波滤波补偿装置的使用条件和技术特点是什么？ …… 215
327. 高压谐波滤波补偿装置的使用效果如何？ …… 216
11.3 主动式（有源）滤波器 …… 218
328. 主动式滤波器的工作原理是什么？ …… 218
329. 主动与被动式滤波器有什么差别？ …… 218
330. 主动式滤波器的组成架构有哪些？ …… 220
331. 主动式滤波器是如何工作的？ …… 220
332. 主动式滤波器有哪些应用特点？ …… 222
333. 电力系统谐波管制暂行标准对谐波电流失真率有哪些规定？ …… 223

12 无功补偿器件的选型及电源监测器的应用

12.1 无功补偿器件及装置设计选型参数简明指南 …… 225
334. 如何选择电容器？ …… 225
335. 如何选择熔断器和连接电缆？ …… 226
336. 如何选择串联电抗器的电抗率？ …… 227
337. 如何选择串联电抗器后电容器容量、设定电压及电缆截面、熔丝电流？ …… 227
338. 如何选择自动控制器？ …… 228
339. 如何选择无功补偿柜通风及单柜的容量？ …… 228
340. 各类电容器补偿装置有何区别？ …… 229
12.2 GMKP61-830 电源（电压/谐波）监测器的应用 … 230
341. GMKP61-830 电源（电压/谐波）监测器的用户有哪些？ …… 230
342. GMKP61-830 测试仪的用途有哪些？ …… 230
343. 什么会造成电能质量下降？ …… 231
344. 什么是电压骤降？ …… 232

345. 什么是电压骤升？ …………………………… 233
346. 什么是浪涌？ ………………………………… 233
347. 谐波有什么影响？ …………………………… 234
348. 如何确定故障是否与电源质量有关？ ……………… 234
349. 为什么 SureTest 电路分析仪（GMKP61-164）
可以用于测试分支电路的电压骤降？ ……………… 237
350. 如何判断接地不良？ ………………………… 237
351. 如何使用电能分析仪监测电能质量？ ……………… 238
352. 线缆探测仪的用途是什么？ …………………… 239
353. 改善电能质量的解决方案还有哪些？ ……………… 239

附　录 ………………………………………………… 240

附录 1　中华人民共和国国家标准《工业炉窑大气
污染物排放标准》（GB 9078—1996） ………… 240
附录 2　中华人民共和国国家环境保护标准《钢铁工业
除尘工程技术规范》（HJ 435—2008）（节录） …… 251
附录 3　电炉炼钢除尘和节能实例 ……………………… 280

参考文献 ……………………………………………… 284

1 电炉炼钢除尘技术基础

1.1 电炉除尘基础知识

1. 电炉炼钢除尘的概念是什么?

在电炉冶炼过程中，由于金属在高温下氧化、蒸发，造渣材料粉末飞扬及炉料中的可燃物质的燃烧而产生大量的烟尘，还有其他有害气体。根据测定，一般熔炼 1t 钢产生 8～12kg 烟尘，在吹氧时，烟尘质量浓度高达 $18g/m^3$，烟尘颗粒 90% 在 1μm 以下。因此，对电炉冶炼所产生的大量烟尘、有害气体，必须采取消烟除尘措施，否则会影响操作人员的健康并污染厂区周围环境，也是国家环境保护法规——《大气污染物排放标准》(GB 9078—1996) 所不允许的。

2. 电炉车间的组成和特点是什么?

根据电炉炼钢工艺流程，炼钢车间由散状料的上料和投料工段、铁水倒罐站、铁水脱磷站、电炉、精炼钢包炉等工段组成。

电炉主要是通过用废钢、铁合金和部分渣料进行配料冶炼，根据不同的钢种要求，可以接受高碳铬铁水和脱磷铁水，然后熔制出碳钢或不锈钢水供连铸用。电炉炼钢时产生的有害物污染主要体现在电炉加料、冶炼和出钢这三个阶段。

电炉冶炼一般分为熔化期、氧气期和还原期，熔化期主要是炉料中的油脂类可燃物质的燃耗和金属物质在电极通电达高温时的熔化过程，此时产生黑褐色烟气。氧化期强化脱碳，由于吹氧或加矿石而产生大量灰褐色浓烟。还原期主要是去除钢中的氧和硫，调整化学成分而投入炭粉等渣材料，产生白色和黑色烟气。

在三个冶炼期中，氧化期产生的烟气量最大，含尘浓度和烟气温度最高，因此，电炉除尘系统应按氧化期资料进行设计。

普通功率电炉的冶炼过程中和各期的持续时间取决于所冶炼的钢种及电炉的容量和吹氧强度。

3. 常见的炼钢方法有哪些？

目前世界各国采用的炼钢方法主要是转炉（氧气顶吹转炉为主）炼钢和电炉炼钢两种：

（1）转炉炼钢。炼钢（氧气顶吹转炉、顶底复合吹炼转炉、侧吹转炉、底吹转炉）炼钢，是利用氧与铁水中的碳、硅、锰、磷元素反应放出的热量来进行冶炼的，不用从外部进行加热。目前，世界上每年约有60%的钢是用转炉（碱性氧气转炉）生产的。虽然近年电炉钢发展较快，使高炉—转炉流程受到一定的冲击，但转炉有着铁源来自矿石、钢质纯净等优势，因此在世界上转炉炼钢仍然占据主要份额。

（2）电炉炼钢。电炉炼钢是利用电能作为主要热源来进行冶炼。最常用的电炉有电弧炉和感应炉两种。而电炉炼钢占电炉钢产量的绝大部分。一般所说电炉即是指电弧炉。

电炉可全部用废钢作金属原料，可冶炼力学性能和化学成分要求严格的钢，如特殊工具钢、航空用钢和不锈钢等。

电炉按所用的炉衬分为酸性和碱性两种。目前主要用碱性电炉，这种炉子可以有效地去除钢中的硫，这是其他炼钢方法所不及的。随着世界钢铁生产的发展，电炉钢的比例不断提高，目前占世界钢产量的30%左右，尤其以电炉—连铸—连轧为特点的电炉短流程工艺的确立，使电炉钢得到很大的发展。

世界上近年来发展的新型电炉主要有超高功率电炉、直流电炉、双壳电炉、竖炉电炉等。随着炉外精炼工艺的发展，电炉作为初炼炉的功能更加突出。电炉—精炼炉的联合操作，使电炉的冶炼周期大大缩短，有生产节奏转炉化的趋势，生产效率大大提高。

4. 电炉冶炼的主要方法有哪几种?

电炉冶炼的主要方法有氧化法、不氧化法和返回氧化法三种。一般以有无氧化期来区分氧化法和不氧化法。而返回氧化法是介于两者之间的一种冶炼方法。该方法虽有氧化期，却又不具有氧化期的全部任务，同时要进行预还原期，也有将其归入氧化法的。

5. 什么是氧化法?

氧化法是指整炉钢包括熔化期、氧化期、还原期、出钢全过程的一种冶炼方法。氧化法的主要特点是具有氧化期的全部任务。

6. 什么是不氧化法?

不氧化法是一种没有氧化期，而只有熔化期、还原期至出钢全过程的一种冶炼方法。其主要特点是没有氧化期，一般不供氧，因此不能脱磷。装料时各元素成分配入为规格的中下或略低于下限，炉料全部熔化后，只要达到温度要求，就可以还原，调整成分出钢。

7. 什么是返回吹氧法?

返回吹氧法是一种利用返回料回收合金元素，并通过吹氧脱碳来去气、去杂质，从而保证钢的性能要求的冶炼方法。配料时，合金元素可配至接近规格或稍低些，炉料熔化至80%左右时，适量吹氧助熔。炉料全部熔化，钢水达到一定温度（一般为1570℃左右）时，吹氧脱碳（脱碳量一般不小于0.1%），然后用硅铁粉或碳化硅进行预脱氧，再扒渣、还原，最后调整成分，出钢。

8. 电炉炼钢的特点是什么?

电炉炼钢主要指电弧炼钢，是目前国内外生产特殊钢的主要方法。电炉主要是利用电极与炉料间的电弧发出的热量来炼钢，其优点为：

（1）热效率高，一般可达到65%以上；

（2）温度高，电弧区温度高达3000℃以上，可使钢水加热到1600℃以上，满足冶炼不同钢种的要求；

（3）在冶炼的不同阶段，炉内不仅能造成氧化性气氛，还能造成还原性气氛，能使炉渣成分相对稳定，有利于去除钢铁中有害杂质和非金属夹杂物，回收合金元素，钢的成分也容易控制；

（4）设备比较简单，占地少，投资省，建厂快，容易控制污染。

但电炉炼钢也存在一些问题，如电弧使空气和水蒸气电离，生成的氢和氮如进入钢水，将影响钢的质量；电弧是点热源，炉内温度分布不均匀，熔池平静时各部分钢水温度相差较大。

9. 电炉有哪几种除尘方法?

电炉冶炼过程中，由于金属在高温下氧化、蒸发、造渣材料粉末飞扬及炉料中的可燃物质的燃烧而产生大量的烟尘。对电炉冶炼所产生的大量烟尘，必须采取消烟除尘措施，否则会影响操作人员的健康以及周围环境。

电炉排烟方式一般有两种：

（1）炉内排烟。在电炉炉顶耐火砖上开一个孔，直接从炉膛内排出烟气。主要特点是排烟量小，相应的净化设备小，可加快降碳速度，缩短氧化期，电炉大架上部排烟装置构造简单。缺点是还原期冶炼气氛不易控制，对造渣有影响，故必须关小或关闭风门，因此在还原期排烟效果较难保证。

（2）炉外排烟。在电炉炉盖上方设排烟罩。主要特点是不影响电炉冶炼，使用维护较简单。缺点是由于炉盖上加设排烟罩，使电极行程缩短，有时需要相应加高电极提升架，调换电极水冷圈不方便，排烟量较大，净化设备与投资较大。

电炉烟尘的特点是粒度细、浓度高，并有一定的腐蚀性。因此，一般干式旋风除尘器或低阻力的湿式除尘器都无法应用。通常采用下列三种高效除尘设备：

（1）湿式除尘器——文氏管洗涤器。优点是高温烟气冷却容易解决，处理烟气量比较小。缺点是动力消耗大，污泥清理比较困难。

（2）静电除尘器。优点是操作管理简单，动力消耗低。缺点是除尘效率不稳定，对高电阻率的烟尘器进口烟气温度一般要求低于150℃。

（3）滤袋除尘器。优点是净化效率稳定，而且比上述两种除尘器稍高，动力消耗低。缺点是占地面积大，需备用滤料（工业用涤纶绒布等不易购置），除尘器进口烟气温度一般要求低于150℃。

10. 电炉炼钢车间产生的有害物有什么特点?

电炉炼钢车间产生的有害物的特点为：

（1）集中固定源。即车间内各工段生产地点固定，生产过程中，生产节奏较强，便于除尘烟罩的设置和操作控制。

（2）烟尘排放量大。车间各生产工段均会产生较大的烟尘，特别是电炉炼钢时的废钢加料和电炉的氧化期阶段，烟尘排放量很大，从电炉炉口（交流电炉第4孔，直流电炉第2孔）排出的烟气含尘质量浓度高达30g/m^3（标态）。

（3）连续排放，电炉炼钢车间24小时不间断生产。

（4）粉尘细而黏，电炉炉口排出的粉尘粒径相当的小，粒径小于10μm的粉尘在80%以上。废钢中含有油脂类以及炼钢时所采用的含油烧嘴等都将在炼钢时产生黏性较大的粉尘而不易除去。

(5) 极高的烟气温度，从电炉炉口排出的含尘烟气，温度达1200~1600℃，需要对高温烟气进行强制冷却或采用湿风冷却方法。

(6) 烟气中含有煤气，从电炉第4孔（或第2孔）排出的烟气中含有少量的煤气，为保证除尘系统的安全可靠运行，一般设置燃烧室等装置保证燃烧室出口烟气中的煤气含量低于2%。

(7) 强噪声和辐射，特别是超高功率的电炉冶炼，产生的强噪声高达115ckb(A)以上，并伴有强烈的弧光和辐射。通常采用电炉密闭罩，可以防噪声与辐射，还可以提高烟气的捕集效率。

(8) 白烟和二噁英等很难被一般的除尘装置净化，必须通过一个更高的温度环境以便祛除或采用蒸发冷却塔通过水浴急冷来阻止二噁英等形成。目前我国也有几个钢厂采用了这两种技术和治理措施。

11. 电炉炼钢车间主要有害物的来源有哪些？

电炉炼钢车间主要有害物的来源见表1-1。

表1-1 主要有害物的来源

工段名称	产生有害物源	主要有害物
铁水倒罐站	倒铁水	烟尘、辐射热
铁水脱磷站	喷　吹	烟尘、辐射热
	扒　渣	烟　尘
配　料	合金散状料和辅料输送	粉　尘
电　炉	加料、出钢、扒渣	烟　尘
	熔炼、兑铁水	烟尘、辐射热
	冷却炉盖	粉　尘
精炼炉	加　料	烟　尘
	熔　炼	烟尘、辐射热

12. 什么是烟气？

冶金或燃烧过程中形成的气体中含有一定数量的水分和其他成分，通称烟气。

13. 烟气的主要成分是什么？

电炉与其他设备生产烟气中主要是以空气为主，详细成分可以查表 1-2；*a*、*P*、*N* 的相互关系及相应的烟气成分如表 1-2 所示。电炉烟气中还存在着极少量的 NO_x 和 SO_x 等。

表 1-2　*a*、*P*、*N* 的相互关系及相应的烟气成分

a	*P*	*N*	烟气成分(体积分数)/%			
			CO_2	CO	O_2	N_2
0.5	0.30	2.04	15	34	5	46
0.6	0.39	2.23	17	27	5	51
0.7	0.46	2.44	19	22	5	54
0.8	0.52	2.64	20	18	5	57
0.9	0.58	2.85	20	15	6	59
1.0	0.63	3.07	20	12	6	62
1.1	0.67	3.28	20	10	7	63
1.2	0.71	3.50	20	8	7	65
1.3	0.74	3.72	20	7	8	65
1.4	0.77	3.95	19	6	8	67
1.5	0.80	4.17	19	5	8	68
1.6	0.82	4.40	19	4	9	68
1.7	0.84	4.63	18	4	9	69
1.8	0.86	4.86	17	3	10	70
1.9	0.88	5.08	17	2	10	71
2.0	0.89	5.32	17	2	10	71
2.1	0.90	5.55	16	2	11	71

续表 1-2

a	P	N	烟气成分(体积分数)/%			
			CO_2	CO	O_2	N_2
2.2	0.91	5.79	16	2	11	71
2.3	0.92	6.02	15	2	12	71
2.4	0.925	6.25	15	1	12	72
2.5	0.93	6.49	14	1	12	73
2.6	0.935	6.72	14	1	12	73
2.7	0.94	6.96	14	1	12	73
2.8	0.945	7.20	13	1	13	73
2.9	0.945	7.43	13	1	13	73
3.0	0.945	7.68	12	1	13	74

14. 何为烟气含尘量?

烟气中含尘量的大小与炉料的品种、清洁度及所含杂质有关，也与冶炼工艺和操作有关。一般中小型电炉与熔炼 1t 钢约产生 8 ~ 12kg 的粉尘，而大电炉可达 20kg；精炼炉产生 1 ~ 3kg 粉尘，铁水倒罐时的烟气含尘质量浓度（标态）约为 $3g/m^3$。当然，还有含油量、含水量、气体密度与气体黏度等。

15. 何为烟气温度?

气体温度是表示气体冷和热程度的物理量，气体温度直接与气体的密度，黏度和气体的体积等有关。烟气温度的大小，影响到除尘设备的设计和造型，如除尘器的滤料有常温和高温区分，规格也不同。30t 电炉排出烟气温度约为 1200 ~ 1400℃，高频电炉为 1400 ~ 1600℃。

16. 粉尘的性质包括哪些内容?

粉尘尘粒具有不同形状、颗粒度、密度和电阻率这四大基本特性，还有磨损性、荷电性、湿润性、黏着性和爆炸性，在除尘设计中需引起重视。

17. 电炉烟尘有什么主要特征?

电炉烟尘的主要特征为：

（1）烟气成分复杂，含有可燃可爆气体。

（2）烟气温度高，波动幅度大，烟气温度可达1200℃。

（3）烟尘成分复杂，主要为铁的氧化物外，还有金属氧化物、炭粒子等。

（4）烟尘粒子细，其平均粒径小于10μm。

（5）烟尘质量浓度变化较大。一般炉外烟气质量浓度在1.30 ~1.50g/m³，炉内质量浓度在1.5 ~20g/m³。

1.2　排烟量和排气方式

电炉和钢包精炼炉的排烟主要可分为炉内第4孔（或第2孔）排烟于炉外排烟两种方式，通常称一次烟气排烟和二次烟气排烟，还有铁水倒罐站和铁水脱磷站的排烟，将它划分为炉外排烟，即称为二次烟气排烟。

常用的炉内排烟有直接式炉内排烟，水平脱开式炉内排烟和弯管脱开式排烟等形式。

18. 什么是电炉炉气量?

电炉冶炼过程中，炉内铁水与吹入的氧气化学反应生成的气体称为炉气量。炉气量一般按氧化脱碳所生成的炉气中CO为主进行计算确定，根据经验，从电炉第4孔（或第2孔）排出的炉气量，按电炉超高功率的大小和吹氧强度，通常为（标态）250 ~550m³/t(钢)，烟气温度范围在1200 ~1600℃。

19. 什么是钢包精炼炉炉气量?

电炉炼钢的还原期均通过设置在炉外的钢包精炼炉（LF）

进行，钢包精炼炉排出的炉气量一般按工艺委托资料，通常吨钢（标态）为80～200m^3/t(钢)。烟气温度范围为15～200℃。

20. 电炉炉内排烟量计算有几种方法?

根据电炉公称容量、冶炼周期、吹氧强度、脱碳速度和电炉尺寸等工艺委托资料，进行电炉炉内排烟量计算，常用综合计算法与热平衡计算法两种。

21. 何为综合计算法?

综合计算法是按吹氧脱碳反应生成的炉气量和炉门等处进入的空气量作为计算基础（计算公式暂不列出)。

22. 何为热平衡计算法?

热平衡计算法主要以电炉熔化期的吹氧助熔引起的碳氧反应和废钢中的含油脂燃烧，以及从炉门等处进入的空气为基准。热平衡计算法是在某些假设的前提下进行的。

23. 电炉炉外排烟有几种方法?

电炉外逸于炉外的烟气，必须依靠电炉炉外排烟装置进行捕集，常用由炉外排烟屋顶罩和密闭罩及铁水抽气罩等三种排烟方法。

24. 何为炉外排烟屋顶罩?

将电炉炉顶部范围内的厂房架加以围挡形成烟屋顶罩，以排出电炉在加料和出钢等过程中所散发的大量烟尘。

25. 何为屋顶罩排烟量?

根据屋顶罩的实践使用效果与经验，将屋顶罩排烟当作一个高悬罩的排烟，以高悬的计算公式为基础，并进行局部的修改和调整。电炉为热源，并假想一个热源作为起始点，高悬罩口的热射流截面直径 D_C，可按下式计算：

$$D_C = 0.434H^{0.88} \tag{1-1}$$

式中 D_C——热射流截面直径，m；

H——自假想热源到排气罩口的距离，$H = h_1 + h_2$，m；

h_1——物体表面至罩口距离，m；

h_2——假想热点源距热表面的距离，$h = 2D$，m；

D——炉子的直径，m。

$$V_f = 3600 \times [v_f S_c + v_a (S_f - S_c)] \tag{1-2}$$

$$v_p = \frac{V_f}{3600 S_f}$$

式中 v_f——罩口排风量，m^3/h；

S_c——上升热气流在罩口处的横断面积，m^2；

S_f——罩口面积，m^2；

V_f——罩口排风量，m^3/h；

v_a——罩口其余面积（$S_f - S_c$）上所需的空气流速，m/s，通常取0.5～0.8m/s；

v_p——罩口气体平均流速，m/s。

在计算最小排风量时，必须考虑安全系数，对于水平热源表面，通常取15%的安全系数。

26. 密闭罩的结构形式有何特点？

密闭罩的结构形式有多种，又结合电炉出钢在内的结构形式，也有在电炉的操作平台上，没有将电炉出钢包括在内。

27. 密闭罩排烟量如何确定？

排烟量的计算一般按密闭罩的进风量计算方式：

$$V = 3600 \times S \times v \tag{1-3}$$

式中 V——风口进风量，m^3/h；

S——风口有效面积，$S = \beta S'$，m^2；

β——风口面积修正系数，一般取0.6～0.7；

S'——风口面积，m^2；

v——风口处的空气流速，m/s，通常取5m/s左右。

28. 计算密闭罩排烟量有哪三种经验方法?

密闭罩排烟量，一是按孔洞面积计算排烟量，按式1-3计算式中的气流速度。一般取1.0～3.5m/s。二是换气次数计算排烟量，按其容积的50～150次/h计算。三是按电炉吨钢估算排烟量，每吨钢排烟量估算为4000～6000m^3/h。

29. 什么是兑铁水罩排烟量?

当电炉采用30%～50%的铁水和65%～70%的废钢进行炼钢时，必须在电炉炼钢过程中间电炉兑高炉铁水。其排烟量可按屋顶罩的排烟公式计算，但该排烟量小于加废钢和出钢时的屋顶罩排烟量。可利用已有的密闭罩排烟量，一般兑铁水时的排烟量按每吨钢排烟量估算为4000m^3/h左右。

30. 烟气导流板（罩）排烟量如何确定?

烟气导流板（罩）排烟装置，是用于电炉吨位和功率不大、冶炼周期长的电炉老厂房除尘改造。排烟量可按电炉屋顶罩的计算方式。

31. 什么是钢包精炼炉排烟量?

钢包精炼炉的排烟方式也分为炉内与炉外，炉内排烟量（标态）估算为80～200m^3/h，温度为150～400℃。炉外排烟一般在精炼炉炉盖上加设活动罩排烟，或设屋顶罩排烟。

32. 什么是铁水倒罐站排烟量?

常规工艺的鱼雷罐车在铁水倒罐时产生的烟气通常被密闭的厂房屋顶罩抽走。其排烟（标态）分别按每吨钢3000m^3/h估算。

33. 什么是铁水脱磷站排烟量?

在进行铁水脱磷的喷吹和扒渣的设备上分别设置固定的抽气烟罩。由于温度较高（250～550℃），抽气烟罩需做成水冷或由耐火材料组成。顶部烟罩的排烟量（标态）一般按3500～4200m^3/h估算，扒渣时排烟量（标态）按1300～1800m^3/h估算。

34. 怎样估算电炉散状料和辅原料的排烟量?

在贮运和投料中产生的粉尘，通过被设在运载让头部与尾部、小车的出气管道处等落料和投料出的抽气专用罩抽走。排烟量一般由工艺设备提供。也可按下列进行估算：

皮带运输机头部与尾部排烟量	1200～3500m^3/h
振动给料点排烟量	1200～3500m^3/h
高位料仓卸料小车排烟量	5000～10000m^3/h

35. 何为直接式炉内排烟?

直接式炉内排烟是在电炉水冷炉盖上开设排烟孔即为第4孔或为2孔，通过第4孔（或2孔）的水冷排烟弯管与排烟系统管道连接，直接从炉内排出烟气。其特点是炉内排烟量较小，目前已很少采用这种排烟方式。

36. 什么是脱开式炉内排烟?

脱开式炉内排烟是在炉盖顶上的水冷弯管与排烟系统的管道之间脱开一段距离，用移动形式的活动套管来调节不同冶炼阶段的炉内烟量。这种脱开式炉内排烟在我国应用较普及，但使用效果不那么理想，其主因是活动套管的运行结果多因为时间长了不活动。

37. 什么是兑铁水罩排烟?

根据电炉冶炼工艺要求在炼钢过程中向电炉兑高炉铁水。

采用电炉溜槽兑铁水前，兑铁水侧的电炉密闭罩电动移门。首先被自动打开，设置在侧密闭罩移门上方的排烟罩管道阀门也被提前打开，捕集在密闭罩外小车逸出的烟气，从电炉溜槽上散出的烟气则被密闭罩抽走，当电炉兑铁水结束，密闭罩电动移门关闭后，排烟罩管道阀门才关闭。

当工艺采用直接向电炉兑铁水时，常用方法是利用电炉屋顶罩或密闭罩取代兑铁水排烟罩对烟气进行有效捕集。

38. 何为烟气导流板（罩）排烟？

烟气导流板（罩）排烟是在电炉合金加料一侧采用吸声耐温板固定，利用电炉出钢一侧的车间厂房隔墙，另一侧是电炉变电器外墙，在电炉操作面和变压器处采用“∠”形活动移门形式，并在移门顶部设置导流罩，引导电炉烟气上升到屋顶烟罩抽走（见图 1-1）。其特点是充分利用电炉烟气向上原理，使烟气进行异向进入屋顶烟罩。除尘系统较简单，操作方便，修理工作量小，但其主要缺点是电炉操作区内温度和岗位粉尘浓度相对较高。除尘效果不理想。

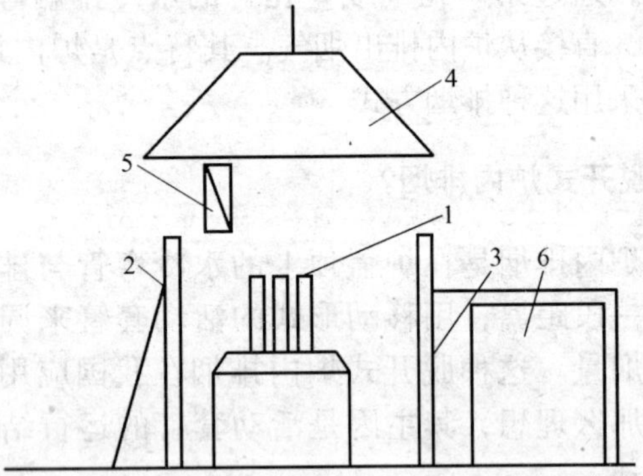

图 1-1　烟气导流板（罩）排烟

1—电炉；2—固定式吸声导流板；3—移动式导流板；

4—屋顶烟罩；5—行车；6—变压器室

39. 什么是钢包精炼炉炉内排烟?

钢包精炼炉生产是产生的烟气和粉尘，一般均在精炼炉顶盖上设有的排烟孔，排气孔尺寸大小与排烟孔，排气孔尺寸大小与排烟量与排烟效果有关。在精炼炉盖板上的水冷弯管与排烟系统的管道之间脱开一段距离，对活动套管进行人工调节，事先调好距离。有的没有活动套管，采用固定方式，另外对老厂精炼炉的除尘改造，还可以采用对精炼炉炉门加料处的管道排烟。

40. 什么是钢包精炼炉炉外排烟?

精炼炉工作时有少量烟气从加料孔、电极孔和炉门等外冒出在车间内造成了车间的局部污染，炉外排烟的目的就是捕集这部分烟气，但炉外排烟装置因受工艺操作条件的约束而设置较为困难。一般在精炼炉盖上架设活动罩排烟或设屋顶罩排烟。

41. 什么是铁水倒罐站排烟?

高炉铁水经专用铁路线被运输至炼钢车间的铁水倒罐站，进行混铁或混中脱硅倒罐，铁水罐被运往电炉或转炉，在铁水倒罐时产生烟气通常被密闭的厂房屋顶罩抽走。现今有一种更为先进的倒罐工艺是与除尘紧密相连，产生的烟气被倒罐坑烟罩抽走。烟气温度通常在250℃左右，外逸的烟气被设置在鱼雷罐车上的顶部烟罩抽走。

42. 何为铁水脱磷站排烟?

铁水脱磷站专为不锈钢电炉配置，即将来自铁水倒罐站混冲脱硅后的高炉铁水，在铁水脱磷站进行铁水脱磷的喷吹和扒渣，喷吹和扒渣的顶上分别设置固定的抽气烟罩，其中铁水脱磷喷吹时烟气温度较高，在250~550℃之间。铁水辐射热度较强，为此该抽气烟罩一般做成水冷或由耐火材料组成。

43. 什么是电炉散状料和辅原料排烟？

原辅料，如石灰石、白云石及铁合金等，运输到主下料仓，再由皮带输送机和卸料小车送入高位料仓，通过振动给料机等机械输送装置，向电炉和钢包精炼炉投入散状料和辅原料。在贮运投料过程中产生的粉尘，通过排尘抽气罩系统被抽走。排尘抽气罩系统设在转炉站的头部和尾部、小车的出气管道处等物料的落料处，电输送机械设备专业提供。

44. 电炉散状料与辅原料排尘抽气罩设计应注意哪几点？

电炉散状料与辅原料排尘抽气罩设计应注意：

（1）要注意罩内有一定的负压，罩口应避开含尘气流中心，防止吸入大量的粉料。

（2）提高抽气效果，罩口不宜靠近敞开空洞处。

（3）罩口的位置选择以不影响设备的操作和检修为好。

1.3 高温烟气冷却器

45. 高温烟气有什么特性？

与常温烟气相比，对温度在1300℃以上的烟气称为高温烟气。它的特征非常明显，主要表现在烟气的体积，密度和黏度变化较大，以及烟气的露点和爆炸极限的不同。

46. 什么是冷却方法的分类？

高温烟气在进入除尘设备前，由于受设备材料和结构条件所限，必须对高温烟气予以冷却降温。冷却降温的方法，可分成为水冷与风（空气）冷两种。按冷却介质之间换热方式的不同，又可分为直接冷却和间接冷却两大类。

47. 何为直接冷却？

直接冷却是利用水或空气直接与高温烟气进行混合，来达到降温的目的，可分为直接冷却和掺风冷却。

48. 何为间接冷却？

间接冷却是利用水或空气与高温烟气在换热管或换热片的内外，进行间接传热冷却来达到降温的目的。间接冷却分为间接水冷和间接风冷。

49. 冷却器的构造和分类有哪几种？

高温冷却器的种类很多，可以根据其构造和特点结合除尘工艺要求，进行计算和选用。大致为7种：

（1）饱和冷却器；

（2）蒸发冷却器；

（3）水冷套管；

（4）水冷密排管；

（5）自然对流空气冷却器；

（6）强制风冷却器；

（7）管式冷却器。

50. 强制风冷却器分几种？

强制风冷却器就其换热管（或换热片）结构本身划分可分为3种形式：（1）管式冷却器；（2）扁管式冷却器；（3）片状式冷却器。

51. 什么是饱和冷却塔？

饱和冷却塔是通过向高温大气大量喷水，液化比高达1～41kg/m^3，使高温烟气在瞬间冷却到相应的饱和温度。转炉煤气净化系统常用此冷却装置。电炉除尘中如采用布袋除尘，即为干法除尘，上述的饱和冷却塔设备不适用电炉的干法除尘。

52. 什么是蒸发冷却塔？

蒸发冷却塔是向高温烟气喷入适当的气水混合物颗粒，使高温烟气瞬间冷却到相应的不饱和气体，也起到粗除尘的作用，多用于干法除尘系统，可与布袋除尘和静电除尘器等配合使用。

53. 水冷套管的用途是什么？

水冷套管用水冷套管夹层中流动的冷却水带走高温烟气，通过管壁时传出热量。

54. 水冷密排管进出口烟道的温度是多少？

从电炉第 4 孔或第 2 孔出口的烟气，经混风后进入水冷密排管烟道内的温度为 200～1200℃，出烟道温度为 450～600℃（一般要通过计算来定）。

55. 什么是自然对流空气冷却器？

自然对流空气冷却器不消耗动力，是一种节能运行较可靠的冷却设备。冷却管道直径通常为 133～800mm，管内烟气温度取 14～20m/s。用于温度在 500℃以下的烟气进行冷却，一般冷却到 150℃以上。

56. 强制风冷却器的冷却效果如何？

强制风冷却器通常设于水冷烟道出口，将经水冷烟道出口的烟气温度（600℃以下）冷却到 150～400℃左右。

57. 燃烧室的用途是什么？

由于电炉炼钢所选用的废钢品种不同，所产生的烟和尘成分将有所变化，特别是废钢中所含有的油分、涂料、橡胶、塑料、化学合成品等经二次燃烧和高温烟气加热后，将产生白烟和恶臭及微量的二噁英。这些有害气体一般的布袋除尘很难除尽，使有害气体进入燃烧室，不但能烧除该种气体，还有除尘的作用。

58. 燃烧室分哪几种？

按照功能，燃烧室可以分成：（1）沉降室兼作燃烧室；（2）燃烧室；（3）高温燃烧室；（4）高温废钢预热室；（5）反应室等。

2 袋式除尘器

59. 袋式除尘器有何特点?

袋式除尘器是依靠织物和黏附的灰尘层起过滤作用，把含尘气体中的粉尘分离出来。如使用得当，一般去除率保持在99%，由于电炉除尘烟气量较大，因此需使用较多的袋式除尘器，有长袋脉冲袋式除尘器和反吹清灰袋式除尘器两大类。

60. 什么是长袋脉冲袋式除尘器?

常用的长袋脉冲袋式除尘器结构见图 2-1。

当含尘气体进入除尘器的中间均流进风总管后，通过总管中均流装置以及各室支管和各室灰斗均流板，均匀地进入到除

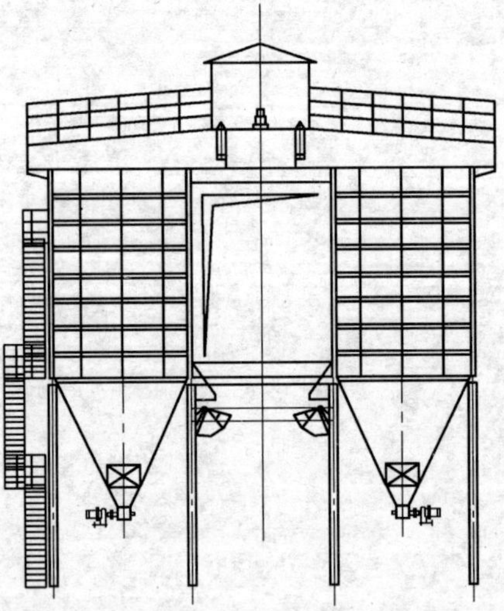

图 2-1 常用的长袋脉冲袋式除尘器结构

尘器各过滤室中，烟气中较粗尘粒在导流分流后沉降到灰斗内，除尘器下部的输灰装置排出，较细粉尘则被附在滤袋的外表面上。经滤袋净化后的空气进入除尘器上部的净气室内，并汇入出风总管排出，当滤袋上的粉尘达到一定厚度，设备阻力增加到设定值时，由脉冲控制仪发出信号，启动电磁阀，打开脉冲阀，气包中的压缩空气经喷管，喷嘴的滤袋作瞬间的喷射，振动并反吹滤袋，使粉尘层破碎脱落，粉尘离开滤料，落入灰斗然后再恢复过滤。全部滤袋完成一个清灰循环的时间称为脉冲周期，也称为喷嘴周期。当其清灰压力高于 392kPa 时为高压，低于 392kPa 时为低压。

61. 大型长袋脉冲袋式除尘器有什么优点？

大型长袋脉冲袋式除尘器的优点为：

（1）处理煤气量大，过滤风速量大；

（2）清灰力强，效果好；

（3）脉冲阀喷嘴性能好；

（4）设备重量轻，占地面积小；

（5）一个阀门时可喷吹 12 ~ 16 条滤袋，使用脉冲阀数量少，减轻维修量；

（6）可以分室组合设计，能满足处理大风量的需求。

62. 什么是大型反吹风袋式除尘器？

大型反吹风袋式除尘器结构见图 2-2。

含尘烟气经过除尘器下部灰斗的入口管进入后，气体中的粗颗粒粉尘在挡板及自主降速等作用下而分离沉降至灰斗中，细小粉尘随气流经过花板下的导流管进入滤袋，通过滤袋过滤，粉尘被阻留在滤袋内表面。净化后的空气上升至各室的三通切换阀出口，由除尘系统风机吸出而排入大气。可以分为二状态清灰和三状态清灰、正压与负压清灰，还有振动、逆气流程联合清灰方式。

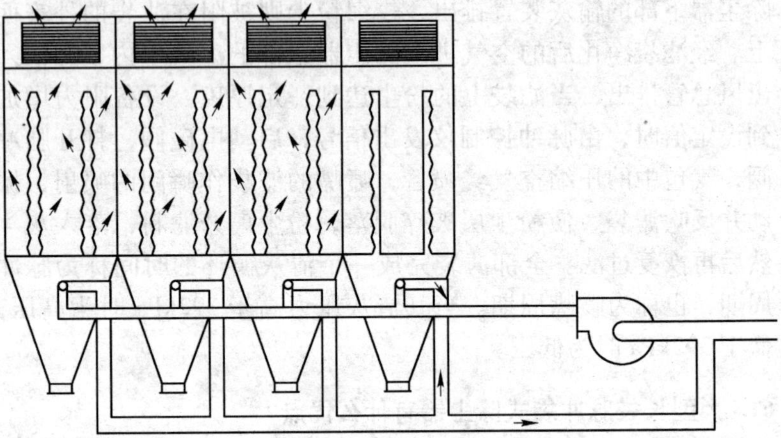

图 2-2　大型反吹风袋式除尘器结构

63. 反吹风袋式除尘器有什么特点?

反吹风袋式除尘器的特点为:

(1) 过滤风速低，过滤面积大;

(2) 清灰力较强，效果好;

(3) 能耗低，不要压缩空气;

(4) 重量大，占地面积大，造价高;

(5) 结构简单，维修量少;

(6) 能满足处理大钢量的需要。

64. 影响袋式除尘器性能的主要因素是什么?

与袋式除尘器性能有关的因素很多，主要是粉尘性质、滤料材质、运行参数、清灰方法等，当气体流量一定时，某些因素对性能的影响见表 2-1。

在袋式除尘器除尘效率正常情况下，与滤料上的粉尘层、滤料特性、粉尘特性、过滤风速等有密切相关。

表 2-1　袋式除尘器性能的影响因素

因　素	阻力减少	除尘率提高	滤袋寿命延长	设备费用降低
过滤速度	低①	低①	低①	高①
清灰作用力	大①	小①	小①	小
清灰周期	短①	长	长①	
气体温度	低	低	低①	低
气体湿度	—	—	低	低
气体密度	（影响小）	（影响小）	（无影响）	（无影响）
粉尘粒度	大①	大①	小	大
入口粉尘浓度	小①	大	小	

①表示影响大。

65. 袋式除尘器常用术语的含义是什么？

过滤面积：指起滤尘作用的滤料有效面积，以 m^2 计。

过滤速度：指含尘气体通过滤料有效面积的表观速度，以 m/min 计。

处理风量：指进入袋式除尘器的含尘气体工况量，以 m^3/h 或 m^3/min 计。

设备阻力：指气流通过除尘器的流动阻力，即入口与出口气流的平均全压之差，以 Pa 或 kPa 计。

漏风率：指漏入或漏出除尘器本体的风量与入口风量的比，以%计。

入口粉尘质量浓度：指出入含气体的单位标态体积中所含固体颗粒物的质量，以 g/m^3(干气体)计。

出口粉尘质量浓度：指出口含气体的单位标态体积中所含固体颗粒物的质量，以 g/m^3(干气体)计。

除尘效率：指袋式除尘器捕集的粉尘量与入口总粉尘量的比，以%计。

66. 什么是过滤面积计算及计算公式?

（1）过滤面积计算公式:

$$S = \frac{V}{u} \tag{2-1}$$

式中 S——过滤面积，m^2;

u——过滤风速，m/min。

（2）滤袋数量的计算及规格选型。

圆型滤袋计算公式:

$$n = \frac{S}{\pi DL} \tag{2-2}$$

式中 n——过滤数量，条;

S——过滤面积，m^2;

D——滤袋直径，m;

L——滤袋长度（单条），m。

滤袋长度及直径的设计选型除了要考虑其最佳的清灰效果外，还要考虑到现场位置条件，用户检修更换及滤袋规格的通用性等。

67. 过滤风速的选择原则主要有哪几点?

过滤风速的选择原则为:

（1）要考虑到入口浓度高时过滤风速应适当选低值，入口浓度低则正好相反。

（2）需要净化的粉尘粒径细，且有耐磨性时，风速为低值；而粒径粗，则速度为高值。

（3）当净化黏性粉尘时，风速为低值，非黏性为适当高值。

（4）除尘器的袋间气流速度高时，速度可适当降低。

（5）在线清灰方式时，速度为低值。离线清灰时，要适当选择一定离线时的过滤速度。

（6）连续运行方式时，风速较非连续运行时低。

（7）滤料透风性差时，风速宜适当放低。

袋式除尘器的设备阻力在很大程度上取决于选定的过滤风速。

68. 各类袋式除尘器的推荐过滤风速是多少？

袋式除尘器的推荐过滤风速见表2-2。

表2-2 袋式除尘器的推荐过滤风速（m/min）

粉尘种类	清灰方式			
	自行脱落或手动振打	机械振打	反吹风	脉冲喷吹
炭黑、氧化硅（白炭黑）、镉、锌的升华物以及其他在气体中由于冷凝和化学反应而形成气溶胶、活性炭、由水泥窑排出的水泥	0.25～0.4	0.3～0.5	0.33～0.60	0.8～1.2
铁及铁合金的升华物，铸造尘、氧化铝、由水泥磨排出的水泥，炭化炉升华物，石灰、刚玉、塑料	0.28～0.45	0.4～0.65	0.45～0.80	1.0～2.5
滑石粉、煤、喷沙清理尘、飞灰、陶瓷生产粉尘、炭黑（二次加工）、颜料、高岭土、石灰石、矿尘、铝土矿、水泥（来自冷却器）	0.30～0.50	0.50～1.0	0.6～1.2	1.5～3.5

69. 除尘器效率如何计算？

影响除尘器效率的因素很多，主要有粉尘的性质及粒径、清灰方式、滤料的材质及技术参数、设计和制造质量等。

袋式除尘器（吸入式）除尘效率计算：

$$\eta = \frac{1 - C'V'}{CV} \tag{2-3}$$

式中 η——除尘效率,%；

C'——除尘器出口的气体含尘质量浓度，g/m^3(干气体)；

V'——除尘器出口的气体流量，m^3/h(干气体)；

C——除尘器入口的气体含尘质量浓度，g/m^3(干气体)；

V——除尘器入口的气体流量，m^3/h(干气体)。

袋式除尘器（压入式）除尘效率的计算：

$$\eta = \frac{V'}{V}\left(1 - \frac{C'}{C}\right) \times 100 \tag{2-4}$$

70. 设备阻力如何计算?

设备阻力 = 除尘器机械阻力 + 滤袋阻力

71. 漏风效率如何计算?

$$a = \frac{V' - V}{V} \times 100 \tag{2-5}$$

式中 a——漏气率,%；

V'——除尘器出口的气体流量，m^3/h(干气体)；

V——除尘器入口的气体流量，m^3/h(干气体)。

72. 压缩空气耗量如何计算?

$$V = a\frac{nq}{1000T} \tag{2-6}$$

式中 V——耗气量，m^3/min；

a——安全系数，可取 1.2～1.5；

n——脉冲阀数量；

q——每个脉冲阀喷吹一次的耗气量，L/(阀·次)；

T——清灰周期，min。

73. 何为滤料？

滤袋是除尘器的关键部位，制作滤袋所用的材料称为滤料。选择滤料要考虑的主要条件有：

（1）温度和化学性及可燃性和爆炸性；

（2）粉尘的特性；

（3）除尘器的清灰方式。

74. 目前用于滤料的合成纤维主要有哪几种？

目前用于滤料的合成纤维主要有：

（1）聚酯，商品名称为涤纶；

（2）聚丙烯，商品名称为丙纶；

（3）共聚丙烯腈，商品名称为亚克力；

（4）均聚丙烯腈；

（5）偏方族聚酰胺，商品名称为诺美克斯；

（6）聚苯硫醚，商品名称为赖登；

（7）聚四氟乙烯，商品名称为特氟隆。

75. 滤料如何选用？

当进入烟气温度在130℃以下时，脉冲喷嘴除尘器用涤纶斜刺毡滤料，分室反吹风除尘器用涤纶织物滤料。

如果烟气温度为130~260℃，同时烟气中不含HF气体，则可采用玻璃纤维织物滤料。

76. 常用的LCM. D/G型大型长袋脉冲式除尘器外形是什么样的？（见图2-3）

77. 大型长袋脉冲除尘器的主要特点有哪些？

大型长袋脉冲除尘器的主要特点为：

（1）大容量的脉冲阀和贮气包结构能满足用户高压（G型）

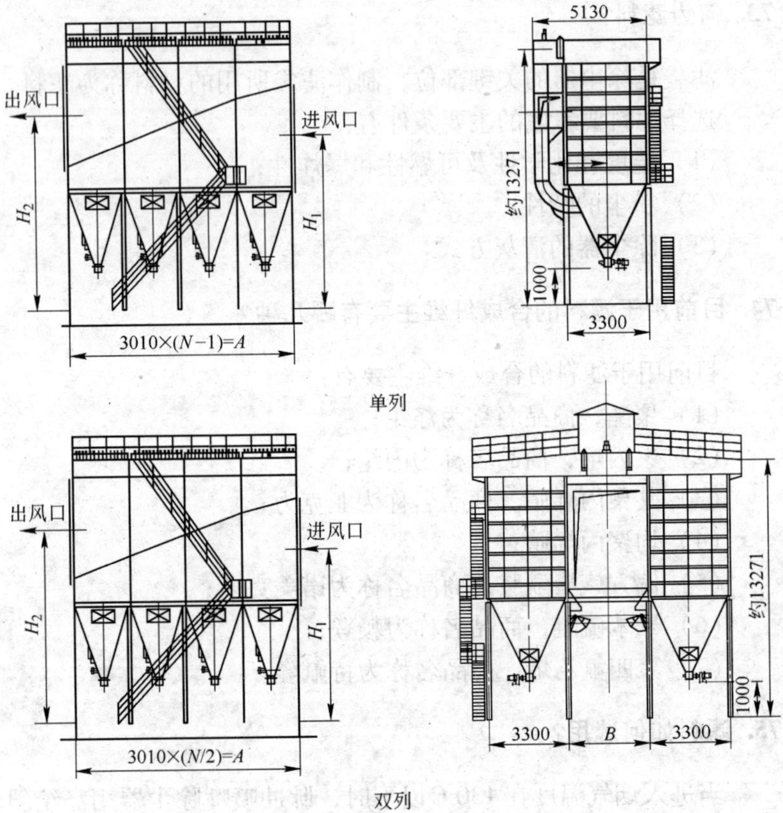

图 2-3　常用的 LCM. D/G 型大型长袋脉冲式除尘器

和低压（I 型）气流时不同喷嘴要求。

（2）采用离线“三状态”清灰结构，克服粉尘的再吸附，使清灰效果更佳。

（3）进风均流管和灰斗导流技术能保证分室空气流的均匀分配和畅通卸灰。

（4）各种袋笼结构（几角形、圆形、分段式等）满足了用户的不同选型要求。

（5）具有压差、定时、手动三种控制方式的先进程控器，还可以设温度，料位等传感器件的报警控制。

（6）滤袋装配方便，密封性好，实现了机外换袋。

78. 什么是常用的 LFSF-D 大型反吹风袋式除尘器？

LFSF-D 大型反吹风袋式除尘器分为正压和负压式两种。正压式由 4、6、8、10、12、14 个室组合而成。负压式有 4、6、8、10、12 个室组合而成，全系列共 11 种型号。正压式反吹风袋式除尘器采用单仓室组装而成。负压式反吹采用单仓室组合而成，滤袋清灰采用分室三状态反吹。

79. 大型反吹风袋式除尘器有何特点？

大型反吹风袋式除尘器的特点为：

（1）“三状态”分室反吹清灰方式，能提高清灰率，延长滤袋使用寿命。

（2）“三状态”清灰是通过三通切换阀或盘形三通阀结构来实现的，也有采用板提升阀的结构形式，确保了阀门的密封提高处理效率。

（3）采用下进风、大滤袋吊挂装置紧固形式、操作、维护、换袋方便。

（4）灰斗内采用“防棚板”结构，克服粉尘结拱“搭桥”现象。

（5）斜灰口采用双级锁气阀或回转卸灰阀加导脊锥构技术，卸灰更方便。

80. 常用的 LCPM 型系列中型脉冲布袋除尘器有何特点？

常用的 LCPM 型系列中型脉冲布袋除尘器的特点为：

（1）用分室侧喷新技术，取清管式喷吹管结构，滤袋拆装方便、可靠。

（2）侧面进尘的预收尘结构，具有初级沉降除尘功效，可以处理高浓度。

（3）低压喷吹技术，只需要 150～200kPa 的清灰气源，便可实现清灰效果。

（4）弹簧涨圈式的滤袋密封结构，密封可靠装卸方便。

常用的 LCPM 型系列中型脉冲布袋除尘器见图 2-4。

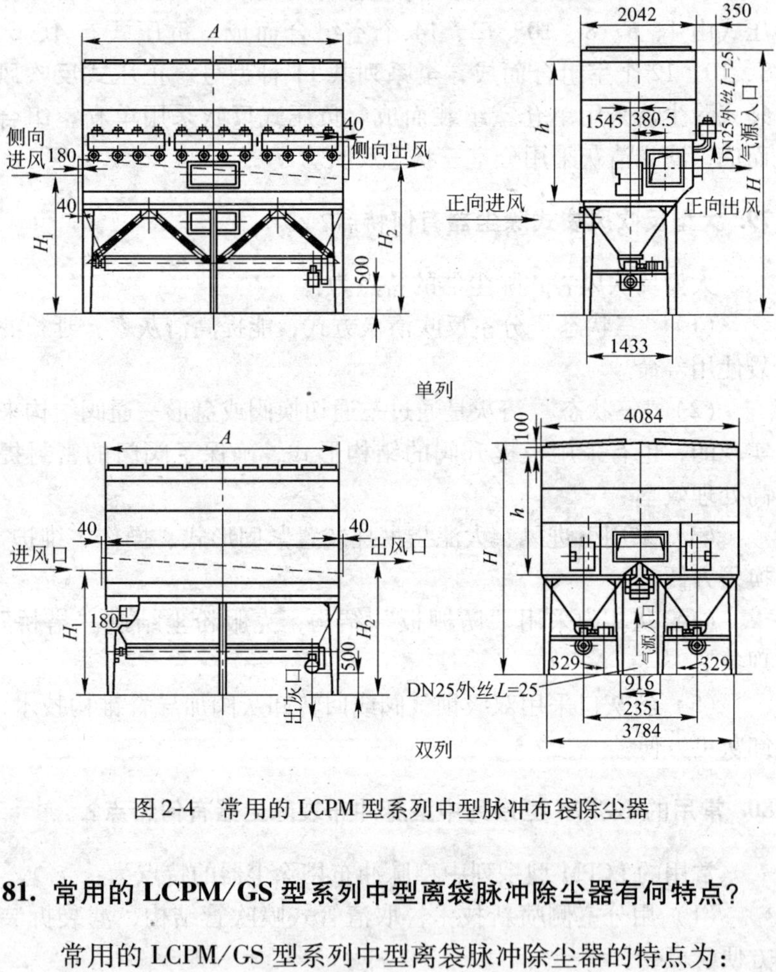

图 2-4　常用的 LCPM 型系列中型脉冲布袋除尘器

81. 常用的 LCPM/GS 型系列中型离袋脉冲除尘器有何特点？

常用的 LCPM/GS 型系列中型离袋脉冲除尘器的特点为：

（1）“三状态”离线清灰技术，防止粉尘的“再吸附”现象，清灰彻底、可靠。

（2）侧面进尘的预收尘结构，有初级沉降除尘功率，可以处理高浓度。

（3）箱式组合喷吹技术，可以减少脉冲阀数量。

（4）弹簧涨圈式的滤袋密封结构，密封可靠，装卸方便。

（5）清灰车用单片机自动控制兼有定时、干动等多种控制方式。

（6）脉冲阀易损件寿命大于 100 万次以上。

82. 常用的 ZC 型系列回转反吹风袋式除尘器主要特点是什么？

常用的 ZC 型系列回转反吹风袋式除尘器外形为圆筒式，是利用回转反吹风的袋式除尘器。

83. 常用的 FSF 型系列三状态反吹风袋式除尘器主要特点是什么？

常用的 FSF 型系列三状态反吹风袋式除尘器的特点为：

（1）上部进风的专有导流技术，设备阻力低。

（2）滤袋双层布置技术，整机结构紧凑，单位容积布置密度大。

（3）自带风机反吹，不受压缩空气气源条件的限制。

（4）链条传动的三状态机构，运行可靠、简单、清灰好。

84. 还有哪几种常用特式除尘器？

除上述几种常用除尘器外，还有：

（1）LYC/WJ 型系列旁插扁袋脉冲除尘器。

（2）LZLM 型系列折叠式滤筒脉冲除尘器。

85. 长袋低压脉冲袋式除尘器在 100t 电炉上的应用效果如何？

长袋低压脉冲袋式除尘器在 100t 电炉上投入运行后，其设备阻力小于 1800Pa，出口含尘质量浓度小于 50mg/m^3。但是滤袋阻力的平均误差不超过 10%。冷却器设备运行阻力小于 750Pa，最大降温为 270℃。效果较理想。

86. 长袋低压脉冲袋式除尘器在3台30t电炉除尘系统的应用效果如何？

该系统采用大容量内胆式异流排烟罩，电炉不考虑第4孔排烟，能用长袋低压脉冲袋式净化烟尘，运行后效果良好。排放质量浓度（标态）小于$50mg/m^3$。

87. 反吹风袋式除尘器在150t电炉上应用效果如何？

该除尘器为正压式压差控制反吹清灰式，运行后主要性能为设备阻力小于2000Pa，出口粉尘质量浓度为$50mg/m^3$，效果满意。

88. 长袋低压脉冲袋式除尘器在60t电炉上的应用效果如何？

除尘器采用了LCM-6700长袋离袋脉冲除尘器，其运行后性能处理风量$600000m^3/h$，总过滤面积为$6700m^2$，设备阻力为1500Pa，效果较佳。

3 除尘管道和输送设备

3.1 输排灰装置

89. 什么是输排灰装置？

经除尘系统净化以后的气体由烟囱作高空排放，而系统设备所汇集的粉尘则由输排灰装置进行贮运，输灰装置通常划分为机械和气火两种方式输送，收集的粉尘主要集中在灰斗内，还有其他设备，如燃烧室（沉降室）强制吹风冷却器，烟气混合室和火花捕集器等灰斗内的粉尘也需要贮运。可以设计成集成的贮运系统，也可以单独设置。输排灰装置主要由粉尘的输送装置、排灰装置和贮灰仓等设备组成，还包括汽车运输。

90. 螺旋输送机如何选用？

螺旋输送机的选用要求是：

（1）能输送各种粉状、颗粒状物料，工艺布置通常采用水平或倾斜度小于20°的形式。

（2）不适用于输送温度大、易结块、黏性大的块状物料。

（3）设计时应说明物料的温度和使用的环境温度。

（4）该机长度不宜超过15m。

（5）为操作维修方便，该机的头、尾部车伸至壳体外，中间吊轴承采用滚动滑动互换的两种结构。还要设有防尘密封装置，也可设置报警装置。

LS 型螺旋输送机见图 3-1。

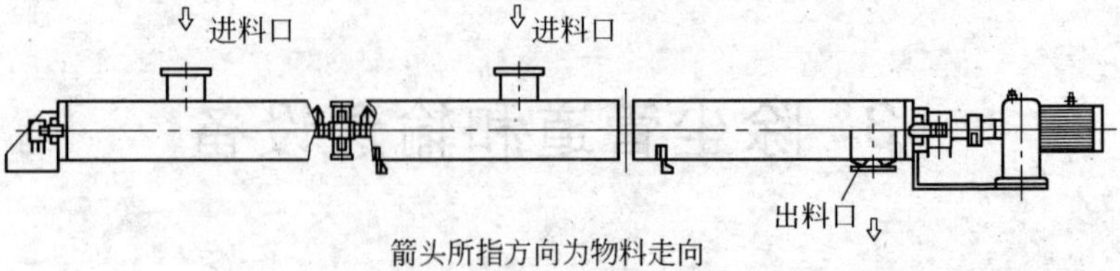

图 3-1　LS 型螺旋输送机示意图

型号规格（LS）	100	160	200	250	315	400	500	630	800	1000	1250
螺旋直径/mm	100	160	200	250	315	400	500	630	800	1000	1250
螺距/mm	100	160	200	250	315	400	500	630	800	1000	1250
转速/$r \cdot min^{-1}$	71/140	50/112	50/100	45/90	40/80	36/71	32/63	25/63	20/40	16/32	13/25
输送量/$m^3 \cdot h^{-1}$	1.1/22	3.1/7	6.2/13	11/22	15.4/31	31/62	50/98	77/140	102/200	140/280	198/380

91. 埋刮板输送机如何选用?

埋刮板输送机是依靠刮板链条在一个矩形的密闭的壳体作连续移动来输送散装粉尘的运输设备。常用的有水平形、倾斜形、乙形和 L 形四种机型。选用要求是:

（1）物料密度范围 $\rho = 0.2 \sim 1.8 t/m^3$；

（2）物料含水率通常以手捏成团后是否松散为界限。

（3）对不同型号和材料的埋刮板输送机其适宜的粒度推荐值是不同的。

（4）可以输送的物料包括钢青矿粉、氧化铝粉、氧化铁粉、石英砂、烧结板矿、流斜矿渣、焦炭粉、石灰、碎煤、烟灰、石灰石粉、石灰、铸造硅砂、水泥和各种除尘粉尘等。

（5）对其上述物料外的特殊性物料，如高温、有毒的、易燃物料，必须采用特殊机型或非标准设计。

（6）水平形和倾斜形机型，其倾角一般在 $0° \leqslant \alpha \leqslant 15°$，单

台长度不大于80m；对L形机型其倾角一般在$0° \leqslant \alpha \leqslant 85°$，单台长度不大于30m；乙形机型单个设备高度不高于20m，上水平部分长度应小于30m。

埋刮板输送机机型见图3-2。

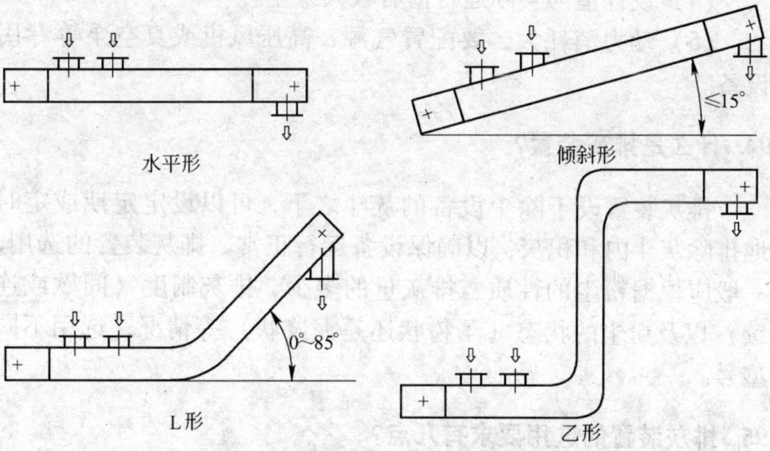

图3-2　埋刮板输送机机型

92. 斗式提升机如何选用?

斗式提升机是一种垂直向上的输送设备，主要用于输送粉状、颗粒状、小块状物料，分为外斗式板链传动等。其选用要求是：

（1）一般选用直立式提升机，输送物料高度为15～25m。

（2）根据机型来确定牵引构件的结构形式。

（3）根据物料的温度要求来进行选型。

（4）根据输送量来选择斗式提升机的规格和型号。

93. 什么是气力输送装置?

气力输送装置是以圆形管道内流动的气体作载体来输送粉尘的一种输送装置。其特点是：

（1）设备简单，制造和安装方便。

（2）布置灵活，粉尘可以几处向一处集中输送，也可以反向输送。

（3）可以远距离进行，但不宜过长距离。

（4）设计值与实际运行值有较大误差。

（5）动力消耗大，要配置气源、高压风机或真空泵等专用设备。

94. 什么是排灰装置?

排灰装置设于除尘设备的灰斗之下，可以设定定期或定时地排除灰斗内和积灰，以确保设备运行正常。排灰装置的选用，一般应根据粉尘的性质、排灰量的多少、排灰制度（间歇或连续）以及粉尘的状态（干粉状还是泥浆状）等情况，选用不同型号。

95. 排灰装置的选用要求有几点?

排灰装置的选用要求为：

（1）要求装置运转灵活且气密性好。

（2）要求装置的材料能满足粉尘的性质、温度等使用要求，设备耐用。

（3）要求装置的排灰能力应和输灰设备能力相等。

（4）对系统采用搅拌装置或加湿机排出的粉尘时，要选用能均匀定量给料的排灰装置，如回转装卸灰阀、螺旋卸灰阀等。

（5）设备灰斗排灰时，其灰斗口上方需要有一定高度的水柱或灰柱，以形成水封或灰封，得经排灰时斗口处的气密性。水封或灰封高度 H(mm)可按下式计算：

$$H = 0.1\Delta p/\rho + 100 \quad (3\text{-}1)$$

式中 Δp——灰斗排灰口与大气之间的差压（绝对值）；

ρ——水或分层堆积密度，g/cm^3

96. 插板阀有哪几种?

根据除尘系统在各部位所选用的设备功能的不同，插板阀可为手动型、气动型和电动型等形式，各类规格可以查制造厂的产品样本。

97. 什么是双层卸灰阀?

双层卸灰阀有电动斜灰阀、气动和重锤斜灰阀 3 种形式。前两种适于规模较大的贮存灰斗卸灰，后一种适用于较小的贮存灰斗卸灰。

98. 锁气钢板卸灰阀有何特性?

锁气钢板卸灰阀主要用于干燥粉状物料的卸灰，适用温度为 150～300℃。用于灰斗和料仓卸料的锁气钢板卸灰阀，多采用摆线针轮减速器、交叉启阀锁。该阀卸灰彻底，锁气性好，卸灰能力大，通常在 12～15m^3/h，开闭次数一般为 16 次/min。

99. 什么是旋转卸灰阀?

旋转卸灰阀是灰斗、料仓等卸灰和密封用的专用设备，使用广泛。多配用摆线针轮减速机，具有结构紧凑、传动平稳、耐用可靠的特点。

100. 什么是贮灰仓?

贮灰仓是输灰系统中贮存粉尘的一种装置，它由设备本体和辅助设备两大部分组成。本体包括灰斗、筒体和梯子平台、料位计、简易灰袋除尘器防闭塞装置等；辅助设备由检修插板阀和卸灰阀、卸灰吸引嘴、加湿机和汽车运输等组成。

贮灰仓外形见图 3-3。

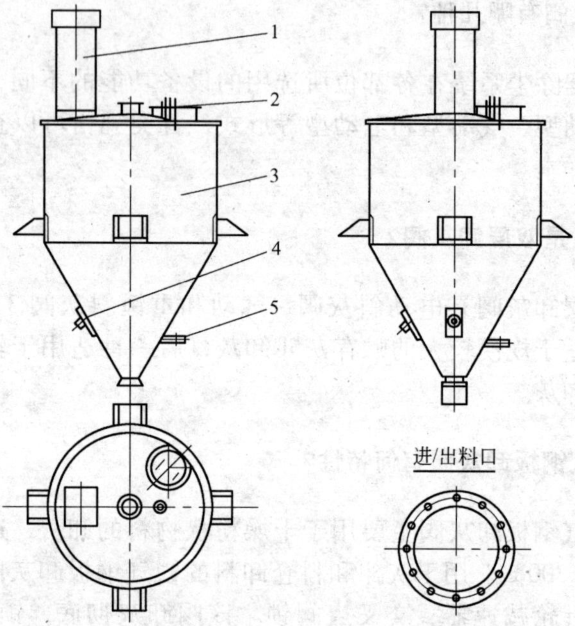

图 3-3 贮灰仓外形

1—简易除尘器；2—上料位仪；3—本体；4—防闭塞装置；5—下料位仪

101. 贮灰仓选用要求有哪几点？

（1）用于电炉收得的粉尘时，其容积通常不少于电炉两天连续生产时的产尘量。

（2）要设置料位计，能反映粉尘量的多少，并与输送系统进行连锁。

（3）如要计量收尘量时，则要采用称量装置。

（4）顶头需设置简易灰袋除尘器或设置排气管与除尘器管道连接。

（5）在灰斗外壁的适当处宜设助灰防闭塞装置，有空气炮或振动电机。

102. 料位计的用途是什么?

设置料位计的目的是为了与粉尘输送系统进行连锁，避免贮灰仓粉尘发生空仓和满仓现象，其信号传送可分为：连续检测料位的4～20Ma模拟信号；上下料位检测的On/Off开关信号。

103. 简易布袋除尘器用于何处?

简易布袋除尘器是设置在贮灰仓顶上的布袋除尘器，因其处理的气量小，故只需用简易布袋除尘器。清灰由工人完成。

104. 什么是料仓振动防闭塞装置?

料仓振动防闭塞装置是利用可调激振力的YZS型振打电机为激振源的通用型防闭塞装置。料仓振动防闭塞装置作为防止和消除料仓、料罐或料斗内的物料起拱阻塞管状通道、黏仓等闭塞现象的专用设备。其结构形式为：上部是YZS型振动电机，下部是台架，中间用螺栓连接。

105. 空气炮的作用是什么?

料仓内的粉尘，在往下移动卸料时，会发生物料互相挤压形成拱形阻塞，在料仓的锥形部位影响物料的可动性，这时料仓就需要破拱，如敲击、振动等。用空气炮对料仓进行破拱，是较先进的一种方法。

106. 空气锤的作用是什么?

空气锤的作用是防止输送系统中，粉尘在局部突变管道内发生阻塞现象。空气锤用于设备或管道的出口段上，如在刮板机的出口管道上设置、在斗式提升机的出口管道上（贮灰仓的进口管道上）设置该锤。

107. 贮灰仓需配置哪些辅助设置？

贮灰仓还需配置卸灰吸引嘴、加湿机、汽车运输等辅助设施。

3.2 除尘管道系统

108. 除尘管道系统有何作用？

除尘管道系统设计是否合理与除尘良好运行是十分相关的，直接反映了管道设计和管网的配件配置，所以除尘管道系统设计必须综合考虑。既要合理又要经济，并与工艺、总图、土建等专业紧密配合，以安全可靠、阻力小、系统运行费用低、不影响生产操作、便于安装和维修等为原则。

109. 管道设计主要要求有哪几点？

管道设计的主要要求有：

（1）满足炼钢工艺和总图布置的前提下，走向要通顺，尽可能短，以降低阻力，节省投资。

（2）三通与连接处的夹角以小于45°为宜，渐缩管和渐扩管的扩张角以10°～20°为宜，收缩角以25°为宜。

（3）风机进出口的连接以直管或渐缩和渐扩管为好。

（4）室外除尘管道应架空敷设，在设置阀门处应设置平台和梯子。

（5）当两根以上管道平行敷设时，应上下排列，对直径大于600mm的管道其净距离不小于600mm。

（6）管道穿楼板、墙壁时应预留孔洞，其间隙为50～100mm。

（7）高温管道应设置膨胀伸缩节，对屋顶罩、冷却器、除尘器和风机的固定设备设置软性伸缩节。

（8）管道应设有气体流向的指示箭头，阀门宜安装在水平管道上。

(9) 管道应设有 ϕ600mm 的检修清扫人孔，为安全使用也应设必要的监测控制实施。

(10) 合理的设计必须注意到系统的压力分布和压力平衡。

(11) 有爆炸性的应在适当位置设置防爆泄压装置。

(12) 屋外管道要有可靠的防雷接地。

110. 管道结构的含义是什么？

管道结构形式与除尘系统的用途有关，一般除尘管道可分为：原辅料除尘管道、一次烟气除尘管道、二次烟气除尘管道和高温烟气除尘管道等。

111. 常用除尘管道的规格与壁厚是多少？

除尘管道内含有较多的粉尘，且流速高，磨损大，所以管壁要厚于通风管道的管壁，在拐弯处管壁应予加厚，加厚幅度在 20% ~50% 之间。

原辅料除尘管道及壁厚如下：

ϕ400mm 以下：δ =3 ~4mm；

ϕ400mm ~ ϕ800mm：δ =4 ~5mm；

ϕ800mm ~ ϕ1500mm：δ =5 ~6mm；

ϕ1500 ~ ϕ3000mm：δ =6 ~8mm。

一次烟气除尘管道及壁厚（包括高温烟气管道）规格如下；

ϕ400mm ~ ϕ900mm：δ =5mm；

ϕ800mm ~ ϕ2200mm：δ =6mm；

ϕ2200 ~ ϕ3000mm：δ =8mm；

ϕ3000 ~ ϕ3500mm：δ =8 ~10mm。

二次烟气除尘管道及壁厚规格如下：

ϕ1300mm 以下：δ =4 ~5mm；

ϕ1300mm ~ ϕ2800mm：δ =5 ~6mm；

ϕ2800mm ~ ϕ3500mm：δ =6 ~8mm；

ϕ3500mm ~ ϕ4500mm：δ =8 ~10mm；

$\phi4500mm \sim \phi5000mm$：$\delta = 12mm$。

112. 什么是管道加固？

管道截面可采用圆形或矩形，考虑到除尘阻力和管道的强度，一般均采用圆形管道，对矩形管道或直径大于2000mm以上的圆形管道通常需设加强筋对管道进行加固，以加强安全性和延长使用期限，也便于管道支架跨距离选择布置。加强筋的规格与管道壁厚、压力情况和烟气温度有关，正负压力一般在8000Pa以内，加强筋可以用扁钢、角钢或型钢制作。

113. 管道加固的常用钢材规格有哪几种？

扁钢有 −50mm×5mm，−70mm×5mm，−80mm×5mm。

角钢有∠50mm×50mm×5mm，∠63mm×63mm×6mm，∠70mm×70mm×6mm，∠80mm×80mm×6mm。

型钢有[No8，[No10，[No12，[No16。

114. 加强筋的距离为多少适宜？

对于圆形管道，在管道内适当间距设横向加强筋，一般在1500～3000mm间距内。

对于矩形管道，在管道内适当间距设横向和纵向加强筋，一般在400～800mm间距内。

115. 管道用什么材质较合理？

对烟气温度不高于400℃的管道，一般采用Q235A钢板卷焊管；当除尘系统烟气温度高于400℃时，应选用耐热钢板材料制作。通常采用16MO或15MO3。不管采用什么钢材，管道材料应符合国家标准。

116. 管道内的烟气密度如何计算？

在标准状态下烟气的密度ρ_0（kg/m^3）按下式计算：

$$\rho_0 = \frac{1}{22.4}\Sigma\varphi_i M_i \tag{3-2}$$

式中　φ_i——各种成分所占体积分数,%;

M_i——各种成分的摩尔质量，kg/mol。

工况状态下干烟气的密度$\rho_{干}$(kg/m³)按下式计算:

$$\rho_{干} = \rho_0 \times \frac{273}{273+t} \times \frac{p}{101.3} \tag{3-3}$$

工况状态下湿烟气的密度$\rho_{湿}$(kg/m³)按下式计算:

$$\rho_{湿} = 2.695 \times \frac{\rho_0 + d}{0.804 + d} \times \frac{p}{273+t} \tag{3-4}$$

式中　t——烟气温度,℃;

p——管道内气体的绝对压力，kPa;

d——烟气含湿量（标态），kg/m³。

117. 烟气量如何计算?

工况状态下烟气量V按以下公式计算:

$$V = V_0 \times \frac{273+t}{273} \tag{3-5}$$

式中　V_0——标准状态下烟气量，m³/h。

118. 如何计算管径?

管道的直径与烟气量的大小与速度有关，必须考虑烟气速度不能太大或过低。一般速度为14~25m/s。

管径D(m)按下式计算:

$$D = \sqrt{\frac{4V}{3600\pi v}} \tag{3-6}$$

式中　v——烟气的速度，m/s。

计算结果应进行管径标准化，标准管径可查《全国通用管道计算表》。

119. 管道局部阻力损失如何计算?

管道阻力计算可分局部阻力损失计算和摩擦阻力损失计算。

局部阻力损失 Δp_j(Pa),可按下式计算:

$$\Delta p_j = \varepsilon \frac{\rho v^2}{2} \tag{3-7}$$

式中 ρ——气体密度,kg/m^3;

v——气体速度,m/s;

ε——异形管件的局部阻力系数。

其中,$\rho v^2/2$ 表示气体流动时所具有的动压头。局部阻力系数 ε 通常是由实验室取得(可查阅有关的计算手册)。

120. 管道摩擦阻力损失如何计算?

摩擦阻力损失计算 Δp_m 按下式计算:

$$\Delta p_m = \frac{\eta}{4r_s} l \frac{v^2 \rho}{2} = p_m l \tag{3-8}$$

式中 η——摩擦阻力系数;

l——管道长度,m;

r_s——管道水平半径,m,对圆形管道 $r_s = D/4$,对矩形管道 $r_s = ab/2(a+b)$;

D——圆管内径,m;

a——矩形管道的长边内边长,m;

b——矩形管道的短边内边长,m;

p_m——单位长度的摩擦损失,也称比摩阻,Pa/m。

121. 什么是管道的总阻力,如何计算?

管道总阻力包括管道局部阻力损失占摩擦阻力损失之和。计算公式为:

$$\Delta p = \Delta p_j + \Delta p_m \tag{3-9}$$

122. 什么是管道固定支座？

室外架空管道必须设置土建支架和管道支座，管道支座建在土建支架上，它分为固定支座和滑动支座。利用管道两端的除尘设备作为固定支座（如将电炉屋顶罩和除尘器作为固定支座），再根据管道的长度和管径的大小确定设置一个或几个固定支座，两个固定支座之间的所有支座均为活动支座。

123. 管道支座的跨距要求是多少？

管道支座的跨距见表 3-1。

表 3-1　管道支座的跨距

管径 /mm · mm	720 ×5	820 ×5	920 ×5	1120 ×5	1120 ×6	1220 ×6	1320 ×7	1420 ×7
最大跨距 /m	17	18	20	21	23	25	29	31
管径 /mm · mm	1520 ×7	1620 ×7	1720 ×7	18208 ×7	2020 ×8	2220 ×8	2420 ×8	2520 ×8
最大跨距 /m	32	33	34	35	38	41	44	45

124. 什么是管道滑动支座？

根据管道的设计和布置，管道滑动支座一般可分为平面滑动和平面异向支座，其结构形式需考虑到管道对支座摩擦阻力大小的影响。

125. 管道摩擦阻力如何计算？

管道摩擦阻力 F 的计算公式为：

$$F = \mu mg \tag{3-10}$$

式中　m——管道质量，包括灰量，kg；

　　　μ——摩擦系数。

为降低管道对支架的摩擦阻力，应选用摩擦系数低的滑动摩擦副。

126. 滑动摩擦副有什么优点？

根据气体温度高低和支座承载能力的大小，摩擦副选型采用聚四氟乙烯或复合四氟乙烯材料作为滑动摩擦副。

滑动摩擦副的优点为：

（1）摩擦系数 μ 低。聚四氟乙烯的 $\mu = 0.03 \sim 0.08$。

（2）该材料耐腐蚀性好，性能稳定可靠。

（3）安全可靠使用寿命长。

127. 什么是管道平面滑动支座？

WJAH 型平面滑动支座见图 3-4。它的适用条件主要是：

（1）管道公称直径：DN600 ~ 300mm；

（2）承载质量：275000 ~ 2287500N；

（3）适用温度：$t \leqslant 400℃$，采用 WJAH1 型；$400℃ \leqslant t \leqslant 650℃$，采用 WJAH2 型。详细可以查阅相关产品样本。

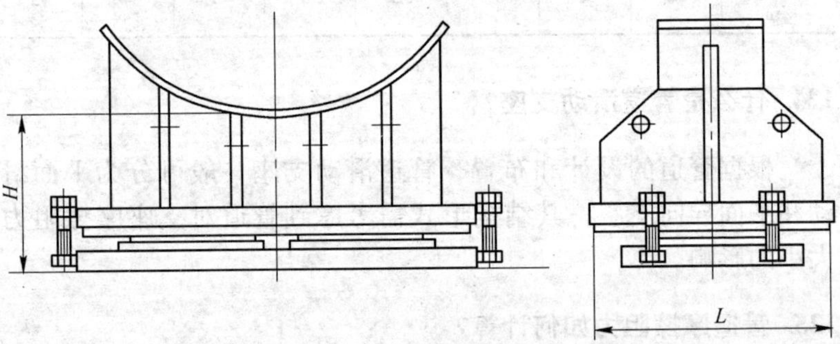

图 3-4　WJAH 型平面滑动支座

128. 什么是平面导向支座？

WJAD 型平面导向支座的选用条件为：

（1）管道公称直径：DN600～3000mm；

（2）承载质量：275000～2287500N；

（3）适用温度：$t \leqslant 400$℃，采用 WJAD1 型；400℃ $\leqslant t \leqslant$ 650℃，采用 WJAD2 型。

129. 什么是管道膨胀补偿技术？

由于电炉除尘管道导流的烟气温度变化较大，温度也较高，所以在管道设计时，必须考虑消除管道膨胀热伸长所产生的推力而采用管道补偿技术，分为自然补偿和补偿器补偿。

自然补偿是利用管道转弯作自然补偿。但对直径大于 DN1000mm 以上的管道不宜采用自然补偿。常用的补偿器补偿，管道之间的跨距一般为 3～4m，最长不应超过 6m。

130. 什么是非金属补偿器？

非金属补偿器可用于管道与管道或除尘器设备之间的连接，并吸收管道热胀冷缩所产生的变形。非金属补偿器见图 3-5。

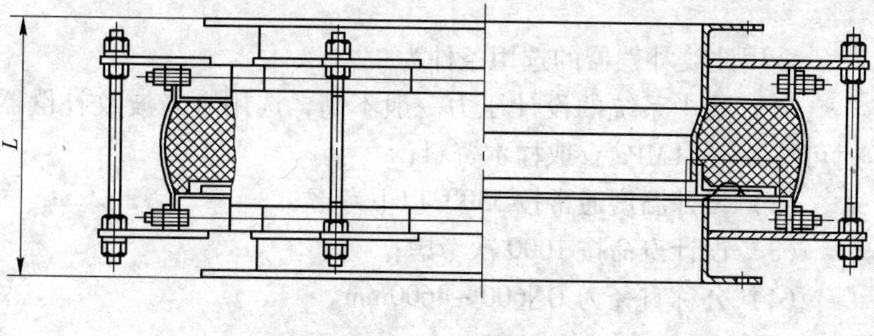

图 3-5　NM-非金属补偿器

131. 什么是金属波纹补偿器？

金属波纹补偿器一般为普通轴向型补偿器，它是有一个波纹管组与两个可与相邻管道、设备相接的端管（或法兰）组成的挠性部件。金属波纹补偿器见图 3-6。

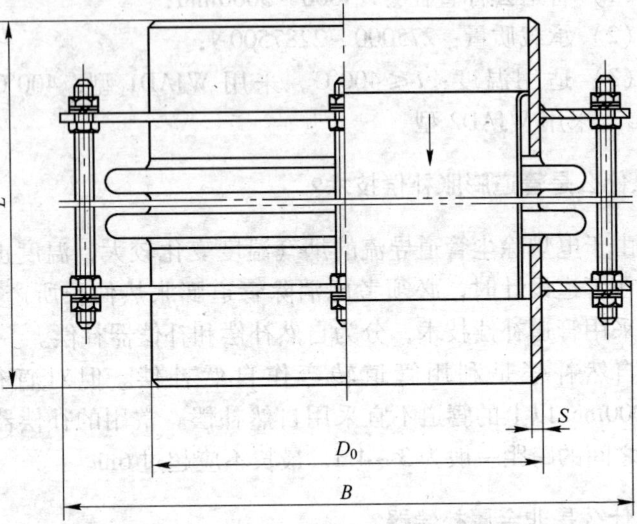

图 3-6　SDZ-普通轴向型补偿器系列

132. 金属波纹补偿器的选用条件是什么？

金属波纹补偿器的选用条件为：

（1）除尘系统的设计压力一般不高，选用金属波纹补偿器时可按 $p = 0.1\text{MPa}$ 查取样本资料；

（2）设计温度通常按 350℃以下考虑；

（3）设计寿命按 1000 次考虑；

（4）公称直径为 DN600 ~ 4600mm。

133. 什么是管道保温？

除尘系统的管道和设备，由于所载介质对使用场合和使用性质的要求不同，而提出了对管道和设备保温要求。管道与设备保温隔热和隔声的目的可归纳为：周围环境对除尘系统的运行要求、来自除尘系统的本身需要。

134. 常用的保温材料有哪几种？

常用的保温材料有岩棉、矿渣棉、泡沫石棉制品、硅酸铝棉、复合硅酸盐绝热涂料等。

135. 什么是管道的涂装？

由于管道与设备均是钢材制作而成的，钢容易产生腐蚀，从而影响了设备和管道的外观并危及使用寿命，所以对涂料技术予以高度关注，它包括了除锈、油漆色卡、油漆牌号、施工要求等。

136. 什么是管道与设备腐蚀？

涂装首先应了解除尘系统的使用特点和腐蚀程度的影响。腐蚀一般可分为：常温大气腐蚀和高温氧化腐蚀两种。

137. 什么是除锈？

对钢材表面进行除锈处理是涂装的前道工序，除锈质量的好坏将影响到涂装质量，常用方法有手工除锈、硼砂除锈和酸洗除锈等。

138. 涂料使用时需要注意什么？

采用涂料的目的是解决管道与设备的腐蚀性问题，涂料种类繁多，而性能又不尽相同，涂料的底漆、中间漆和面漆必须是同一生产厂家的组合配套牌号，即要求涂料的作用、硬度、化学和物理性能指标、温度等均需配套，底漆、中间漆和面漆不能单独使用。

139. 涂料中的底漆、中间漆、面漆分别应有什么性能？

底漆，应具有较好的防锈性能和较强的附着力。

中间漆，应具有一定的底漆和一定的面漆性能。

面漆，应具有抗大气腐蚀能力和抗老化性能。

140. 除尘管道常用什么色卡?

除尘管道色卡通常选用灰色和银色两大类，而设备常用灰色、绿色、棕色和铁红色。

141. 什么是涂料牌号?

涂料牌号根据涂装设计的要求选用，可按温度（如常温、高温管道和设备）分，也可按等级要求（如普通、中等和高级）分，或按大气环境分。

3.3 除尘配套设备

142. 什么是管道阀门，它的作用是什么?

为满足除尘系统烟气量的调节和切换以及系统某部分检修的需要，除尘系统各分支管道上应设置阀门，阀门形式有圆形或矩形，其特点是：气体流通量大和气体压力低，一般有电动阀门、气动阀门等。

143. ZKJW-OICKB 型电动高温蝶阀适宜用在何处?

电炉炉内排烟管道、钢包精炼炉除尘管道、铁水脱磷除尘管道等，常用 ZKJW-OICKB 型电动高温蝶阀。它与电动执行机构配套使用，对管道中的高温介质，按不同的控制信号要求来改变其流量大小，实现自动调节和远程控制。

144. ZKJW-O1 型电动蝶阀适宜用在何处?

对温度不是很高的除尘系统，ZKJW-O1 型电动蝶阀与电动执行机构配套使用，作为自动调节和远程控制，特别适用于低压差、大流量的气体管道中。

145. ZK_{C}^{Y}VB-0.05 型电动百叶圆式、窗式阀适用何处?

ZK_{C}^{Y}VB-0.05 型电动百叶圆式、窗式阀与电动执行机构配套使用，具有启闭力矩小、动作灵活、性能可靠、口径大等优点，用于各大型管道阀门配置，能对粉尘气体进行自动或手动调节和切断，在除尘系统中用得较为普遍。

146. ZSS^{W_R}系列气动软密封蝶阀的概念是什么?

ZSS^{W_R}系列气动软密封蝶阀是一种偏心旋转软密封蝶阀，通常控制大流量的低压流体。其特点是体积小，泄漏量小。

147. 什么是 ZSSW 系列气动调节蝶阀?

ZSSW 系列气动调节蝶阀能控制大流量的低压流体，与气动电动结合仪表、集散系统配套系统使用。其特点是体积小，口径大，阻力小。

148. Z_{SC}^{MA}W-0.1G_{B}^{K} 型气动高温蝶阀适宜用在何处?

Z_{SC}^{MA}W-0.1G_{B}^{K} 型气动高温蝶阀与气动薄膜式、活塞式执行机构配套使用，对除尘管道中的高温介质按不同的控制信号改变其流量大小，实现自动调节和远程控制。

149. 火花捕集器的构造如何?

火花捕集器是由烟气的进口和出口管道、旋转叶片、灰斗和卸灰装置等组成。依靠旋转叶片工作时产生离心力的作用，使烟气旋转中的颗粒粉尘不断撞击叶片壁面而掉落在灰斗内，从而达到了捕集粉尘的目的。

150. 火花捕集器有什么用途?

有些工艺生产时需要加添加剂或采用不同的原料生产，使被抽走的烟气中带有火花颗粒，如不采用适当防护措施，则造成除尘器滤袋的破损，影响除尘效果。火花捕集器是一种防护措施，它还可以用于烟气浓度较高的除尘系统，以捕集较大颗粒的粉尘。

151. 烟气混合室的简单构造怎样?

烟气混合室是由高低温烟气进口管道和出口管道、内外筒体、灰斗和卸灰装置以及事故混风阀等组成，高低温烟气在烟气混合室内因气体流速的降低和停留时间的延长而得到了均匀的混合，同时烟气中的较大颗粒粉尘则落在灰斗内。

152. 烟气混合室有什么用途?

为避免进入除尘器的气体温度出现局部高温和低温现象，一般在除尘器进口前设置烟气混合室，对高低温气体进行混合，同时也对大颗粒粉尘进行有效的沉降，还能保证进除尘器前的气体温度在设计规定的温度要求范围。电炉除尘系统及铁水倒罐站除尘系统等前均设有烟气混合室。

153. 烟囱（或排气筒）有什么用?

烟囱（或排气筒）用来排放经除尘设备净化处理后的废气或排放未经处理的气体。烟囱的排放高度与气体的排放速度和排放深度有关，并与地方的气象因素、地形条件和建筑环境等有关，要符合国家排放标准。

154. 大气污染物排放量如何计算?

（1）连续生产排放量计算：

$$G_1 = 365 \times 24 \times 10^{-9} \times C_1 VR \tag{3-11}$$

式中 G_1——连续生产时的污染物年排放量，t/a；

C_1——污染物平均排放质量浓度（标态），mg/m^3；

V——气体体积流量（标态），m^3/h；

R——生产设备的年平均作业率。

折算每吨产品的排放指标为：

$$Q_1 = 10^3 \times G_1/W_1 \tag{3-12}$$

式中 Q_1——连续生产时每吨产品的烟（粉）尘排放指标，kg/t；

W_1——连续生产时的产品年产量，t/a。

（2）间歇生产排放量计算：

$$G_2 = C_2 Vn/60 \times 10^{-6} \tag{3-13}$$

式中 G_2——间歇生产时的污染物排放量，kg/炉(次)；

C_2——间歇生产时的污染物排放质量浓度(标态)，mg/m^3；

V——气体体积流量，m^3/h；

n——间歇生产设备的净作业时间，min/炉(次)。

折算每吨产品的排放指标为；

$$Q_2 = 10^3 \times G_2/W_2 \tag{3-14}$$

式中 Q_2——间歇生产时的每吨产品的烟（粉）尘排放指标，kg/t；

W_2——间歇生产时的每吨产品产量，t/炉(次)；

（3）污染物排放总量计算：

$$G = G_1 + G_2 = (\Sigma Q_1 W_2 + \Sigma Q_1 W_2) \times 10^{-3} \tag{3-15}$$

（4）排放浓度计算：

$$C_2 = C_1(1 - \eta) \tag{3-16}$$

式中 C_2——除尘设备出口烟气含尘质量浓度或烟囱的排放质量浓度（标态），mg/m^3；

C_1——除尘设备进口烟气含尘质量浓度（标态），mg/m^3；

η——除尘设备净化效率，%。

（5）排放速度计算：

$$G^1 = G(1 - \eta) \tag{3-17}$$

式中 G^1——污染物排放量速率，kg/h；

G——污染物每小时产生量，kg/h；

η——除尘设备净化效率,%。

(6) 等效烟囱排放速率计算:

$$G^1 = G_1^1 + G_2^1 \tag{3-18}$$

式中 G^1——等效烟囱的污染物排放速率，kg/h;

G_1^1——1 号烟囱污染物排放速率，kg/h;

G_2^1——2 号烟囱污染物排放速率，kg/h。

155. 烟囱功能如何计算?

(1) 烟囱的截面计算:

$$S = V/3600v \tag{3-19}$$

式中 S——烟囱的截面面积，m^2;

V——气体体积流量，m^3/h;

v——烟囱截面流速，一般为 12 ~ 16m/s。

(2) 烟囱高度计算:

$$H \geqslant H^1 \sqrt{\frac{G}{G^1}} \tag{3-20}$$

式中 H——烟囱设计高度，m;

H^1——查阅表中烟囱最低高度，m;

G——烟囱的最高允许排放速率，kg/h;

G^1——查阅表中的烟囱最低高度对应的最高允许排放速率，kg/h。

156. 烟囱设置有哪几条原则?

烟囱的设置原则为:

(1) 烟囱排放污染物必须符合国家大气污染物综合排放标准，既符合排放浓度标准值，又符合排放速率标准值。

(2) 烟囱高度应高出周围 200m 半径范围内的建筑物 5m 以上。

(3) 烟囱高度最低不得小于 15m。

4 风机与配套电机

157. 除尘系统风机类型可分哪几类?

风机是除尘系统的重要组成部分，根据除尘系统所使用的不同场合以及系统设计对风机参数的不同要求，如何正确选用风机和合理使用风机，是除尘系统成功运行的关键之一。除尘风机的类型可以划分为：扩压风机、高温风机、正压风机和负压风机等。

158. 风机的运行特性主要有哪几点?

风机的运行特性参数包括：

（1）风机的主要性能参数；

（2）风机的特性曲线；

（3）风机的并联与串联。

159. 风机的主要性能参数要注意哪几点?

风机的主要性能参数要注意：

（1）风机状况。标准状况下的风机性能一般是指风机进口外的气压力为101300Pa，大气温度为20℃，相对湿度为50%，气体密度为1.2kg/m^3 时的气体状况。当风机非标准状况下工作时，设计应考虑到把非标准状况下的风机性能换算到标准状况下的性能，然后根据换算后的性能参数选择风机。风机性能参数在工况 1 到工况 2 时的关系式参见后面表4-1，其换算公式如下：

1）气体密度和风机转速改变时：

$$\frac{Q_1}{Q_2}=\frac{n_1}{n_2} \tag{4-1}$$

$$\frac{p_1}{p_2} = \left(\frac{n_1}{n_2}\right)^2 \frac{\rho_1}{\rho_2} \tag{4-2}$$

$$\frac{\rho_1}{\rho_2} = \left(\frac{n_1}{n_2}\right)^3 \frac{P_1}{P_2} \tag{4-3}$$

式中 Q——气体流量，m^3/h；

n——风机转速，r/min；

p——风机全压，Pa；

ρ——气体密度；g/cm^3

P——风机功率，kW。

2）气体温度、大气压力和风机转速改变时：

$$\frac{Q_1}{Q_2} = \frac{n_1}{n_2}$$

（2）设置联风机时，应选用相同型号和相同规格的风机，设置串联风机时，应选用大小风机的组合。并将风机的特性有曲袋与管网的特性曲袋绘制在同一坐标上，通过分析比较后才能决定是否可以采用风机的并联或串联。

（3）根据系统管道的设计布置，选用合理的风机旋转方向。

（4）设置风机进口阀门。

160. 什么是风机的特性曲线？

通常把一定转速下风机的流量、全压、效率之间的关系曲线称为风机的特性曲线。它可以全面评定风机各性能参数的变化，每一种风机的特性曲线是不同的，图 4-1 为 4-72-11No5 通风机的特性曲线。

由于同类型的通风机是按几何相似。运动相似、动力相似的原理进行设计的，因此实际应用中常采用通风风机的无因次量来描述各性能之间的关系。图 4-2 为风机的无因次特征曲线。其无因次量关系式为：

$$\bar{p} = \frac{p}{\rho u^2} \tag{4-4}$$

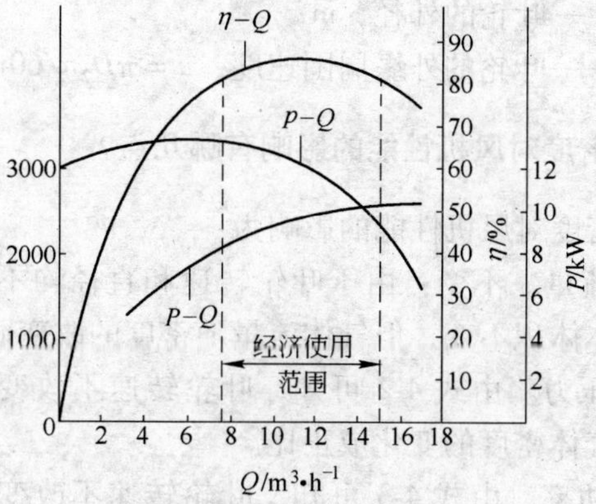

图 4-1　通风机的特性曲线

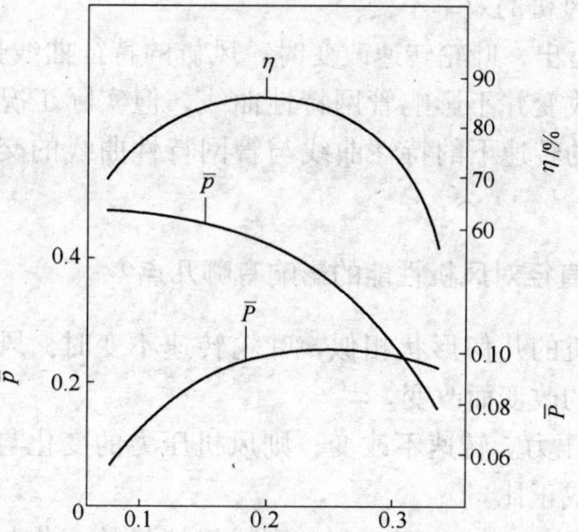

图 4-2　风机无因次特性曲线

$$\overline{Q}=\frac{Q}{\frac{\pi}{4}D_2^2u\times 3600} \tag{4-5}$$

$$\overline{P}=\frac{P}{\frac{\pi}{4}D_2^2\rho u^2} \tag{4-6}$$

式中　D_2——叶轮的外径，m；

u——叶轮的外缘周围速度，$u=\pi D_2 n/60$m/s。

161. 气体密度对风机性能的影响有哪几点？

气体密度对风机性能的影响为：

（1）流量。不变：由于叶轮转速和直径均不改变，即风机输送的气体体积不变，但气体流量随密度的改变而改变。

（2）压力。由式4-2可知，叶轮转速不改变，则风机压力的变化与气体密度的变化成正比。

（3）功率。由式4-3可知，叶轮转速不改变，则风机功率的变化与气体密度的变化成正比。

（4）风机的效率不变。

由此看出，叶轮转速改变时，风机的特征曲线也随之改变。虽然转速改变并不影响管网特性曲线，但实际工况点将发生变化，在新的转速下的特性曲线与管网特性曲线的交点即为工况点。

162. 叶轮直径对风机性能的影响有哪几点？

当风机的几何形状相似，叶轮转速不变时，风机性能将随叶轮直径的改变而改变。

（1）压力。转速不改变，则风机压力的变化与叶轮直径变化的平方成正比。

（2）流量。转速不改变，则风机流量的变化与叶轮直径变化的平方成正比。

（3）功率。功率是流量与压力的乘积。因流量与叶轮直径的立方成正比，压力与叶轮直径的平方成正比，所以风机功率的变化与叶轮直径变化的5次方成正比。

（4）风机效率不变。

综合上述内容，风机性能参数的变化关系式汇总见表4-1。

表 4-1　风机性能参数的变化关系式汇总

项　目	计算公式	项　目	计算公式
对空气密度 ρ 的换算	$Q_1 = Q_2$ $p_2 = p_1 \dfrac{\rho_1}{\rho_2}$ $P_2 = P_1 \dfrac{\rho_1}{\rho_2}$ $\eta_2 = \eta_1$	对叶轮直径 D 的换算	$Q_2 = Q_1\left(\dfrac{D_2}{D_1}\right)^3$ $p_2 = p_1\left(\dfrac{D_2}{D_1}\right)^2$ $P_2 = P_1\left(\dfrac{D_2}{D_1}\right)^5$ $\eta_2 - \eta_1$
对转速 n 的换算	$Q_2 = Q_1 \dfrac{n_2}{n_1}$ $p_2 = p_1\left(\dfrac{n_2}{n_1}\right)^2$ $P_2 = P_1\left(\dfrac{n_2}{n_1}\right)^3$ $\eta_2 = \eta_1$	对 ρ、n、D 同时换算	$Q_2 = Q_1\left(\dfrac{n_2}{n_1}\right)\left(\dfrac{D_2}{D_1}\right)^3$ $p_2 = p_1\left(\dfrac{n_2}{n_1}\right)^2 \dfrac{\rho_2}{\rho_1}\left(\dfrac{D_2}{D_1}\right)^2$ $P_2 = P_1 \dfrac{\rho_2}{\rho_1}\left(\dfrac{n_2}{n_1}\right)^3\left(\dfrac{D_2}{D_1}\right)^5$ $\eta_2 = \eta_1$

163. 什么是风机的并联工作？

当除尘系统设计流量很大时，可以在系统设计时采用两台风机进行并联，但前提是并联的两台风机型号必须相同。风机Ⅰ和Ⅱ并联工作时的总特征曲线见图 4-3。

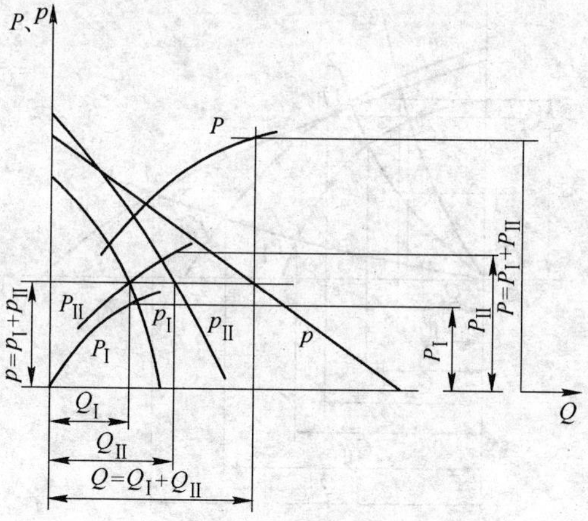

图 4-3　并联工作的风机总特性曲线

其特征参数的关系是：

流量 $$Q = Q_{\mathrm{I}} + Q_{\mathrm{II}} \tag{4-7}$$

压力 $$p = p_{\mathrm{I}} + p_{\mathrm{II}} \tag{4-8}$$

功率 $$P = P_{\mathrm{I}} + P_{\mathrm{II}} \tag{4-9}$$

效率 $$\eta = \frac{Qp}{3600P \times 10^3} \tag{4-10}$$

在实际的管网系统中，因阻力变化。总流量并不等于单台风机流量的2倍，见图4-4。并联工作的风机在管网阻力损失较大时，可能出现下述3种情况：

（1）风机在管网Ⅰ中工作时，其工况点为A，此时流量Q_A大于仅有1台风机（Ⅰ或Ⅱ）单独工作的流量（$Q_{\mathrm{I}1}$或$Q_{\mathrm{II}1}$）

（2）风机在管网2中工作时，其工况点为B，此时流量Q_B等于Ⅱ号风机单独工作时的流量$Q_{\mathrm{II}2}$，Ⅰ号风机只能引起功率的额外消耗。

（3）风机在管网3中工作时，其工况点为C，此时流量Q_C小于Ⅱ号风机单独工作时的流量$Q_{\mathrm{II}2}$，Ⅰ号风机阻碍了风机Ⅱ的

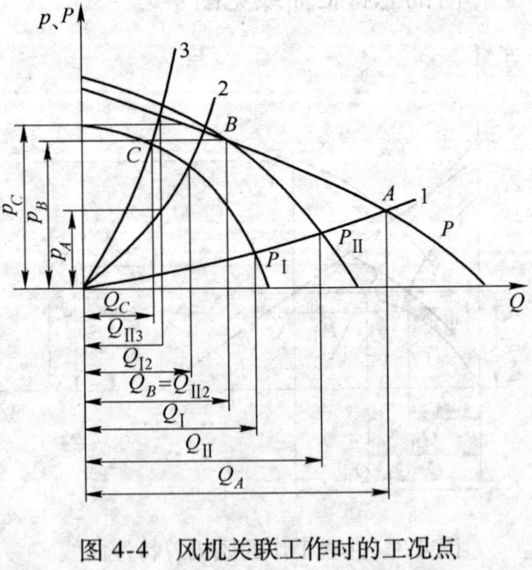

图4-4 风机关联工作时的工况点

工作效果。

所以，在系统设计时考虑管网阻力的平衡计算，并将风机和管网的特性曲线绘制在同一坐标上进行分析比较，找到选型风机在并联运行工况下达到高效率的工作点。若风机选型与管网特性不匹配，则可能会产生如前所述的不良后果。

164. 什么是风机的串联工作?

当除尘系统各分支管路的阻力相差很大，而且系统总阻力大时，宜采用大小风机进行串联，风机Ⅰ和风机Ⅱ串联工作时的总特性曲线见图 4-5。

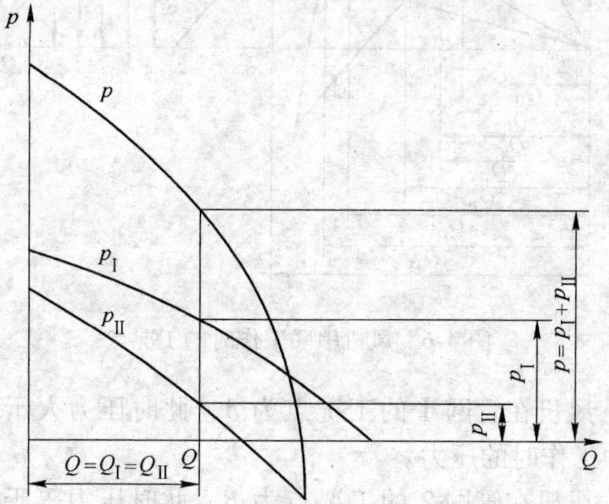

图 4-5　串联工作的风机总特性曲线

其特性参数的关系为：

流量　$Q=Q_{\mathrm{I}}=Q_{\mathrm{II}}$　(4-11)

压力　$p=p_{\mathrm{I}}+p_{\mathrm{II}}$　(4-12)

功率　$P=P_{\mathrm{I}}+P_{\mathrm{II}}$　(4-13)

效率　$\eta=\dfrac{Qp}{3600p\times10^{3}}$　(4-14)

如果系统管网设计不当，且出现大流量小阻力时，此时风机串联的工况点，见图 4-6，有可能出现下述 3 种情况：

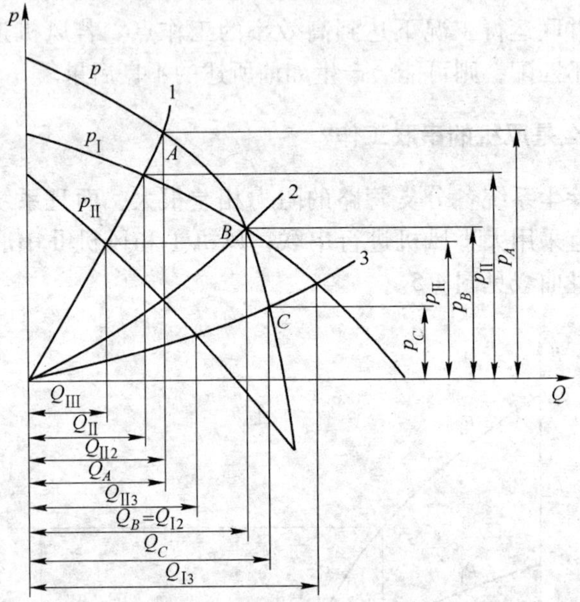

图 4-6　风机串联工作时的工况点

（1）风机在管网Ⅰ的工况点为 A，此时压力大于仅有 1 台风机单独工作时的压力。

（2）风机在管网 2 的工况点为 B，此时压力等于Ⅰ号风机单独工作时的压力；Ⅱ号风机将引起功率的额外消耗。

（3）风机在管网 3 的工况点为 C，此时压力小于Ⅰ号风机单独工作时的压力；Ⅱ号风机将阻碍Ⅰ号风机的工作效果。

因此，系统设计时，必须综合考虑风机特性与管网特性的关系，应将风机与管网的特性曲线绘制在同一坐标轴上进行分析比较，使风机在串联运行工况下达到高的工作效率。若选型风机与管网特性不匹配，则可能会产生如前所述的不良后果。

165. 怎样选用风机？

除尘系统用的风机与一般风或空调系统用的风机有较大的区别。除尘系统一般气体流量和系统阻力损失较大，而且气体中的质量浓度大和气体温度高，所以应根据风机在除尘系统所设位置的不同，正确选用合适的风机是至关重要的。

166. 如何进行风机选型计算？

（1）流量 Q_1(m^3/h)：

$$Q_1 = K_{Q_1} \times K_{Q_2} \times Q \tag{4-15}$$

式中 Q——气体流量，m^3/h；

K_{Q_1}——设备漏风附加系数，按设备设计或由设备制造厂提供；

K_{Q_2}——管网漏风附加系数，一般通风系统取 $K_{Q_2}=1.1$，除尘系统取 $K_{Q_2}=1.1\sim1.15$。

（2）全压 p_1(Pa)：

$$p_1 = (pK_{p_2} + p_s)K_{p_s} \tag{4-16}$$

式中 p——管网总压力损失，Pa；

p_s——设备压力损失附加系数，一般通风系统 $K_{p_1}=1.1\sim1.15$，除尘系统 $K_{p_1}=1.1\sim1.2$；

K_{p_2}——风机全压负差系数，由风机制造厂提供。

（3）性能换算。当实际工况下的气体性能参数与风机样本上的性能参数不同时，应按气体性能换算公式对参数进行换算。

167. 如何根据风机所处位置进行分类？

根据风机所处位置风机可分为：

（1）正压风机。当系统管网阻力较大时，可在阻力较大的一侧管路上设置正压风机，这样不但可以降低系统主风机的功率，而且还可以保证这一侧管路的抽气效果。如电除尘系统中的炉内排烟（一次烟气除尘）管路等，对正压风机的磨损技术提出了更高的要求。

根据除尘工艺的设计布置要求，将风机设置在除尘器的进口段，通常称为正压风机，包括上述的正压风机在内。用于电炉除尘系统的正压风机，由于烟气量大且气体含尘质量浓度（标态）较高，一般为 1 ~ 3g/m^3 对风机的磨损技术有较高的要求。

（2）负压风机：根据除尘工艺的设计布置要求，将风机设置在除尘器的出口段，通常称为负压风机。由于风机设置在除尘器的出口段，风机所处的环境要好得多，气体含尘质量浓度虽然在 1.5g/m^3 以下，但还要适当考虑部分除尘器滤袋破损时粉尘对风机的磨损问题。

（3）高温风机，一般将风机进出口气体温度在 120℃以上的风机称为高温风机。如用于炉内排烟管路和钢包精炼炉排烟管路上的风机等。

168. 风机结构形式大概分哪几种？

用于冶金除尘行业的风机结构形式较多，应根据系统的设计需要进行正确的选择。根据其结构形式大致可以分为以下 6 种形式：

（1）风机叶形。常用叶形有机翼形和平板形两大类。平板形可分为：宽度平板、后弯式平板、径向片、径向出口圆弧形平板叶片等形式。

（2）单收单支承型离心风机，即悬臂支承型离心风机，通常用于风量不是很大的且气体含尘浓度低的场合。

（3）单吸双支承离心风机。作为除尘用风机，适用与气体流量大的除尘系统，运行稳定可靠且效率较高。

（4）双吸双支承离心风机。作为除尘用风机，适用于气体流量大的除尘系统，运行稳定、可靠、效率较高。

（5）滚动轴承，适用于风机转速较低的场合，风机配套系统简单。

（6）滑动轴承，适用于风机转速较高且风量大的场合，轴承使用寿命相对滚动轴承的使用寿命长且检修简单，但风机配套管路系统复杂，需要设置稀油润滑系统和高位油箱。

169. 风机耐磨措施有哪些？

根据风机使用场合的不同磨损要求，目前的风机耐磨措施有以下4种：

（1）风机磨损部位加衬板；

（2）风机衬板上喷耐磨合金；

（3）风机磨损部位喷耐磨粉末合金；

（4）风机磨损部位采用碳化钨焊条堆焊。

170. 风机选用要求有哪几点？

风机选用主要应考虑以下6点：

（1）根据系统设计的流量和压力等参数要求，选用风机制造厂样本中合适的风机流量和压力等参数。当流量和压力等参数在风机性能表内两种机号之间时，最好利用无因次特征曲线公式进行全算选择，确定合理的机号，以除风机在实际使用时效果达不到设计要求的可能。

（2）根据输送不同气体的物理、化学性质（如易燃、易爆性、腐蚀性、温度、含尘浓度等）选择不同用途，不同类型的风机和风机的结构形式及耐磨措施。

（3）选用低噪声、高效率的风机。

（4）设置并联风机时，应选用相同型号和相同规格的风机，设置串联风机时，应选用大小风机的组合。并将风机的特性曲线与管网的特性曲线绘制在同一坐标上，通过分析比较后才能决定是否可以采用风机的并联或串联。

（5）根据系统管道的设计布置，选用合理的风机旋转方向。

(6) 设置风机进口阀门。

171. 在选用电机时应注意哪几点，电机功率如何计算？

在选用电机时应注意功率计算、电极绝缘和防护等级以及电机冷却方式。具体内容如下：

(1) 功率 p(kW)计算：

$$P = \frac{Q_f p_f K}{1000\eta\eta_{me} \times 3600}$$

式中 K——电机容量安全系数，由风机制造厂提供；

Q_f——风机风量，m^3/h；

p_f——风机全压，Pa；

η——风机效率，由风机制造厂提供，%；

η_{me}——机械传递效率，按表 4-2 选取。

表 4-2　机械传递效率 η_{me}

传递方式	η_{me}	传递方式	η_{me}
直联传动	1.0	三角带传动（滚动轴承）	0.95
联轴器传动	0.98		

(2) 电机绝缘和防护等级：

1) 绝缘耐热等级表示绝缘物耐受高热程度的级别。它可决定电气设备，特别是电机绕组的极限允许温升和活性材料在电气设备中的利用程度及绝缘寿命。绝缘的耐热等级可分：Y、A、E、B、F、H、C 七级，其提高允许温度分别为：90℃、105℃、120℃、130℃、155℃、170℃、180℃。用于除尘的绝缘耐热等级一般为 F 级。

2) 防护等级。电机的外壳防护等级由表征字母 IP 及附件加在 IP 后的两位数字组成，数字含义可以查阅有关电动手册。电机外壳的防护等级可根据电机设置的场合进行选择，设置在室内的电机一般为 IP23 或 IP44，设置在室外的一般为 IP54 以上（含 IP54）。

（3）电机冷却方式：

1）空、空气冷却封闭式。采用空、空气冷却方式的电机一般设置主室外，当设置在室内时，室内应该设有良好的通风环境。

2）空、水冷却封闭式。采用空、水冷却式的电动机可设置在室外或室内，一般较大型电机多采用空、水冷却方式。

172. 液力耦合器的作用是什么？

液力耦合器可分为限速型耦合器和调速型耦合器。调速耦合器与电气调速装置不同，作为机械式调速传动装置的耦合器，在通风除尘过程中主要用于风机调速节能和改善风机的启动性能等。

173. 液力耦合器的工作原理是什么？

液力耦合器是一种液力传动装置，主要由泵轮、涡轮主动轴、从动轴、叶片及壳体等组成泵轮和涡轮一般对称布置，工作时，在耦合器内充入一定量的工作油，形成高压，高速液流并冲击涡轮叶片，即在统一旋转方向上给涡轮叶片以一个作用力，来推动涡轮旋转，带动工件运转。液力耦合器设备本身结构简单，工作可靠，可实现无级调速，使用维护方便。但液力耦合器作为一种转差损耗装置，负载无法达到额定转速。因调速过程中的转差功率以热能形式损耗，所以必须设置有效的冷却设施。它的计算较复杂。可以查阅液力耦合器选型计算手册。

174. 风机布置均应遵守哪几点原则？

风机可以布置在户内即电机旁边，也可以布置在户外，均应遵循以下 8 点原则：

（1）考虑到通风除尘效果和系统节能，风机应尽可能靠近需要通风除尘的工作区域附近。

（2）考虑到风机的消声隔振要求，风机房均应为独立建筑，风机基础采用独立的隔振基础，风机进出口管道设柔性连接管，机壳外贴附吸声隔声材料等措施。对布置在户外的风机，除了上述措施外，还要在风机的进出口管道外壁贴附吸声隔声材料，并在风机的出口段设置消声器（除尘器在风机前）。

（3）风机房内有良好的照明和通风换气环境。特别是设有操作盘、箱和有观察仪表的部位需加强人工照明，保证足够的照度，以利于操作人员维护检修。其机房换气次数可按 5 ~ 8 次/h 设计，同时应设有 5 ~ 12 次/h 换气次数的事故排风系统。

（4）布置风机房应考虑留有适当的操作和维护空间，主要检修通道应不小于2m，非主要通道不小于0.8m，还需考虑设备可搬运和吊装的需要。

（5）风机基础地脚螺栓一般均采用二次浇灌，二次浇灌预留孔的尺寸可参考表 4-3。预留孔深度一般为地角螺栓长度加 50mm。

表 4-3 风机基础二次浇灌预留孔尺寸

地角螺栓尺寸/mm	二次浇灌预留孔尺寸/mm
M10、M12、M16	100×100
M20、M24	150×150
M30、M40	200×200
M42、M48	220×220

（6）机房内应设置用于风机或机房清洁用的水龙头和排水地漏，同时地坪设计应有坡度。

（7）对于输送易燃爆气体的风机，机房应设有消防措施，火警信号以及安全门等，机房的所有门、窗均应向外开启。

（8）布置在户外的风机，电机防护级应采用 IP54 以上（含 IP54）执行器和电气设备仪表箱，柜等防护等级应采用 IP65 以上（含 IP65）。

175. 什么是风机的隔振和消声?

人耳能听到的声音，是由弹性介质的质点振动所引起，其频率范围大约在 16～16000Hz，1Hz 表示每秒振动一次，按照声音在介质中的传播可分为空气声，固体声和水生。通常人们把不需要听的声音称为噪声，即噪声定义为人耳感受的频率范围内的静态声压分布，并且是对人耳有干扰的声音。

风机和电机等在运转时，由于机械部件之间存在着力的传递，因而会产生振动和噪声。其中一部分由振动的机械设备直接向空间辐射，形成空气声；另一部分的振动能量则通过设备本身的基础，向地层和建筑物结构进行传递，这种传递通过固体传递的声音被称为固体声。

176. 如何计算风机的声压和声功率级?

风机的声压级 LWA(dB(A))可以通过叶轮圆周速度、叶轮直径和一些常数进行预算:

$$L_{WA} = K + 10\lg\frac{Q}{Q_0} + 20\lg\frac{p}{p_0} \tag{4-17}$$

式中 Q——风机流量，m^3/h；

Q_0——流量为 $1m^3/h$；

p——风机全压，kPa；

p_0——全压为 100kPa；

K——噪声附加值，对前弯和后弯离心风机 $K=11dB(A)$，对轴流风机取 $K=16dB(A)$。

177. 什么是风机隔振措施?

风机隔振是一项系统工程，它包含了风机本身的低振和吸振，风机基础的隔振和减振等。

（1）风机本身的低振和吸振。风机制造厂应对风机不断进行优化设计和技术改进，在提高风机效率的同时，积极采用低振动风机，另外对风机外壳进行隔声吸声包覆，以阻止并吸取被激发的固体声和辐射的空气声。风机外壳的包覆结构设计可参照图 4-7，包覆层厚度可根据风机的结构形式和技术参数以及吸声材料的性质来决定，厚度一般在 200 ~ 300mm。

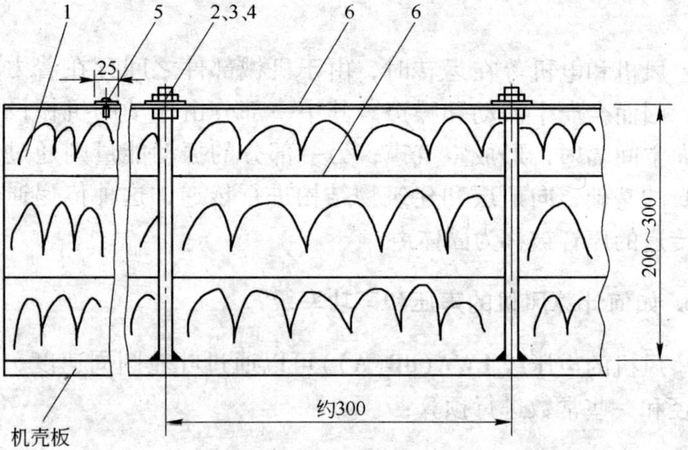

图 4-7　风机外壳包覆层结构

1—隔声材料；2—焊接单头螺柱；3—螺母；
4—垫圈；5—自攻螺钉；6—镀锌钢板

（2）风机基础的隔振和减振。风机的隔板设计主要是确定隔振效果，同时设计隔振基础或减振器时应避开风机厂提供的频率范围。隔振和减振措施主要包括以下 4 点：

1）布置在地面上的风机宜设置独立的钢筋混凝土基础；

2）布置在楼板上的风机，一般为中、小型的风机，宜采用有阻尼减振或隔振垫的钢支架基础或钢筋混凝土基础。

3）风机靠近办公室、操作室及居住区时，应设置风机房。

4）风机进出口管道连接采用软性接头连接。

178. 消声器的作用是什么?

风机的噪声包括电机的电磁噪声、由振动引起的机械噪声和空气动力噪声。空气动力噪声又包括旋转噪声和涡流噪声。消声器主要针对空气动力噪声而言。

对除尘系统来说，消声器通常设置在负压风机的出口管道上，正压风机一般不设消声器。

179. 用于除尘系列的消声器有哪 4 种?

消声器的种类很多，但用于风机配套系列的消声器大致有以下 4 种:

(1) 阻性消声器。对中高频率消声效果好，制造简单，应用较为普遍。但它不适用于高温，高湿或灰尘的场合。

(2) 抗性消声器。不用吸声材料，对中、低频消声效果好。

(3) 微穿孔板消声器。对中低频消声有较好的效果。主要用于空调系统。

(4) 阻穿孔板消声器。综合了上述 3 种类型的消声器特点，具有宽频，因此，具有较高吸收的消声效果，主要用于声级很高、低中频消声。但由于阻性段有吸声材料，因此它同样不适用于高温、潮湿或有灰尘的场合。

180. 什么是风机的运行调节和节能?

除尘系统的气体流量和压力，是随工艺生产过程中的经常性和间断性的变化而变化的，即引起除尘系统管网性能的变化，为适应这一经常性变化，满足实际生产的需要，就需要对运行中的风机进行调节。调节的目的在于改变风机的运行的工作点，因此，改变风机的性能曲线或改变管网性能曲线均可实现对风机的调节。

181. 风机的调节方法一般分哪两类?

风机的调节一般可分为两类，一类是改变管网性能曲线，另一类是改变风机的性能曲线。

182. 什么是改变管网的性能曲线?

改变管网的性能曲线是指在风机的进口或出口管道上设置节流阀或风门来控制气体流量。

183. 什么是改变风机性能曲线?

设管网性能曲线不变，改变风机性能曲线，此时风机工况点将沿着管网性能曲线移动，达到调节流量的目的，通常调节方法有：改变风机转速和改变风机的进口异流叶片角度。

184. 如何改变风机转速?

当风机转速改变后，其性能曲线也随之改变，但效率曲线的变化值不大。根据式4-10~式4-13来说明风机的调速与流量、压力和轴功率的关系，因此说，改变风机转速是一种最优的调节手段，而且节能效果显著。

185. 系统选择调速节能时应注意哪几点?

系统选择调速节能时应注意以下3点：

（1）风机调速范围不宜过大，一般为风机额定转速的70%~100%。

（2）调速装置的性能应尽可能与风机的负载特性一致，否则达不到理想的调速效果。

（3）调速范围确定时，应注意避开机组的机械临界共振转速，否则当调速至该谐振频率时，将可能损害机组。

186. 何为改变风机进口导流器叶片安装角度?

在风机叶轮进口前设置导流器，通过改变导流器叶片安装角度，使进入风机叶轮的气流方向发生变化，风机的性能曲线也随之改变，从而达到调节流量的目的。

该种调节方法的调节效率虽然不如风机调速好，但比用改变管网性能的方法要好得多。

187. 风机运行故障来自于哪些方面？

除尘系统运行时的风机故障来自于多方面，有管网系统的性能故障、设备机械故障、机械振动、轴承故障和润滑系统的故障等。其中，尤以性能故障和机械故障最为常见。

188. 简明系统性能故障分析和排除方法是什么？

系统性能故障分析和排除方法见表4-4。

表4-4 系统性能故障分析和排除方法

序 号	故障名称	产生故障的原因	排除方法
1	流量不足	系统管网包括阀门等发生被粉尘和杂物堵塞	对系统管网和风机等设备进行清扫
		气体温度过低，引起气体密度增大	通过对气体密度的测定，消除密度增大的原因
		风机排气管道破裂，或管道法兰漏气	更换法兰垫片或进行补焊
2	流量过大	气体温度过高，引起气体密度减小	通过对气体密度的测定，消除密度减小的原因，调节阀门开度或改变风机的转速
		风机进气管道破裂或管道法兰漏气	更换法兰垫片或进行补焊
3	风机压降低	管网特性发生变化，阻力增大，风机工作点改变	调整管网特性，减小阻力，尽可能恢复原风机工作点
		风机本身有缺陷或发生磨损	更换风机或进行检修
		风机转速降低	提高风机转速
		风机在非稳定区工作	调整到稳定区工作

续表 4-4

序 号	故障名称	产生故障的原因	排除方法
4	系统调节失灵	在对系统流量调小时，管网发生堵塞，使风机在非稳定区工作，产生逆流反击风机转子现象	在进行系统流量调节时，应注意流速降低的同时，是否会造成管网堵塞，并应及时检查和清扫
		阀门故障或被卡住，压力表失灵等	更换或进行检修
5	风机噪声大	风机制造质量差	检修风机或更换
		机壳无隔声措施和出口管道无消声器	加设隔声装置
		管道和阀门等连接松动	检查后进行加固

189. 简明设备机械故障分析和排除方法是什么？

机械故障分析和排除方法见表 4-5。

表 4-5　机械故障分析和排除方法

序 号	故障名称	产生故障的原因	排除方法
1	叶轮损坏或磨损	机壳或进风口与叶轮摩擦	校正并保持机壳或进风口与叶轮的适当间隙
		叶片表面受粉尘磨损和腐蚀	对叶片磨损部位修复，叶片磨损严重时应更换叶片
		叶轮变形过大，使叶轮径向跳动或端面跳动很大	卸下叶轮，用铁锤等工具进行校核
		铆钉和叶片松动	更换铆钉
2	轴承箱剧烈振动	风机轴与电机安装不同心，联轴器未装正	进行安装调整
		叶轮变形，叶轮铆钉松动和轴松动	修复叶轮，拧紧螺母和更换配件
		基础刚度不够或不牢固	采取加固措施并拧紧螺母
		转子不平衡和松动，叶片磨损	修复叶片并重找平衡
		叶轮损坏或磨损	修复或更换叶轮

续表 4-5

序 号	故障名称	产生故障的原因	排除方法
3	电机电流过大和温度过高	开车时，进风阀门未关闭	关闭阀门，并按操作程序开机
		电机输入电压过低或电源单相断电	检查电源并进行修复
		系统流量超过规定值	检查设计参数，并关小阀门或减低转速
		输送的气体密度过大或温度过低	检查设计参数，调数气体密度或温度
		轴承箱剧烈振动	找原因并消除轴承箱的剧烈振动
4	机壳过热	风机在阀门关闭的情况下，运行时间过长	停车，待机壳冷却后按操作程序开车
5	密封圈损坏或磨损	机壳变形，转子振动过大，密封圈与轴套不同轴以及密封齿内有金属粒和焊渣等杂物	先消除机壳变形和转子振动过大等不利因素，然后更换密封圈并调整其安置位置
6	轴承温升过高	润滑油脂质量较差、变质或含有杂质太多	定期检查和更换润滑油脂
		轴承箱剧烈振动	找出引起轴承箱的剧烈振动的原因并予以消除
		滚动轴承损坏	更换滚动轴承
		轴与滚动轴承安装歪斜，前后两轴承不同心	重新安装

5 除尘系统方案设计与实例简介

190. 除尘系统有哪几种组成？

除尘系统包括：

（1）电炉除尘系统；

（2）钢包精炼炉除尘系统；

（3）铁水倒罐站除尘系统；

（4）铁水脱磷站除尘系统；

（5）电炉散装料和辅原料除尘系统。

191. 什么是一次烟气排烟除尘系统？

通常将电炉炉顶第 4 孔或第 2 孔直接排烟除尘系统，和钢包精炼炉炉顶第 4 孔的直接排烟除尘系统等，俗称为一次烟气排烟除尘系统。

192. 电炉一次烟气除尘系统的工作特点是什么？

由于电炉冶炼时，从炉内排出的一次烟气温度和烟气浓度均远高于电炉屋顶罩和密封罩捕集的二次烟气的温度和浓度，而一次烟气气流所需要的烟气处理量又远小于二次烟气系统的烟气处理量。所以从除尘系统的规模大小和操作维护管理考虑，电炉除尘系统方案设计时可将一次烟气和二次烟气的除尘分开设置，见图 5-1 和图 5-2。图 5-1 系统设置了火花捕集器，以防止布袋被火花烧坏。除尘器通常选用大布袋反吹风除尘器或选用脉冲除尘器。图 5-2 采用了高温燃烧室，即在燃烧室进口处设置鼓风机和烧嘴，保证燃烧室内有一恒定的高温和氧气含量，以烧除烟气中 CO 和有机废气等有害气体。能有效处理烟气中的二噁英。

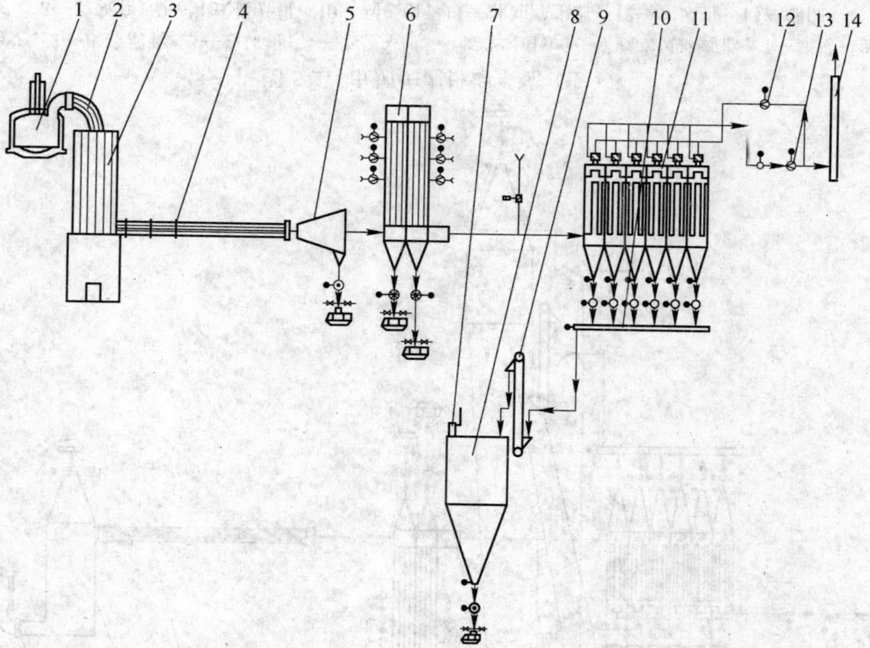

图 5-1　电炉炉内排烟系统（一）

1—电炉；2—水冷弯头；3—沉降室；4—水冷烟道；5—火花捕集器；6—强制吹风冷却器；7—简易过滤器；8—贮灰仓；9—斗式提升机；10—刮板机；11—大布袋除尘器；12—反吹风机；13—主风机；14—烟囱

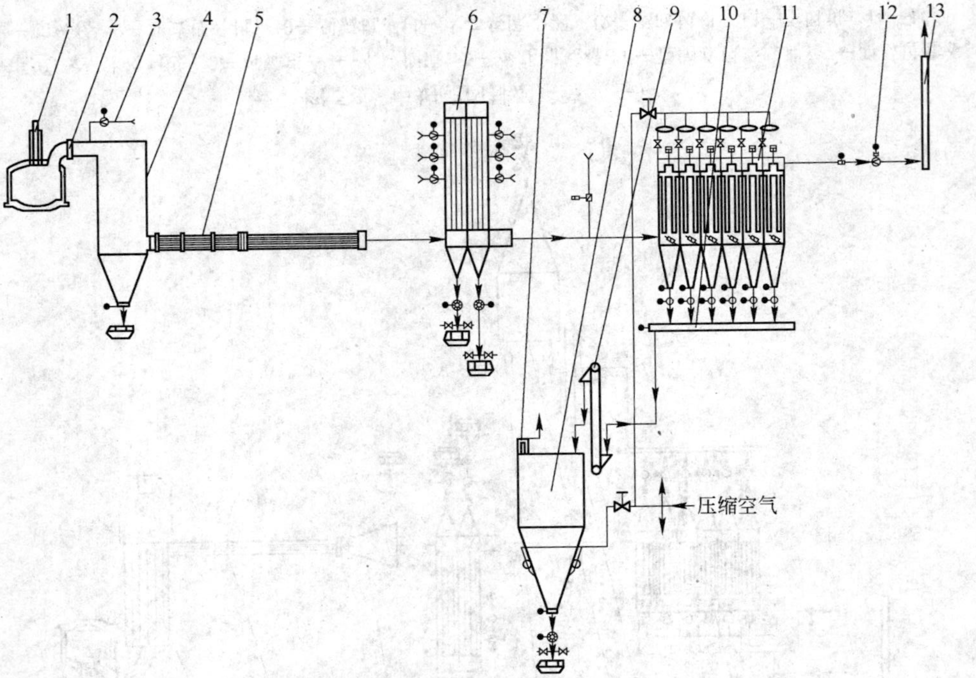

图 5-2　电炉炉内排烟系统（二）

1—电炉；2—水冷活套；3—鼓风机；4—燃烧室；5—水冷烟道；6—强制吹风冷却器；7—简易过滤器；8—贮灰仓；9—斗式提升机；10—刮板机；11—脉冲除尘器；12—主风机；13—烟囱

193. 钢包精炼炉一次烟气除尘系统的工作特点是什么？

精炼炉一次烟气除尘系统见图 5-3，由于其炉内排烟温度不是很高，低于 400℃，且经过调节活套混风和较长排烟管道的自然冷却后，除尘中进口前的烟气温度一般可低于 130℃，除尘器通常是用脉冲除尘器。采用图 5-3 这种与电炉除尘系统分开设置的除尘例子也不少。若管道较短，考虑到精炼炉喷渣时火花有可能进入除尘器，所以系统最好在除尘器进口前设置火花收集网和空气混风阀较为安全。除尘器可采用大室大灰斗的长带脉

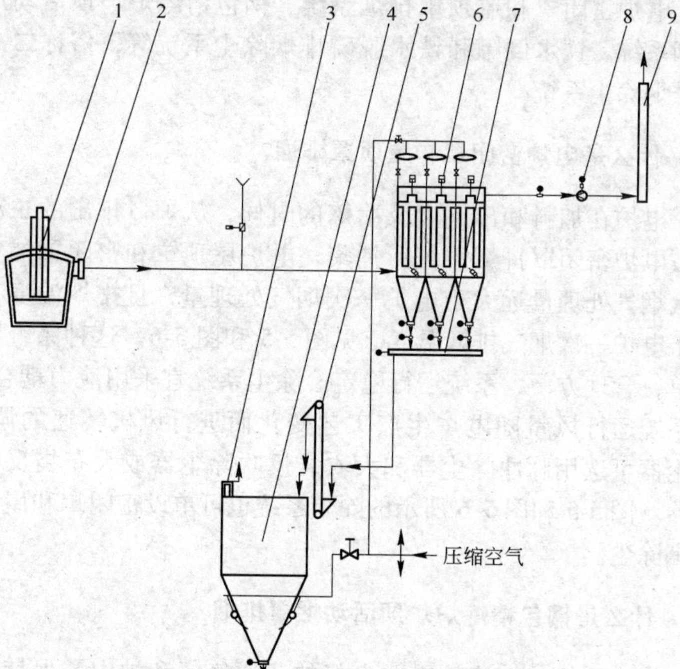

图 5-3　精炼炉炉内排烟系统

1—精炼炉；2—调节活套；3—简易过滤器；4—贮灰仓；5—斗式提升机；6—脉冲除尘器；7—刮板机；8—主风机；9—烟囱

冲除尘器的形式，节省投资。

194. 什么是电炉与精炼炉一次烟气排烟相结合的方案?

电炉一次烟气排烟与精炼炉一次烟气排烟可以归类组合成一套除尘系统，见图5-4。除尘器可选用脉冲除尘器，也可选用大布袋反吹风除尘器，强制吹风冷却器也可用自然对流冷却器代替。

195. 什么是二次烟气排烟除尘系统?

电炉密闭罩和屋顶罩排烟系统、钢包精炼炉炉顶活动烟罩排烟系统、铁水倒罐和铁水脱磷排烟除尘系统等，俗称二次烟气排烟除尘系统。

196. 什么是电炉密闭罩和屋顶罩排烟?

电炉在加料和出钢以及冶炼的时候，从炉口排出的二次烟气被电炉密闭罩排烟系统所捕集，电炉屋顶罩和密闭罩捕集的二次烟气处理量远大于电炉一次烟气处理量，且排烟温度有远低于电炉一次烟气排烟温度，见图5-5和图5-6。这种系统设计简单，管理方便，系统运行稳定。除尘系统宜采用液力耦合器，对系统运行风量随电炉生产工艺变化而进行风机转速的调节。除尘器可选用脉冲除尘器和大衣袋反吹除尘器或大布袋反吹除尘器。图5-5和图5-6所示的除尘系统也可单设密闭罩和屋顶罩排烟除尘。

197. 什么是钢包精炼炉炉顶活动烟罩排烟?

考虑到钢包精炼炉需要良好的还原气氛和炉内需保持一定的扩压度，即钢包精炼炉工作时烟气将从炉顶加料孔和炉盖电极孔等外逸，所以设计第4孔排烟风机时最好在精炼炉的炉顶上设置活动烟罩系统，炉顶上设置活动烟罩排烟必须与炼钢工艺密切配合，以不妨碍工艺操作的检修为前提。

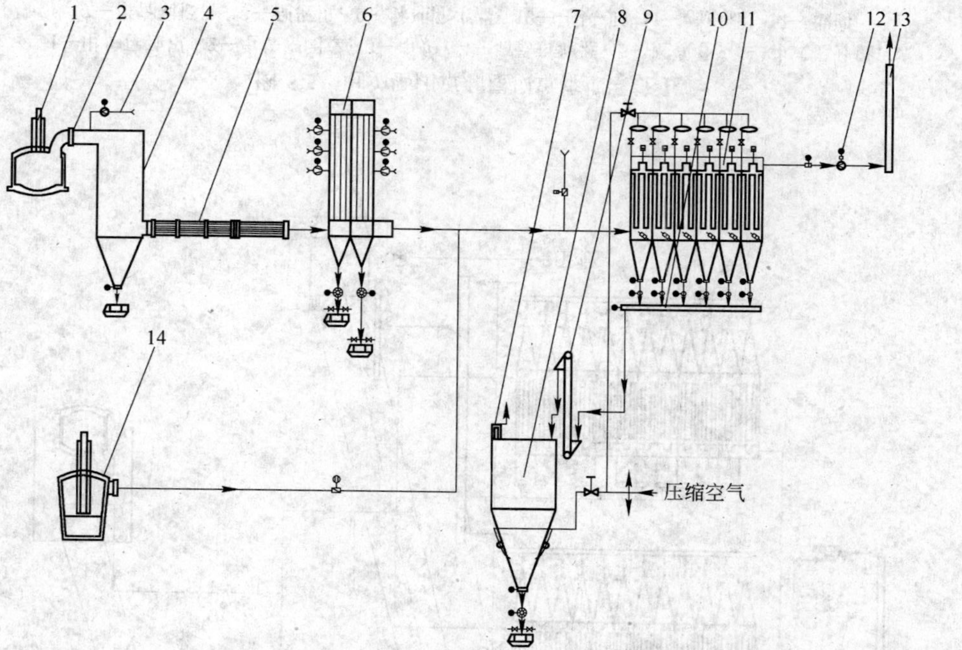

图 5-4　电炉与精炼炉炉内排烟相结合

1—电炉；2—水冷活套；3—鼓风机；4—燃烧室；5—水冷烟道；6—强制吹风冷却器；7—简易过滤器；8—贮灰仓；9—斗式提升机；10—刮板机；11—脉冲除尘器；12—主风机；13—烟囱；14—精炼炉

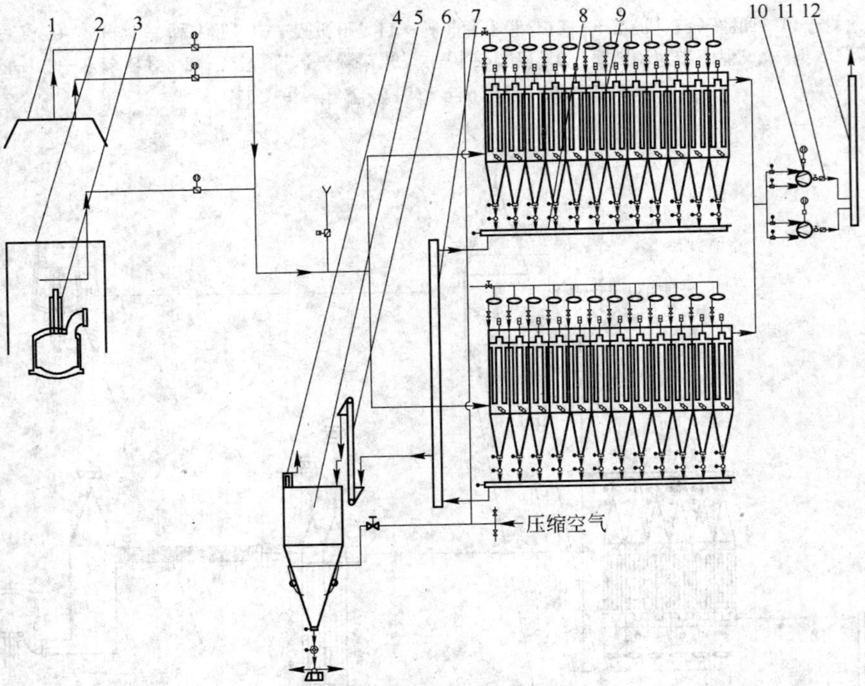

图 5-5　电炉密闭罩和屋顶罩排烟系统 Ⅰ

1—电炉屋顶罩；2—电炉密闭罩；3—电炉；4—简易过滤器；5—贮灰仓；6—斗式提升机；7—集合刮板机；8—刮板机；9—脉冲除尘器；10—主风机；11—消声器；12—烟囱

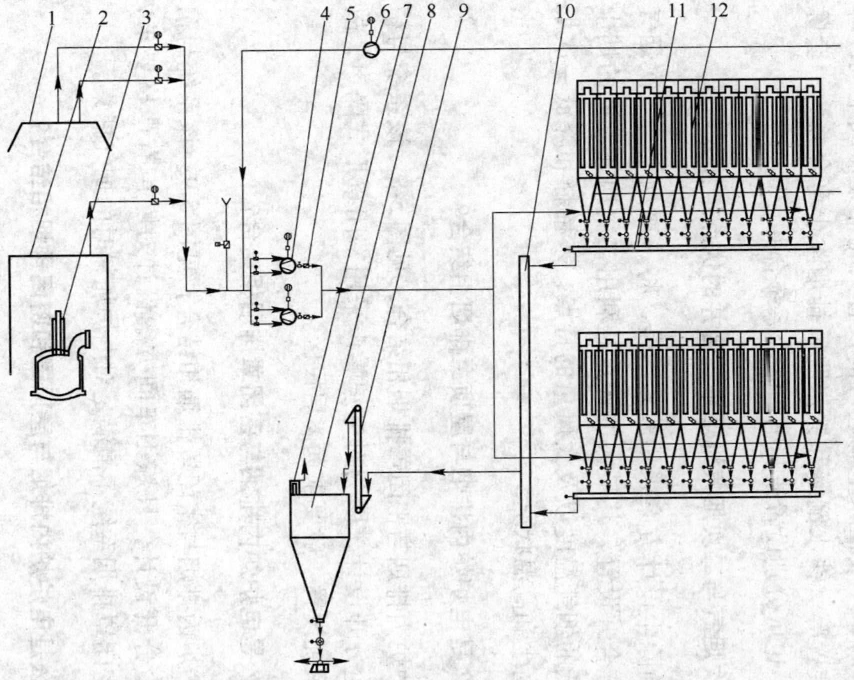

图 5-6　电炉密闭罩和屋顶罩排烟系统Ⅱ

1—电炉屋顶罩；2—电炉密闭罩；3—电炉；4—主风机；5—消声器；6—反吹清灰风机；7—简易过滤器；8—贮灰仓；9—斗式提升机；10—集合刮板机；11—刮板机；12—大布袋除尘器

198. 什么是铁水倒罐和铁水脱磷排烟?

铁水倒罐和铁水脱磷排烟系统见图5-7。因铁水脱磷排烟时烟气温度较高，且烟气中有机物有火花颗粒，若脱磷除尘系统单独设置时，一般在除尘器进口前设置火花捕集器或空气冷却或水冷装置等。铁水倒罐和铁水脱磷排烟除尘可合并为一套除尘系统，也可分别设置或与电炉除尘系统合并设置。

199. 一次烟气与二次烟气排烟系统合并的优点是什么?

当前除尘设计方案采用较多的是，将一次烟气与二次烟气排烟系统合并设置，其最大的优点是利用二次烟气较低的烟尘浓度和低的烟气温度以及大风量的特点，来稀释和降低一次烟气中的高尘和高温状况。

200. 什么是电炉炉内排烟与屋顶罩排烟相结合?

电炉炉内排烟与密闭罩排烟相结合，见图5-8。该系统与精炼炉除尘分开设计，因为对电炉噪声采用密闭罩形式隔声，故该除尘系统设置一般要求远离居民区。

201. 什么是电炉炉内排烟与密闭罩排烟相结合?

电炉炉内排烟与密闭罩排烟相结合，见图5-9。该系统与精炼炉除尘分开设计，且炼钢车间方案设计对噪声有严格要求，但仅靠密闭罩排烟系统不能满足对电炉加料时的烟气捕集。

202. 什么是电炉炉内排烟与屋顶罩和密闭排烟相结合?

电炉炉内排烟与屋顶罩和密闭罩相结合，见图5-10和图5-11。该系统与精炼炉除尘系统分开设计，该方案较理想，能满足在同一时刻对烟气的有效捕集，且解决了电炉噪声问题。其中图5-11除尘系统的烟气冷却采用蒸发冷却塔，可防止电炉烟气中的二噁英的再生成。

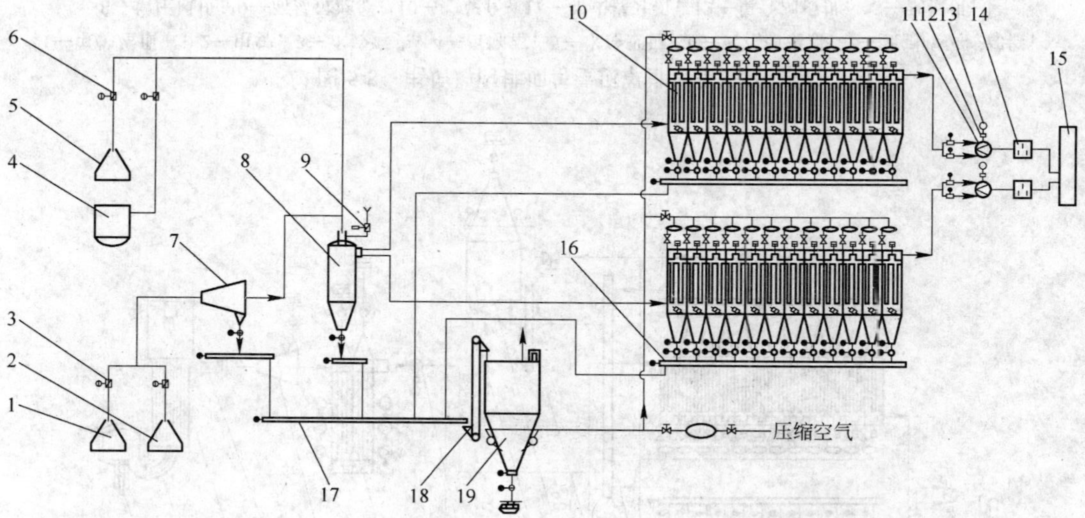

图 5-7　铁水倒罐和脱磷排烟除尘流程

1—脱磷扒渣烟罩；2—脱磷喷吹烟罩；3，6—电动阀门；4—倒罐坑烟罩；5—倒罐车顶罩；7—火花捕集器；8—烟气混合室；9—空气稀释阀；10—脉冲布袋除尘器；11—主风机；12—液力耦合器；13—电机；14—消声器；15—烟囱；16—切出刮板输送机；17—集合刮板输送机；18—斗式提升机；19—贮灰仓

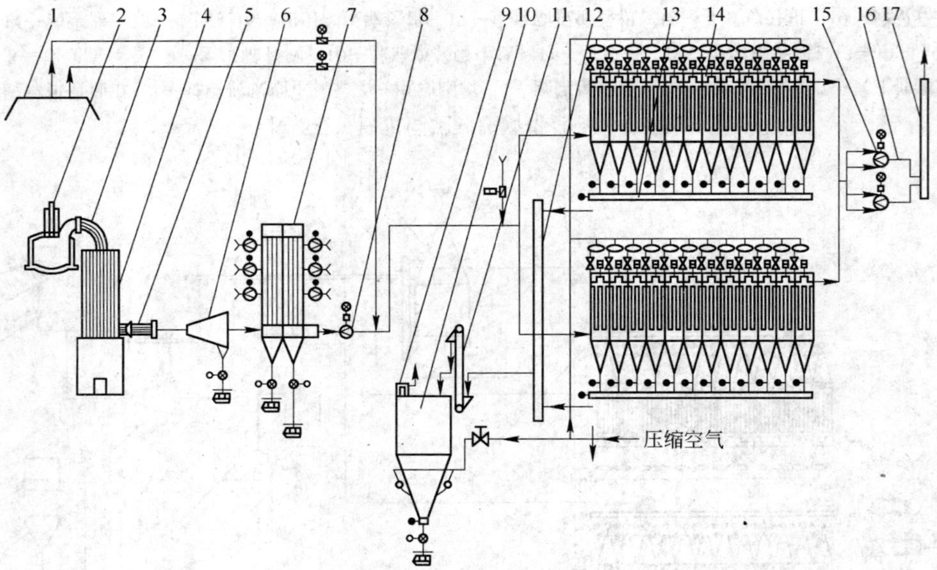

图 5-8　电炉炉内排烟与屋顶罩排烟相结合

1—电炉屋顶罩；2—电炉；3—水冷弯头；4—沉降室；5—水冷烟道；6—火花捕集器；7—强制吹风冷却器；8—增压风机；9—简易过滤器；10—贮灰仓；11—斗式提升机；12—集合刮板机；13—刮板机；14—脉冲除尘器；15—主风机；16—消声器；17—烟囱

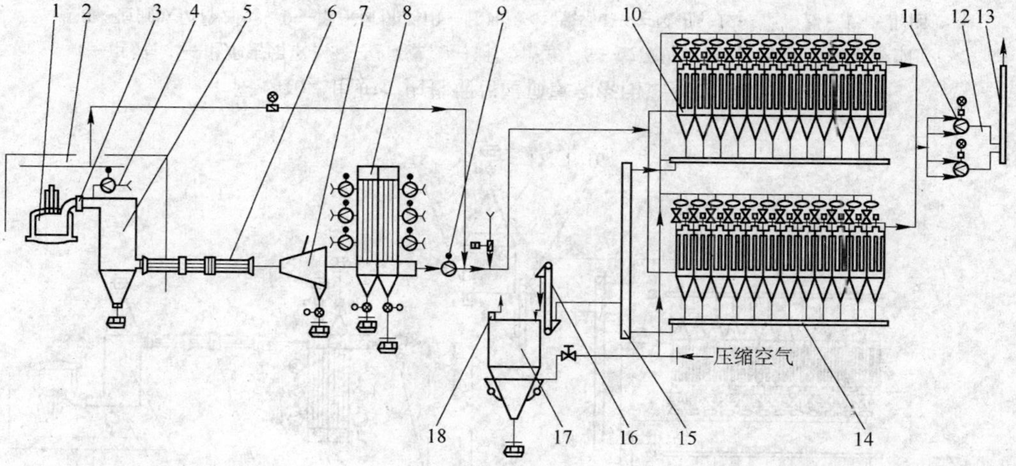

图 5-9 电炉炉内排烟与密闭罩排烟系统相结合

1—电炉；2—电炉密闭罩；3—水冷滑套；4—鼓风机；5—燃烧室；6—水冷烟道；7—火花捕集器；8—强制吹风冷却器；9—增压风机；10—脉冲除尘器；11—主风机；12—消声器；13—烟囱；14—刮板机；15—集合刮板机；16—斗式提升机；17—灰仓；18—简易过滤器

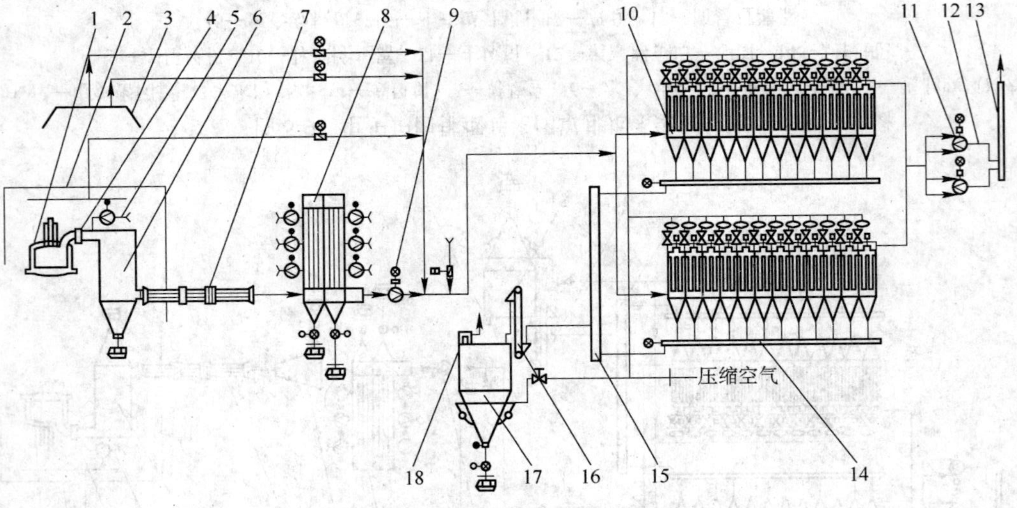

图 5-10　电炉炉内排烟与屋顶罩和密闭罩排烟相结合

1—电炉；2—电炉密闭罩；3—屋顶罩；4—水冷滑套；5—鼓风机；6—燃烧室；7—水冷烟道；8—强制吹风冷却器；9—增压风机；10—脉冲除尘器；11—主风机；12—消声器；13—烟囱；14—刮板机；15—集合刮板机；16—斗式提升机；17—灰仓；18—简易过滤器

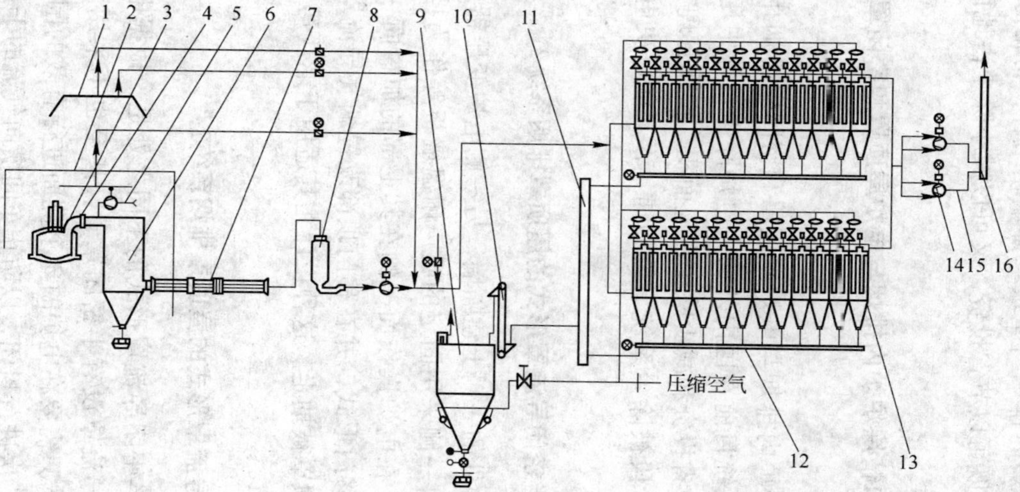

图 5-11　电炉炉内排烟与屋顶罩和密闭罩排烟相结合

1—电炉屋顶罩；2—电炉密闭罩；3—电炉；4—水冷滑套；5—鼓风机；6—燃烧室；7—水冷烟道；
8—蒸发冷却塔；9—灰仓；10—斗式提升机；11—集合刮板机；12—刮板机；
13—脉冲除尘器；14—主风机；15—消声器；16—烟囱

203. 什么是电炉和精炼炉炉内排烟与屋顶罩排烟相结合？

电炉和精炼炉炉内排烟与屋顶罩排烟相结合，将精炼炉除尘并入电炉除尘，既可以节省投资，又可以减小除尘占地面积，操作管理也可方便。

204. 什么是电炉和精炼炉炉内排烟与电炉屋顶罩和密闭罩排烟相结合？

电炉和精炼炉炉内排烟与电炉屋顶罩和密闭罩排烟相结合这种形式的除尘系统目前在国内外的大电炉除尘设计中用的最为广泛，既可以节省投资和减少除尘占地面积，操作管理方便，又能满足在生产阶段被除尘系统有效的捕集，又能解决电炉的噪声问题。

205. 什么是电炉半密闭导流罩形式的屋顶罩排烟系统？

利用车间电炉处的一侧土建隔墙，另一侧电炉变压器外墙，并对电炉合金加料一侧采用固定的吸声耐温墙板等作为挡风墙或叫烟气导流板，在电炉操作面一侧在其上部的加料面一侧采用“乙”形活动移门形式，并在移门顶部改置烟气导流罩，引导烟气上升至屋顶罩被抽走。这种设计尤其适用于老厂房的50t以下电炉除尘改造。

206. 什么是电炉导流罩形式的屋顶罩排烟系统？

同上述电炉半密闭导流罩形式的不同之处是，根据电炉工艺的布置，电炉导流罩没有半密闭罩子，甚至也不采用“乙”形活动移门形式，只需要在电炉的3个侧面进行有效的围与挡，并对电炉周围的厂房进行封闭，以防止车间横向气流的干扰。

207. 按设备设置除尘系统除尘系统如何划分？

除尘系统通常以除尘器和排烟风机在除尘系统的位置进行

划分，将除尘器放在主风机后的除尘系统称为除尘扩压系统，排烟风机称扩压风机，除尘器称扩压除尘器，如反吹风大布袋除尘器等。将除尘器放在风机之前的除尘系统称为除尘负压系统，如脉冲除尘器和反吹风大布袋除尘器。

208. 除尘正压系统有什么特点？

除尘扩压系统的特点是设计简单，设置布置灵活，紧凑，占地面积小，但必须处理好一个关键问题，即风机叶轮的磨损问题，使风机保持有一定的使用寿命，使风机结构形式为双支撑单进风（或双进风）单出风离心风机。轴承必须配备振动检测装置。这种设计多发生在20世纪70年代到90年代初。

209. 除尘负压系统有什么特点？

除尘负压系统具有运行安全可靠，风机设备使用寿命长，维修量小等优点，深受用户欢迎，风机结构为双支撑单进风（或双进风）单出风的离心风机，也可以是单支撑单进风的常规离心风机。

210. 除尘系统按工艺类型划分有哪几种？

现代电炉技术采用的各种电炉炉型，基本上都是环绕如何利用电炉排出的高温炉气和二次燃料技术，进行废钢预热，常用的电炉炉型有交直流电弧炉、炉外废钢预热装置，双炉壳、竖炉及Consteel炉等。

211. 电炉一次烟气除尘系统与综合导流式环流屋顶罩在实际工程应用中的除尘效果如何？

上述两种组合除尘方案在实际除尘中应用已经多年，并对屋顶罩进行不断的总结改进，创新应用取得了很好的除尘效果，在电炉除尘项目中的实际应用中达到了设计的预期效果，实现了对电炉冶炼全过程烟气捕集，罩体对烟气捕集率不低于95%，国标为屋顶不冒黄烟，排放浓度（标态）标准为小于150kg/m^3，现为138kg/m^3，岗位烟尘达到国标小于10kg/m^{3}的要求，同时管路阻损小，低阻运行，减小配机功率，节约了能源损耗，导流烟气温度低（60～80℃之间），管路无需再设烟气冷却设备，更是导流管路设备少，减小设备事故率，维护方便，深受用户和工人的欢迎，为钢铁企业烟尘治理创出了一种新的方法。

综合环流屋顶罩实现了对电炉冶炼全过程的烟气捕集，罩体对烟气捕集率超过95%（国标为屋顶不排量烟），排放浓度（标态）小于50kg/m^3（标准为小于150kg/m^3），岗位烟尘浓度（标态）达到国标小于10kg/m^{3}的要求。同时流管路阻损小，低阻运行，减小配机功率，降低了能源损耗，导流烟气温度低（60～80℃），管路无需增设烟气冷却设备，维护方便。

6 除尘系统的检测、操作和控制

212. 什么是除尘系统的检测?

除尘系统的检测主要是对除尘管道内的气体状态参数和除尘风机的性能参数，进行跟踪检查并予测定，为除尘系统的操作和自动控制提供服务。

213. 主要的检测内容有哪几方面?

除尘系统主要的检测内容包括:

(1) 管道内流体状态参数检测:

1) 温度:

①水冷烟道出口烟气温度，量程范围为0～800℃;

②冷却器出口烟气温度，量程范围为0～500℃;

③屋顶罩烟气温度，量程范围为0～200℃;

④密闭罩烟气温度，量程范围为0～200℃;

⑤除尘器进口温度，量程范围为0～150℃。

2) 压力:

①电炉炉压，量程范围为-100～+100Pa;

②除尘器进口压力，量程范围为0～-8kPa;

③除尘器压差，量程范围为0～4kPa;

④压缩空气供气压力，量程范围为0～1.0MPa;

⑤冷却设备供水压力，量程范围为0～1.0MPa。

3) 气体成分。在燃烧室出口设置气体分析仪，检测烟气中的氧气和一氧化碳的体积分数。

4) 气体含尘浓度:

①除尘器进口设置粉末检测仪，检测烟气中的粉尘浓度;

②烟囱排放管上设置粉尘在线监测仪，检测气体排放中的粉尘浓度。

(2) 风机参数的检测：

1) 温度：

①风机轴承温度，量程范围为0~100℃；

②电机轴承温度，量程范围为0~100℃；

③电机定子温度，量程范围为0~200℃；

④液力耦合器进出口油温，量程范围为0~100℃。

2) 油压：

①风机稀油进出口油压，量程范围为0~0.2MPa；

②液力耦合器进出口油压，量程范围为0~0.6MPa。

3) 振动烈度：

①风机轴承支平振动烈度，量程范围为0~20mm/s；

②风机轴承垂直振动烈度，量程范围为0~20mm/s。

4) 转速。液力耦合器转速，量程范围为0~1500r/min。

(3) 贮灰仓料位检测：

1) 灰仓上下限检测；

2) 灰仓料位连续检测。

214. 什么是除尘系统的操作和控制？

除尘系统是由许多设备组成的，这些设备如风机、除尘器、粉尘输送装置和阀门等的动作均需根据工艺要求，按一定的程序、规律和时间等逻辑关系完成系统的操作和控制，在自动控制系统中被称为程序控制。另外，由于工艺生产过程中的各种因素干扰，往往引起除尘系统烟气温度、压力和流量等设定值发生偏差，自动控制系统的另一作用，就是为了消除这种偏差并使除尘参数回复到设定值的要求，在自动控制系统中被称为定值控制。

215. 控制系统有哪些部分组成？

在工业自动控制领域，任何自动控制系统都是由对象和自动控制装置这两大部分组成。所谓对象，是指被控制的机械设备，如风机、阀门等。所谓自动控制装备，是指要实现自动控制的装置。

216. 要实现自动控制的装置，归纳为哪4类？

要实现自动控制的装置包括：

（1）自动检测和报警装置。对除尘系统和设备在运行过程中的参数设定值，自动进行连续检测，并对参数设定值的上下限进行声光报警。

（2）自动保护装置，当声光报警后，故障仍未排除且已达到参数设定值的上限或下限时，如除尘器进口温度的上限、风机和电机轴承温度的上限，此时自动保护装置将自动采取保护措施，如对风机进行跳闸连锁。

（3）自动操作装置。根据炼钢工艺条件和要求，自动对除尘系统和设备进行操作。

（4）自动调节装置。在除尘系统运行过程中，有些工艺参数需维持在一定的范围内，如电炉炉内压力控制在10～－30Pa，当某种情况使工艺参数发生变化时，自动调节装置，将自动采取措施，使工艺参数回复到规定的设定值。

上述4类自动控制装置的功能都可以在可编程序控制器PLC上完成。

217. 除尘系统的操作方式如何？

除尘系统CRT的操作站一般设在炉前操作室，以便操作和监控用于现场操作的开/关按钮和选择开关（现场/遥控）设在每个单独传动设备的现场控制箱上。

218. 各独立传动设备和控制阀的操作有哪两种方式？

每个独立传动设备和控制阀的操作方式为：

（1）现场操作模式。用选择开关在现场控制箱上可选择现场操作模式或遥控模式。贮灰仓的灰阀和空气炮防棚装置不用PLC控制，必须现场操作。

（2）遥控模式。遥控模式在人机接口系统的主控台操作上可选择自动或软手动。软手动可对每一传动设备进行选择。每种方式的选择可在MMI上显示出来，包括现场模式。

1）软手动操作模式。在这种模式下，除尘系统的调节（开关）阀、输灰设备、强制风冷却器、风机、排烟风机以及风机进口阀门和液力耦合器转速等，除采用自动和现场手动等操作外，均可以在任何时候由CPT的各种功能键（启动/停止）进行操作。

2）自动模式。在这种模式下，安全连锁起作用。设备部件的运行由PLC程序控制，并在MMI上进行显示。

219. 典型的电炉除尘系统连锁内容有哪些？

典型的电炉除尘系统连锁内容包括：

（1）调节阀。MCC正常。需现场操作时，选择现场操作；需遥控时，选择遥控。

（2）电炉炉压调节阀。MCC正常。需现场操作时，选择现场操作；需遥控时，选择遥控。

（3）冷却器风机。MCC正常。需现场操作时，选择现场操作；需遥控时，选择遥控。

（4）排烟风机。非紧急状态关闭，HV开关设备正常，风机进口阀关闭（仅启动连锁），液力耦合器置于“0”位（仅启动连锁），风机和电机设备正常。需现场操作时，选择现场操作；需遥控时，选择遥控。

（5）输灰系统，包括所有设备灰斗下的卸灰阀和空气炮、振动装置等。MCC正常。需现场操作时，选择现场操作；需遥控时，选择遥控。其中，贮灰仓的卸灰阀和燃烧室灰斗卸灰阀仅现场操作。

（6）炉子断路器。“除尘系统正常”包括下列信号：

1）排烟风机运行（仅供启动之用）；

2）排烟风机停止运行（仅用于跳闸断路器）；

3）除尘器进口温度控制器在自动状态下（仅用于启动）；

4）空气混风阀在自动状态下；

5）所有相关调节阀在自动状态下（仅用于启动）；

6）除尘器及粉尘输送系统在故障（3s 延迟）；

7）在燃料室灰斗中的板阀关闭（仅用于启动）；

8）压缩空气压力不能太低（3s 延迟）；

9）冷却水流量不能太低；

10）冷却水温度不能太高。

220. 典型的除尘系统在自动操作运行中，使用在人机接口上（MMI）的功能键“电炉除尘系统运行”则会启动哪些顺序？

使用在人机接口上（MMI）的功能键“电炉除尘系统运行”，会启动以下顺序：

（1）除尘器的卸灰和输灰。启动信号—启动，斗式提升机首先通电启动，而后面是集合刮板机通电启动，其次到刮板机通电启动，最后灰斗卸灰阀通电启动。这种顺序直到（MMI）上的功能键被按停止时才中断，此时，顺序将按相反的方向停止。

（2）除尘器清灰控制装置。除尘器清灰控制装置上有两个不同的自动方式；一个是定时方式，另一个是除尘器压差方式。通常在控制装置上选择压差方式。滤袋清灰的启动及清灰周期取决于测得的压差。自动方式可在 MMI 上选择。

（3）排烟风机和液力耦合器。清灰工作开始后，风机通电运行，在风机马达运行后的一段时间内（约 10s）风机进口阀和液力耦合器将一直处于“0”位（关闭状态）。当启动延迟时间过后，风机速度的设定值将达到额定速度。排烟风机在顺序关闭之前一直处于通电状态，停机后，进口阀处于关闭状态液力耦合器处于最低速位置，经时间延迟后，排烟风机将被停止，随后输灰系统和卸灰阀将被关闭。

（4）电炉料除尘扩压风机。在排烟风机开始运行后，扩压风机将被启动，此时，风机进口阀门将处在关闭状态，直至上料工艺发出动作信号，扩压风机电机开始启动，运行一段时间后，风机进口阀打开。扩压风机在顺序关闭之前一直处于通电状态，停机时进口阀处于关闭状态。当使用功能键时，“除尘系统关闭”后顺序将被关闭，且扩压风机将被首先停止，然后排烟风机也将停止。

（5）调节阀和除尘器进口温度控制。在这些控制中有电炉直接排烟系统的炉压调节阀、密闭罩、屋顶罩等调节阀和事故空气混风阀等。

（6）贮灰仓卸灰。贮灰仓设有料位计，对仓内粉尘进行连续检测或定位检测，采用空气炮防棚灰装置，配合卸灰阀现场人工卸灰。

221. 系统开机需要做哪些准备?

开机前，必须熟读操作说明书及有关设备使用说明书，操作人员必须确认设备是否具备操作准备，包括所有电动装置单元是否做好操作准备，同时为操作的预备工作必须记录在案。

222. 对于开机准备，尤其在第一次开机和长期的关机或大修改造以后，需检查哪些项目?

开机准备，尤其在第一次开机和长期的关机或大修改造以后，需要检查：

（1）电气高低压系统是否正常；

（2）压缩空气系统和冷却水系统是否有压；

（3）除尘器 PLC 控制是否正常；

（4）除尘器各仓室管道阀门是否都打开；

（5）所有风机前的启动阀是否处于关闭状态；

(6) 贮灰仓料位是否在低位或满仓状态；

(7) 所有电磁阀是否正常；

(8) 所有测量回路正常有信号；

(9) 所有调节阀处于自动模式和需要的位置；

(10) 所有管道和设备检查孔是否关闭；

(11) 打开所有检查人孔门，检查设备运动部件，是否被厚灰或外来物卡住，清除小平管道中的积灰，检查过后，关闭所有的检查人孔门；

(12) 所有设备的检查门是否关闭；

(13) 检查电动机加热器、耦合器油箱和稀油站油箱加热器是否需要加热；

(14) 事故空气混风阀的报警是否解除。

万一遇到任何项目与上述检查内容中所对应的状态不相应，应立即通知上级主管，待问题解决后才能开机。除尘系统的启动由 PLC 以自动方式为主，包括除尘器的 PLC。

223. 什么是正常关机？

正常关机，在运行方式“自动状态”通过使用在 MMI 功能键“除尘系统关闭”，除尘系统将按下列方式关闭：

(1) 停止电炉除尘扩压风机；

(2) 停止排烟风机；

(3) 在排烟风机停机延迟后，停止除尘器和输灰系统；

(4) 强制吹风冷却器或蒸发冷却器根据冷却器出口温度自动停止；

(5) 调节阀回复到各自的位置。

224. 什么是系统运行趋势？

下列测量趋势应在操作台记录下来（采样时间一般为 10.5s）：

(1) 电动的炉压；

（2）强制冷却器风机进口温度（①为历史记录和实时记录，无①为实践记录）；

（3）强制冷却器风机出口温度①；

（4）电炉炉内直接排烟，屋顶罩、密闭罩、调节阀开度位置；

（5）扩压风机轴承振动；

（6）除尘器进口温度①；

（7）除尘器进口压力①；

（8）除尘器压差①；

（9）排烟风机轴承振动；

（10）排烟风机轴承温度。

225. 系统故障报警包括有哪些内容？

系统故障报警的内容为：

（1）每个新的报警应在 CRT 屏幕上显示，同时也应在单独的报单中（历史报警和实施报警）显示；

（2）每次报警显示时应有日期、时间、设备或报警号、报警全文和报警条件（新的、被确认过的、过期的）；

（3）报警应在各种警报组中显示；

（4）每个报警应自动记录并打印出来。

226. 画面显示有哪些内容？

在人机接口（MMI）上应显示下列内容：

（1）除尘系统流程图；

（2）电炉及料系统主要工作显示；

（3）排烟风机；

（4）电炉料除尘扩压风机；

（5）除尘器清灰和输灰系统；

（6）水冷烟道系统；

（7）强制吹风冷却器或蒸发冷却器。

7 电炉炼钢的发展趋势与节能技术概述

227. 除尘系统风机的节电改造措施现状情况如何？

自进入21世纪以来，冶金行业进行了大规模的技术改造，根据国家的环保要求，其烟尘治理已达到新的水平：

（1）各生产工段已普遍采用除尘设备（布袋除尘器或电除尘器），除尘系统运行基本良好，满足了环保要求；

（2）除尘系统主风机装机功率容量大，液力耦合器、变频器等调速装置已普遍应用于风机的启动、调速运行；

（3）一些断续生产工段，根据生产工艺特点，自动控制除尘系统主风机高速、低速运行，具有良好的节电效果，如焦化除尘、高炉除尘、转炉一次除尘等；

（4）另一些断续生产工段，由于自动控制较复杂，运行方式以最大烟尘量设定风机参数长期运行，耗电量大、调速装置未达到最佳应用状态，如电炉除尘、转炉二次除尘等。

（5）一些连续生产工段，烟尘排放点比较多，但每个排放点烟尘量较小，除尘系统烟尘捕集罩较分散，采用一套除尘系统收尘，除尘系统主风机以最大风量长期运行，采用调解风管阀门控制风量来满足烟尘排放点的收尘，此运行方式耗电量也比较大。

（6）根据以上情况，深入分析实际的生产工艺，利用现有设备，采用有效的自动控制手段，可进一步降低除尘系统风机的耗电量，达到最佳的节电效果。

228. 节电方案的原则是什么？

节电方案的原则为：

（1）加强除尘系统设备的管理，保证除尘系统管道及除尘设备的阻力参数在允许的范围内运行，尽量维持风机以较低转速运行；

（2）根据生产工艺过程的要求，通过检测烟尘捕集罩内的有关参数及生产工艺过程的其他参数，自动调节风机的转速，根据风机功率与风机转速的3次方成正比关系，尽量降低风机转速，已达到最佳的节电效果。

229. 自动控制方案有哪些？

方案一：根据生产工艺的要求，除尘风机与相关生产设备连锁，开炉时自动达到风机低速位，闭炉冶炼时自动使风机达到高速位，该开关量信号的传送可采用控制电缆送至风机控制计算机或PLC，另外，也可采用无线传输设备进行信号的传送。

方案二：检测烟尘捕集罩的有关烟气参数及工艺参数，根据其参数值自动调节除尘风机的转速而达到节电的目的，信号传送可采用电缆或无线传送。

230. 电炉车间除尘系统风机节电方案分析考虑哪些内容？

工艺过程如下：某钢厂电炉为扩容的70tABB交流电弧炉，除尘器系统采用布袋式除尘器，涉及过滤面积11985m^2，最大除尘风量450000m^3/h。

电炉炼钢周期为70～85min左右，其中装料6%～10%，送电熔化25%～30%，吹氧30%～35%，还原期15%～20%，冲渣出钢6%～8%。在不同的生产工艺阶段，电炉产生的烟气量和烟气温度不同，且差异较大。加料过程中，主要是装料时废钢及渣料产生的扬尘，需要的除尘风量不大，要求粉尘不扩散，不污染电炉周边工作环境为标准。送电过程中是原料送电拉弧加热，引发可燃废弃物燃烧产生废气。此时，电炉需要将炉料加热至熔化状态，要求烟尘能够及时排出，又不能过多地带走炉体的热量以保证炼钢周期。而在吹氧期间，不仅要求除尘系统能够及时迅速地将废气和粉尘排走，又必须保证炉体有合适的吹炼温度，确保终点温度。因此，对除尘系统要求较高。进入还原期，吹氧告一段落，粉尘度再一次降低。再冲渣出钢时，主要排放物是冲渣产生的水蒸气和少量废气。

通过对冶炼工艺的分析：电炉在炼钢过程不同阶段对除尘风量的大小有明显的不同，以吹氧冶炼为最大，加料除尘为最低。原电炉车间已配置一次除尘系统、二次除尘系统、精炼炉除尘系统；除尘系统风机均配置了液力耦合器调速装置。鉴于电炉除尘系统中除尘风机的运行方式和设备特点，对除尘风机的控制制定如下方案。

系统控制方案：由于不同工艺阶段的烟气温度有明显差异，因此温度的高低直接反映了电炉的运行工况。采集烟道进口温度作为系统调节的基本参数，从工程角度讲，温度变送器可以在恶劣的工业场合应用，抗干扰能力强、工作稳定性好、控制精度高、安全可靠、免维护且价格便宜。基于此原因，选用除尘烟道进口烟气温度作为系统调节的基本参量，同时以吹氧量和冷风门开度作为除尘风量的修整参量；通过 ROLCOX 多变量控制器进行除尘风机转速的自动控制，控制系统具有响应速度快、控制品质高、从而可实现除尘风量的自动控制，达到良好的除尘效果，降低运行人员劳动强度，提高系统效率。为了保证系统的可靠性，另外增加除尘风量手动控制回路，对除尘风量的控制。

采用分段调速的方式有炉前操作和控制风机转速。从而实现不同工况下的风量调节。

控制系统特点为：

(1) 除尘系统风机功耗随电炉炼钢生产工艺变负荷运行，提高了系统效率；实现了除尘系统的最佳工况运行，可取得显著的节能效果。

(2) 有效降低了除尘系统负荷率，延长了除尘器、除尘风机、除尘电机、烟道等设备的使用寿命。

(3）对降低炉内热量损失、合理控制过程温度、确保终点温度起到决定的作用。

(4）对除尘系统进行调速改造，有助于改善炉内吹炼工况，缩短炼钢时间，提高钢产量改善出钢品质。

(5）降低补炉期间的能耗和炉衬散热损失。

231. 转炉车间除尘系统风机节电方案分析哪些内容?

某钢厂转炉吹炼工艺周期对除尘风机的工艺要求如下：整个吹炼工艺周期约40min，其中风机高速运行时间15min，其他时间风机低速运行。

系统控制方案：将炉前、炉后和氧气流量信号送到除尘系统PLC站，通过用户程序处理后，输出到继电器，由继电器提供一对闭合节点（继电器吸合时，风机高速运转；继电器释放时，风机低速运行），当在炉前操作并有氧流量时，继电器吸合，风机开始从低速向高速升速，现场操作工进行吹炼。准备出钢时，炉前工转换开关到炉后或没有吹炼的时间超过15min，继电器释放，风机开始降速，降速时间不做具体要求，但在减速过程中如果要提速，风机应能满足提速要求。

一般转炉车间一次除尘系统风机已经按以上工艺进行控制，但是二次除尘系统风机等是不调速运行，浪费大量电能。

232. 多烟尘捕集罩除尘系统风机节电方案应考虑哪些内容?

工艺过程：大型高炉一般设有两个以上出铁口，轮换出铁操作，出铁口的大量烟尘通过烟尘捕集罩同一除尘系统排出，出铁口工作时打开烟罩阀门，非工作时关闭阀门；除尘系统的总风量应等于或大于所有出铁口工作打开烟罩阀门时风量的总和。除尘系统风机一直以最大风量运行，不调速，消耗大量电能。

在满足各出铁口烟尘捕集罩正常吸尘风量的情况下，如果采用开闭阀门与除尘风机转速相结合的控制方式，尽量降低风机转速，则可达到节约电能的目的。

系统控制方案：当所有的出铁口烟尘捕集罩阀门全部打开时，风机以最高转速运行，其他情况在保证每一烟罩除尘效果的前提下，根据烟罩阀门的开、关情况自动调节风机转速，尽量降低风机转速。

233. 列举节电效益实例分析？

以某钢厂90t电炉除尘系统为例：

（1）除尘系统风机配置：

一次除尘系统风机功率为2700kW，额定转速996r/min（液力耦合器调速）；

二次除尘系统风机功率为1600kW，额定转速990r/min（液力耦合器调速）；

精炼炉除尘系统风机功率为500kW，额定转速1491r/min（液力耦合器调速）。

（2）运行状况：

一次除尘系统风机电流121A，转速750r/min（不调速）；

二次除尘系统风机电流46A，转速666r/min（不调速）；

精炼炉除尘系统风机电流23A，转速1150r/min（不调速）。

（3）节电分析：

采用以上的控制方案，风机转速以平均下降20%，每天运行10小时，其他时间按现况转速运行，每年运行330天，电费0.68元/kW·h，根据风机功率与风机转速的3次方成正比进行计算；

电炉一次除尘系统、二次除尘系统、精炼炉除尘系统每年合计可节电300万kW·h，节约电费200余万元；

如果风机转速平均下降30%，每天运行10小时，其他时间按现况转速运行，每年运行330天，电费0.68元/(kW·h)，除尘系统每年合计可节电400余万(kW·h)，节约电费275万元。

234. 投资（一套除尘系统）费用概算是多少？

投资（一套除尘系统）费用概算为：

（1）一次检测元件及信号传输设备和电缆3.8万元；

（2）除尘系统PLC增加ROLCOX控制模块6.8万元；

（3）软件编程、安装、调试8.8万元；

（4）其他2.0万元；

合计：21.4万元左右。

235. 节电方案实施步骤是什么？

节电方案和实施步骤为：

（1）了解现有生产工艺的运行方式，统计、检测除尘系统的有关参数。

（2）根据实际的运行情况选择控制方案，购置设备。

（3）设备安装、调试、运行、检测。

236. 通过风机节能改造措施可以得出什么结论？

在冶金行业的一些生产工段，除尘系统风机虽然配置有调速设备，但是生产过程中一直以较高风速运行，浪费大量电能。在深入分析实际生产工艺的基础上，利用现有的调速设备，采用有效的自动控制方案，增加极少的改造费用，即可进一步降低除尘系统风机的耗电量，达到最佳的节电效果。

237. 什么是LF钢包精炼炉，它的加热装置的特点有哪些？

LF（Ladle Furnace）钢包精炼炉是电炉出钢后在钢包内精炼的设备。LF炉由钢包、炉盖、电极加热系统、搅拌系统组成。通过钢包底部的通气砖吹入氩气，对钢液进行搅拌，完成钢液之间的反应。炉盖的作用是封闭精炼室以保持还原气氛，采用石墨电极，通过电弧加热进行钢液调温，在钢包底部装有滑动水口以进行浇注。

LF 炉所用的电弧加热系统，与炼钢电炉相同，由三根石墨电极与炉渣钢液间产生的电弧作为热源，加热设备与电炉基本相同，其不同之处是 LF 炉内无熔化过程，而且采用的是埋弧加热方法，所以与电炉相比，可采用更低的二次电压和尽可能小的极心圆，并且埋弧加热法由于辐射热小，对炉衬有保护作用，与此同时加热的热效率也比较高，热利用率好。

LF 炉所用的变压器，其副边通常也分为数极电压，但没有必要进行有功补偿，所以设备较简单，可靠性好。LF 炉精炼时钢液面比较平稳，电流波动较小，没有电炉熔化料时由于塌料所引起的短路冲击电流，所以电流密度可选得较大。

LF 炉电极自动调节系统必须具有较高的灵敏度，减少与防止电极同钢液接触。

238. 什么是 LFV 钢包精炼炉？

随着冶金技术的发展和冶金质量要求的不断提高，原有的 LF 炉冶金功能不能满足产品冶金质量的更高要求，同时真空冶金技术也飞速发展，因此，在 LF 炉基础上增加真空工位以脱气，从而发展成 LFV（Ladle Furnace Vacuum Degassing）。为了方便钢包的移位及生产调整，设计上考虑在线紧凑的布置方式，这有利于节约投资费用，同时具有生产作业灵活方便等特点。中小型电炉、转炉、炼钢炉较多采用该种精炼炉方式。

239. 什么是 VD 炉？

VD（Vacuum Degassing）精炼法，是将电炉、转炉的初炼钢液置于密闭罐内抽真空，同时钢包底部吹氩搅拌的一种钢液真空处理方法。在电炉、转炉中经过熔化、初步吹炼，再置于真空罐内（真空室）通过底吹氩搅拌加真空脱气过程，以获得纯净的钢液。

VD 炉一般与 LF 炉相匹配，分别由 LF 炉上完成成分、温度的调整，由 VD 炉完成脱气、搅拌等任务。

也有在 VD 炉的真空盖上安装氧枪冶炼不锈钢，即成为 VOD 炉。

240. 电炉容量及功率发展的趋势如何，什么是 HP，什么是 UHP？

目前世界范围内电炉炼钢技术总的发展趋势是追求高的生产率，进行高效操作，为此采取的主要措施就是加大电炉的容量、缩短冶炼周期及加大电炉变压器的功率级别等。

冶炼周期指电炉的出钢-出钢（Tap-Tap）时间。目前先进的电炉冶炼周期已缩短到 50min 左右，有的甚至已达到 40min 左右。

决定电炉生产率的各项要素，可由以下关系式表达：

$$t = \frac{PW60}{T\cos\varphi\eta} + t'$$

式中 t——冶炼周期，min；

P——每吨钢水的耗电量，kW · h/t；

W——钢水总重量，t；

T——变压器容量，kV · A；

$\cos\varphi$——操作功率因数；

η——输入功率；

t'——非用电时间，min。

从上式可以看出，当加大变压器容量 T 以提高功率因数 $\cos\varphi$ 和输入功率 η 时，就可以有效地缩短冶炼周期，从而显著提高电炉的生产率。在这些因素中，变压器容量 T 的变动范围大，因而对生产率的制约作用也大。

目前在日本，交流电炉变压器额定容量已达 75000kV · A，直流电炉变压器额定容量已达 140000kV · A。

自 20 世纪 60 年代出现这种发展趋势以来，电炉界人士习惯用电炉的变压器比容量（kV · A/t）来衡量电炉的变压器功率级别，一般的划分界限是：

普通功率电炉（<600kV·A/t）

高功率电炉 （600～700kV·A/t），代号为HP

超高功率电炉（>700kV·A/t），代号为UHP

由此看出，虽然增大装入量（即增加钢水总量 W）会延长冶炼周期 t，但由于随着变压器容量的增大，电炉的生产率（单位时间产钢量）会增大，因而人们还是注重增大电炉容量，以提高生产率。据已知资料，目前电炉的出钢已达150～200t/炉。

241. 电炉容量及功率增大带来什么问题？

事物总是有两面性的，电炉容量和变压器功率增大带来了巨大好处——电炉生产率大幅度提高，成本降低，经济效益良好，但同时也带来了不少新的问题，迫使企业必须予以解决。首先是大功率的变压器，其自身的电磁闪烁和高次谐波对于整个供电网络系统的冲击是很强烈的，并对电炉的稳定供电以及电子计算机和电子仪表造成冲击，必须采取相应措施加以防范和补偿，否则将直接影响其他行业的生产和人民生活。其次是噪声，大电炉从通过开始到穿井结束后，伴随着通电作业，产生强烈的噪声，高达115dB以上，直接影响操作人员及周围人群的健康。另外，伴随着变压器供电功率的增大，与之相关的电气元件和设施也必须相应增大或强化。

242. 什么是功率补偿，功率补偿方式有哪几种？

电炉精炼过程是通过电极与炉膛内的钢铁料起弧产生热量熔化废铁料的，在电极与钢铁料起弧时对变压器及上级电网有很大的冲击。由于起弧的强度瞬间变化量很大，在电网上会产生很多高次谐波，影响电网的供电质量，降低供电的功率因数。在电网上增加功率补偿装置，是一种保护电网安全，提高电网供电质量的很好措施。

功率补偿有静态补偿和动态补偿两种。静态补偿是在供电运行过程中，保持补偿谐波次数不变的一种补偿。补偿可以根据冶炼过程中产生比较多的谐波，有针对性地配置固定装置，也可以根据不同的冶炼过程投入不同的谐波补偿。静态补偿在冶炼电炉电网补偿中运用的比较广泛，其操作、维护也比较简单。

动态补偿是在供电运行过程中，根据电炉运行时产生的高次谐波在电网上瞬间补偿。动态补偿的要求比较高，装备也比较复杂，电网上的谐波次数在不同时刻的分配比例也不一样，在动态相互变化。动态补偿就是要根据这种相互变化的比例，来自动地分配补偿的比例，补偿在运行中产生的各种高次谐波。这种补偿对电网的供电质量会带来很大的好处，可以提高供电功率因数，但控制装置复杂，使用得比较少。

243. 直流电炉的优点是什么，问题是什么？

在电炉发展过程中，交流电炉一直起着主导作用，交流电炉层通过三相电极在炉膛内击穿钢铁料起弧产生热量炼钢。电极起弧时，阳极与阴极是通过钢铁料构成回路，热量一般在电炉炉料的表面，在冶炼初期的穿井过程，热量集中在中间三相电极附近，钢铁料从中间慢慢熔化至炉壁处的炉料，冶炼时间较长，热损耗比较大。

直流电弧炉是在电炉变压器二次出线后经过半导体元件或可控制元件整流，得到一个阳极和一个阴极的直流电源，阳极安置在电炉炉底，电极部分为阴极，通过炉膛内的钢铁料在表面起弧，同时在电流通过炉膛内的所有钢铁料时，都因电流从下而上的流动产生热量，大大增加了冶炼速度，热量损耗也减少，在炉膛内产生电磁力，对熔化的钢水起到搅拌作用，只有一根电极也使直流电炉的电极消耗大大减少。

直流电炉由于炉底有底电极，在冶炼过程中要特别注意底电极的温度。底电极是随钢水侵蚀炉底而慢慢耗用的，一旦底电极烧穿，将造成钢水全部漏出的事故，一般冶炼到一定的炉底高度，要重新更换底电极并砌炉。直流电炉需要将交流整流至直流，需有一套整流装置，整流装置不但将交流整流至直流，而且还能随时改变电流的大小，如通过计算机 PLC 控制，可以很方便地改变输出到电炉内的功率。但一套整流装置非常复杂，对元器件的要求也很高，特别对大功率的电炉来说，元器件及控制要求更高。

直流电炉在生产过程中，由于直流电流从下而上流动，在四周产生电磁场，虽然对搅拌钢水有一定的益处，但从一个方向流动时，对炉膛有损坏作用。由于有电磁场，电弧有偏弧现象，也对炉膛有损坏作用。

244. 电炉节能有哪些主要技术手段？

从当前的技术潮流看，电炉节能主要采取如下手段：

（1）提高电的利用效率，减少无功功率，主要措施是提高功率因数 $\cos\varphi$。为此，电源接线采取措施外，在熔化期还必须进行高电压长电弧操作。

（2）利用电炉炼钢烟气中的物理热和化学热，进行废钢预热。

（3）配置二次燃烧助燃烧嘴，对熔池中逸出的 CO 进行燃烧，利用烟气中的化学热。

（4）改进设备和操作方式，采用偏心底出钢（EBT）技术，进行留钢留渣操作。一方面，可确保有大量热能的炉渣留在炉内；另一方面，残留的炉渣和钢液有利于通电初期的电弧早期弧定，从而有利于提高功率因数 $\cos\varphi$，缩短熔化用电时间。

245. 电炉炼钢发展趋势如何？

从 2003 年中国已是钢铁生产的第一大国，其钢产量不仅连续七年居世界之首，而且比居第二位和第三位的美日两国钢产量总和还高，这是国民经济高速发展对钢材需求旺盛的结果，也是冶金工业从 20 世纪 90 年代加速结构调整，特别是工艺、产品、技术、装备调整的结果。

电炉炼钢在20世纪60年代到70年代得到迅速发展，电炉的产量在世界钢产量和主要产钢国家和地区产量中的比例都得到稳步上升。从70年代末到80年代初，电炉炼钢先后在日本、欧洲取代了平炉炼钢。电炉炼钢所以能长足的发展，主要归功于二步炼钢法的兴起和70～80年代电炉自身采用了诸如超高功率技术、水冷炉壁和水冷炉顶、偏心炉底出钢、氧气燃烧嘴、吹氧、喷碳、泡沫渣工艺等新技术，并用于新兴起来的直流电炉中，从而在合金钢领域中继续保持优势，而且正在普钢范围内体现出强大的竞争力。

自80年代初世界上第一座直流电炉问世以来，至今已有160余座直流炉投产或在建，在90年代，欧洲有11家钢铁联合企业以短流程的电炉炼钢取代了氧气转炉炼钢。其中10家采用直流电炉，直流电炉占据了世界70%的在建电炉市场，而且其中大多数容量都在100t以上。

目前，围绕着经济、高效、节能和环保等问题，它们仍然处于不断改进、完善，甚至开发性发展过程。仅从电炉炼钢派生来的就有Consteel（电炉连续炼钢工艺）、C-Ⅱ/ABB双电极电炉、侧竖炉-电炉、中心竖炉电炉、Contiarc炉、Conarc型转炉-交流电炉等，如雨后春笋般的蓬勃兴起，并有向混合型工艺发展的趋势。

到2000年，电炉钢产量占世界粗钢产量的35%左右，到2010年将达到50%，与氧气转炉炼钢法平分秋色。

246. 电炉容量的变化趋势如何？

电炉容量受到电极直径、变压器容量、电网能力等诸多因素的限制，对新兴的直流电炉，它的容量还受到整流设备的影响。为了降低成本，尽可能地提高电炉的生产能力，加大电炉容量是达到此目的的有效途径之一。因此，高功率、大容量是电炉发展初期的基本趋势。随着技术的进步，上述限制因素逐步得到缓解，如变压器容量的扩大。发达国家逐渐淘汰了5～30t电炉，到80年代，日本、美国相继出现了50～100t交流电炉，电炉容量逐渐加大，其中美国的一座电炉直径达 9.8m，容量可达 380～400t。之后出现了直流电炉，它不仅延续了交流电炉中采用的新技术，而且由于其他各方面的优势性，迅速占据了世界上 70% 的新建电炉市场。为了求得经济、高效和节能、环保，除了不断开发新的技术外，就单个炉体而言，电炉容量也在不断扩大，目前世界上最大容量的电炉已达 200t 左右，但还在不断扩大中。

247. 电炉炼钢，从环境保护角度分析，带来哪些危害，如何防止？

电炉在炼钢时的危害有 3 个方面：

（1）电磁危害，它包括：

1）闪烁。电力闪烁的直接表现为电压不稳定，一台大的电炉变压器在工作时，产生的闪烁 ΔU 将影响与之相关的整个电网的电压平稳，影响电网内的所有用户。在直流供电情况下闪烁量较小，大约为额定电压的 100%；而在交流供电情况下，大约为 200%。

2）高次谐波。电炉在冶炼过程中，由于电弧变化、钢液晃动等因素，将导致供电频率的混乱，产生高次谐波，并导致整个供电系统的电压波形畸变。这就对需要稳定电压才能进行正常工作的电器造成危害。

3）放射性电磁危害。电波变压电流的波动产生强的磁场，磁场产生的放射性电磁障碍，给附近的电子仪器以及电磁机器带来种种影响。由于交流磁场和通电初期电流的变化，附近的磁体产生涡流电流，导致打弧和发热。

（2）噪声危害。电炉在通电初期直至穿井结束，发生的强烈噪声超过 115dB，在这段时间内交流电炉和直流电炉都一样。但直流电炉在穿井到底之后，噪声降低，可低于 85dB 左右。

（3）烟尘危害。炼钢过程中不可避免的要产生烟尘，其产生量大约为炉料量的 1%，即炼每 1t 钢，大约产生 10kg 烟尘。

为了对付上述三大危害，电炉必须花费巨额投资（和电炉本体设备投资大体相当），同时采取以下防护措施：

（1）采用功率补偿装置，以抑制闪烁量。

（2）为了节约电力能源，可以采用经实践使用证明可以节约电炉总用电量15% ~20%的电力负荷控制系统装置，同时应用体积小、容量大、补偿功率高的高技术电力电容器，达到提高功率因数 $\cos\varphi$，提高电炉经济效益。

（3）设置高次谐波滤波器。

（4）在电炉生产厂房中采用全封闭式炉罩，俗称“狗窝”。全封闭式炉罩在降低噪声方面效果显著，可降低噪声20~30dB，同时，它与除尘管道相连，在除尘方面也起到很好作用。

（5）从降低噪声和减小补偿装置费用角度看，采用直流电炉较为有利。

248. 电炉节能有哪些技术方法？

当前主要有如下方法：

（1）提高电炉利用效率，减少无功功率，措施是提高功率因数 $\cos\varphi$。除对电炉接线采取措施外，可以采用德国法兰克盖姆普无锡公司出品的电力负荷节电控制管理系统，装置经无锡钢铁集团、上海宝钢集团五厂、江苏淮安淮钢集团、衡阳钢管集团等大型钢铁企业在50t级电炉上的应用实践，均能取得节约电流15% ~20%的理想效果，大大降低生产成本，提高企业经济、社会效益。

（2）在熔化期间可以进行高电压长电弧操作。利用电炉炼钢烟气中的物理热和化学热，进行废钢预热。

（3）配置二次燃烧助燃烧嘴，对熔池中逸出的一氧化碳进行废钢预热。

（4）改进设备和操作方式，采用偏心底出钢技术，进行留钢留渣操作，可确保有大量热能的炉渣留在炉内，同时残留的炉渣和钢液有利于通电初期的电弧早期弧定，从而有利于提高功率因数 $\cos\varphi$，缩短熔化用电时间。

8 能源管理及无功补偿技术

钢铁企业是能源消耗的大户，特别是电炉炼钢，更是耗电量惊人。中国政府对节约能源高度重视，制定了一系列节能减排的政策及法规。从中央到地方都设立了节约能源的机构，本章着重介绍了德国法兰克盖姆普能源控制（无锡）有限公司在钢铁冶金企业，特别是电炉炼钢厂使用的高新技术节电产品及需求侧国家 DSM 项目能源管理，生产实践证明，取得了显著成效，不但有巨大的经济效益，还显示出明显的社会效益。这项技术与产品属于中国“十五”攻关项目及中国科学院清洁能源项目，读者可以了解本章的有关专项技术介绍。

8.1 能源（负荷）管理

249. 为什么要开展能源（负荷）管理？

负荷就是用电设备，它的功率一般从几十瓦到上万千瓦，例如炼钢电炉、大型电机、压缩机、风机等。

在一个用电系统中，比如一个工厂、一个供电区域或一个城市，大型用电设备特别是大型炼钢电炉在某一时刻的同时启动或运行产生启动电流叠加，亦即功率叠加。同时由于启动电流又是额定电流的 6 ~ 10 倍，有的最高达几十倍，因此电流或功率的叠加也达到这一程度。此外，某些设备短路电源电流的产生也会产生很大的尖峰电流。

峰值的危害如下：

（1）生产巨大的用电费用。由于一般情况下，供电局是按照用户每月峰值功率的最高值计费的，因峰值会增加高额的用电费用一般达到 5% ~ 30% 左右，对一个中型（20000kW 容量）

的工厂，每年会多花费200万元左右。

（2）用电企业用电容量达不到满负荷使用。企业用电设备中有5%～30%用于峰值功率，等于其投资的变压器只有95%～70%提供使用，等于浪费设备或投资。同时有些企业不得不提前增容来满足生产的发展，增加负担。

（3）严重影响配电设备的使用寿命及安全用户。经常出现的峰值电流会侵蚀配电设备的绝缘性能及工作性能，造成设备提前老化、误动作、运行事故等问题。必须注意，1台110kV、20000kW的配电变压器造价达500万元人民币，延长其使用寿命本身有着重大的经济效益。

（4）严重影响均匀用电。对目前比较趋紧的用电状况，合理实现峰、谷、平经济、合理优化用电是极为重要的，峰值会使这种调整与调节变得更为困难。

（5）造成区域或城市供电紧张。由于目前中国供电水平还跟不上工业发展的需要，中国多数地区，如华东电网，华北的京津、河北、山西、蒙西地区，华中的河南、湖北、四川及重庆电网，西北甘、青、宁三省区都有严重的控闸或限电矛盾。然而如果一个城市的主要用电大户未经治理，它们总的峰值会对全市供电产生重大影响。

（6）供电及发电效率效能低下。供电部门向电厂购买的总供电容量中，有5%～30%只能仅作为应付用户峰值功率，发挥不出最佳的供电效益。对电厂而言，同样道理，发电装机容量不能高比例地转化为实际用电，影响了投资效益。

250. 能源（负荷）管理的作用及意义是什么？

能源（负荷）管理的作用（适用）为：

（1）可减少不必要的峰值（需量）用电费用的支出，对一个中型企业（20000kW左右）一年可少支出峰值（需量）费用可达200万元左右，对大型钢铁企业更为可观。

（2）实现自动化的峰、谷、平合理用电，节约电费单价而减少费用。可任意按照要求设定峰、谷、平的用电时段及用电功率，从而既实现在最低费率时段用电又相应达到希望的用电功率调整。同时实现全自动无人值班控制。

(3) 均衡用电负荷，实现更安全用电，提高供电设备的使用寿命，减少用电事故隐患，实现安全用电。

(4) 延缓用户增容，减小投资，对一些用电容量接近其变压器供电容量时，企业不得不花费巨资进行增容改造，实施控制后，可为用户提供5%～30%的容量，从而延缓增容。

(5) 使当前拉闸限电的用电管理更合理，在夏季等供电紧缺阶段，市政府会要求供电部门与城市用电管理部门，如经贸委电力处联合要求企业拉闸限电，但由于企业的配电一般按生产线配置的，因此企业只能拉掉其中一条或几条线路。因此，这些线路上的设备就无法生产，但由于大多数企业的生产的综合配套性，这样的拉闸方式会影响企业的全盘生产。但是，实施负荷控制后，完全可不必要整个线路拉闸限电，而是可以通过整个工厂设备的均衡来既不影响全盘生产，又达到限电目的。好比“原是5个人中要去掉1个人，现在是5个人分担掉1个人的负荷”。

(6) 有利于供电部门对用户负荷监测、管理与控制。据了解，目前大多数供电部门均在主要用电企业加装了负荷控制仪，但这种设备仅有负荷值读取及通讯传送作用，采用负荷控制装置，不仅具有相同功能，还具有负荷调控功能，用户可在不影响主要生产的前提下，来达到供电部门负荷控制的要求。此外，如需要，供电部门也可以直接进入用户的系统中去设定限定负荷值，从而使供电部门在拥有行政手段的同时，又拥有了技术手段。

(7) 可扩展到水、气、采光等全方位的能源控制。在电能控制的基础上，可为用户扩展的电、水、汽、光的能源全范围控制，为企业创造更大的节约效益，同时大大提高企业运行的水平。

（8）提高用电及能源管理水平，由于负荷控制设备本身就是一套完整的计算机管理系统，它可以改变原来落后的管理模式，实现计算机管理、显示、储存、交换、通讯等多项功能。

能源（负荷）管理的意义为：

（1）重大的经济效益对企业、供电部门、发电部门，在节约、管理、调度、运行、安全、效率提高方面都是有很大的收益的。

（2）重大的社会效益对企业的上水平发展，企业、区域乃至城市用电管理、企业管理水平提高也是非常有益的。

251. 能源（负荷）管理系统包括哪些内容？

能源（负荷）管理系统是一套包括中央控制系统以及在Windows 下运行的高技术分析软件、对用户用电进行实时监控的装置。该装置由信号采集单元、系统控制硬件、自动控制单元、总线通讯系统、PC 计算机系统及核心软件组成。

该装置主要运行原理及功能如下：

（1）系统核心软件为“趋势分析”软件，系统的先进性体现在它可以分析预测“将来发生的事情”，即可以预测下一个时刻用电系统是否会产生峰值，并且自动计算该峰值功率是否会产生超过系统所设定限制的预望功率。这个软件在国外还广泛用于自然现象（趋势、灾害、气象）的预测政治大选的预测等。

（2）如果超出，系统会发出自动控制信号，对负荷进行调节，主要手段为：

1）功率改变——即调节功率范围，例如对炼钢电炉，通过调节电极的升降来改变电炉功率而实现调节。

2）功率延时——在峰值到来时刻，对当时人为及自动启动的设备进行延时处理。例如，某工人开启机床时，机床会延时几秒钟再接通电源。

3）功率切除——对一个系统，总有一些可以切除的无关紧要的辅助用电设备，如大楼中消防楼道的照明设备等都是可以临时切断设备，待峰值过去后再自动恢复。

4）其他辅助方法——根据具体情况提供。

（3）如果系统正常，装置不会发生任何干扰信号，系统将在所限定的功率下正常运行。

（4）系统对上述所有控制完全可以实现分时段自动控制，从而实现白天、夜间或高峰、低谷及平段的合理调节。

（5）系统还可以发出相应信号，方便用于警报、显示及其他需求的信号源之用。

（6）系统可显示几乎所有用电参数，而且是多个时间段的，例如实时功率、峰值功率、趋势功率、剩余功率、有功功率、无功功率、所控设备受控实时状况、各控制极动作状况、总线工作状况等，并且可以长期保存。

（7）系统配置示意图及软件界面示意图。

252. 什么样的企业（用户）适合能源（负荷）管理？

从总体上讲，所有企业（用户）或地区供电部门、城市用电调度部门都适合应用，他们都可以从负荷控制及需求侧管理的作用（适用）及意义中对照到各自的收益，在欧洲，甚至除地区、工厂外，写字楼、百货公司，乃至家庭也广泛应用。如家庭中，空调与洗衣机的同时启动就会产生峰值而损失费用！

中国的用电计费方式，目前主要有以下几种方式：

（1）最大需量计费方式——即按用户每月实际产生的峰值（需量）功率的最大值为计费功率乘以计费单价（江苏为27元/kW），再加上当月全部电度数费用（kW·h），即为当月全部电费。如：江苏某工厂变压容量50000kW，采用需量计费方式，当月需量功率为26000kW，电度表为10万kW·h，即月总电费为：26000kW×27元/kW+10万kW·h×电度单价。

（2）基本容量计费方式——即按每月固定以用户实际变压器装机总量乘以计费单价（江苏为18元/kW），再加上当月全部电度数费用（kW·h），即为当月全部电费。如：江苏某工厂变压器容量50000kW采用基本容量计费方式，当月电度为10万kW·h，则月总电费为50000kW×18元/kW+10万kW·h×电度单价。

（3）用户自我申报（MD）方式——即用户按下一月生产情况预估，向供电部门上报下月需量的用电容量，在申报值内为18元/kW，超过申报值为36元/kW，目前上海全部采用这种方式，这也是更符合国际惯例的方式。

从目标来看，运用负荷控制及需求侧管理主要是体现在：从节约用电费用的节约角度及从用电管理及调度的管理角度。从节约角度看，需量计费方式与申报（MD）计费方式完全适合运用，可直接节约可观的巨额用电费用。但是，容量计费方式起码也可以从减少供电设备的磨损来取得节约效果。

然而，用户可以根据算账来自由选择需量或容量计费方式。

一般而言，如果实现使用量在变压器的70%以下，采用需量方式更经济，反之则容量方式更经济。

但是，运用了能源（负荷）管理装置后，可再考虑5%~30%的节约额，再进行算账评估，可将容量方式改为需量方式。

从管理角度，能源（负荷）管理可实现：

（1）更安全用电；

（2）延缓增容；

（3）自动化的峰、谷、平调节；

（4）合理的“拉闸限电”；

（5）负荷监测传送；

（6）计算机信息管理。

253. 怎样开展能源（负荷）管理？

开展能源（负荷）管理的步骤为：

（1）首先分析用户的计费方式，确定是需量计费或申报（MD）方式计费或是容量计费方式，算账后确定是否改为需量方式。

（2）采集用户基本的用电信息，包括：

1）过去 12 个月的需量值（或申报值）及一个月的每 15min 负荷曲线图；

2）工厂供电线路情况（是否是一条总供电线路、是否是一个总的计费表计费等）；

3）过去 12 个月的产量值；

4）主要用电设备清单（名称、功率值、功率是否可调，生产使用描述等）；

5）如果设备可调节，是什么方式（如炼钢电炉是电阻方式，还是 PLC 控制方式?）；

6）主要用电设备距工厂主变电所的距离、位置情况；

7）工厂所在地供电局检测功率值的时间间隔（每 15min、5min、3min 或 1min）；

8）工厂所在地供电局收取需量功率（或申报值）的单价（27 元/kW，24 元/kW 或其他?）；

9）工厂生产工艺简单描述；

10）工厂是否有不同时段不同期望功能的控制要求。

（3）确定初步的节约比例，在 5% ~30% 之间，一般为 10% ~20%，其不同比例在于要根据每个工厂的不同情况，以不影响正常生产为最佳。以某一案例为例，该用户需量值为 58000kW 左右，设定为 48500kW 左右，运行后，该工厂炼钢车间原来每天平均工作 6.2 小时，现在平均 7.1 小时，工厂更趋满负荷生产，但一年节约用电费用达到 200 万元以上。

（4）现场勘测。

（5）确定合同。

（6）开展软件及硬件设计制作和模型中试。

（7）现场安装（一般 2 ~7 天左右）。

（8）培训。

（9）用户协助：

1）按照要求将受控设备连接起来；

2）按照要求设置信号源；

3）按照要求设置 PC 计算机。

254. 政府对开展能源（负荷）管理有哪些相关政策？

中国政府对节约能源予以很高的重视，从中央到地方都设立了节约能源机构，包括领导机构、检测机构、运行机构，如各级政府的节能办、电力处，各地的能源监测中心，国电公司需求侧管理中心等。这项技术与产品属于中国“十五”攻关项目及中国科学院“十五”清洁能源项目。

近年来，中国政府每年都有对各地节约能源的需求下达，特别是每年夏天，基本上都有限电拉闸的措施出台。

中国政府每年拨款对实施有效控制与管理的地区、企业予以政策性扶持与奖励，仅以江苏为例，江苏省经贸委 2002 年 12 月 13 日下发《江苏省电力需求侧项目实施办法（试行）》的通知，其中：

第六条：近期重点推广的技术和产品是电力负荷管理技术，削峰填谷方面的技术。

第八条：对实施的项目予以资金补贴，按照原则上不超出投资额 50% 的标准安排资金。

第十一条：上述批准后，对项目企业的电费以减收电费的方式予以实施。

255. 主要能源（负荷）管理成功范例有哪些？

以下四个较早成功案例，他们是无锡锡钢集团、湖南衡阳钢铁集团、上海宝钢集团及江苏淮钢集团。

无锡锡钢治理前背景需量 52000kW 左右，实施后在 43000kW 左右，节约率约 18%，节约额在 150 万元以上。

湖南衡钢治理前背景需量 59000kW 左右，实施后在 48000kW 左右，节约率约 19%，节约额在 150 万元以上。

上海宝钢治理前背景需量 113000kW 左右，实施后在

103000kW 左右，节约率约 10%，节约额在 250 万元以上。

淮钢炼钢 4601 线实施控制，控制在 60000～62000kW 左右，节约电力负荷功率 5000～8000kW 左右，节约率约 12%，节约额在 300 万元以上。

256. 能源（负荷）管理的原理是什么？

高的功率峰值的产生经常是由于偶然间同时运行许多用电设备。负荷控制避免每个测量周期中的功率使用超过预先给定的额定值。据此，可以对负荷进行均衡调节，降低最大负荷功率，并降低基本电费。负荷控制系统的核心部分是一个专门的、智能的程序计算机。它可以预测在将要出现负荷高峰危险时，自动断开适合的用电设备或者将其转换到较低的功率等级。作为输入和输出的仪器，是一台专用电脑。在根据测试的功率计算时，根据经验可以降低最大负荷功率及基本电费大约 15%，甚至可以降低 20% 以上。

负荷控制的目的在于，避免形成过高功率峰值的这种偶然性。根据这个目的，使负荷比较平衡并由此而降低功率消耗。为此，需监测功率的变化并进行负荷控制。因为决定性的功率是在 0.25 小时周期中形成的平均值，所以不需要限制即时功率。

一个有真正意义的负荷控制是既降低最大负荷功率，又可节约基本电费。在国外，所有用户都是按向供电局申报用电功率支付基本电费，因此每个企业都重视不断降低最大需量功率，这样他们电网负荷相对均衡。但目前在中国，电力计费方式远未与国际接轨，只有在采用向供电局申报用电功率（MD 申报，如上海地区）及按最大需量功率计费的用户中可良好实施。虽然许多按基本容量计费的用户也可以降低其峰值功率，对缓解缺电做出贡献，但由于失去了节约基本电费的动力，显然积极性不高。

负荷控制是通过适当的措施，防止每个周期中的用电超过预先给出的额定值。一般可通过以下手段实现：

（1）在预测到可能超限前降低用电设备的功率；

（2）在预测到可能超限前断开用电设备；

（3）在预测到可能超限时不再接入用电设备（延时启动）；

（4）在预测到可能超限时使用自己的发电设备，从而限制公共供电功率超限。

通常先将用电设备转换到较小功率或暂时断开，以便降低用电量。特别适合的用电设备是：长时间开动的但可以短暂地转换到较小功率或可以暂时断开并重新启动的用电设备，并不影响企业的正常运行（例如电炉、鼓风机、充气机、碾磨机等），根据经验，在每个大企业都有适合于负荷控制的用电设备。采用降低功率峰值的自备发电装置，首先是指应急的供电装置。它通常必须与电路并联。但也可以在一个发电装置存在时，先采用转换到较小功率或暂时断开的方法。能源（负荷）管理模拟曲线如图 8-1 所示。

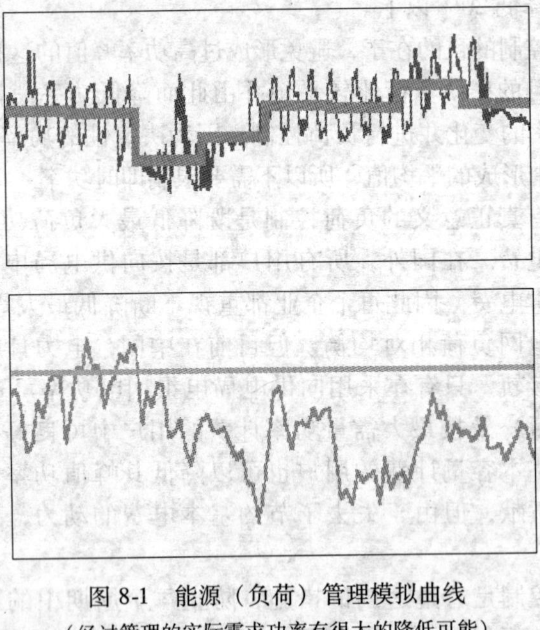

图 8-1　能源（负荷）管理模拟曲线

（经过管理的实际需求功率有很大的降低可能）

为了实现负荷控制系统的必要的准确性，优化控制计算机通常是脉冲式控制。需要总的脉冲和测试周期脉冲。在德国，总脉冲数通常由供电局从其电表提供。这样可以避免重新装设脉冲信号源带来的误差而影响调控精度。

可降低功率及可断开用电设备的操纵，是通过具有无电位的继电器进行的。由于应用传统的电子技术，所以这种控制几乎是不能被干扰的。为了满足企业较高的保险要求，优化计算机装置了一个自我监测器。在错误发生时，即会给出一个干扰报告。就连外部错误（例如供电局电表的总脉冲数错误）也能辨认并给出报告。

负荷控制系统监测着预先给定的最高功率，并且保证通过对合适的用电设备的断/开处理能使这一最高值不被超过。因此，核心问题是软件的设计。这就是运用“趋势计算”的趋势分析软件，可以实现以最少的调控次数，保证运行在限定功率以下，以不影响企业的生产运行。图 8-2 所示为计算每次调控处理时趋势统计的变化原理，仅在 $P_{korr} \geqslant 0$ 时才发出调控指令。

$$\text{Momentanleistung} = W_t/t = P_t \sim \tan\alpha$$

$$\text{Optimale Leistung} = (W_{max} - W_t)/(T - t) = P_{opt} \sim \tan$$

$$\text{Optimierungsgleichung}: P_{korr} = P_t - P_{opt}$$

$$P_{korr} = W_t/t - (W_{max} - W_t)/(T - t)$$

$$\text{Unterlast}: P_{korr} \geqslant 0 (\text{Zuschaltung moglich})$$

$$\text{Uberlast}: P_{korr} \leqslant 0 (\text{Abschaltung notwendig})$$

图 8-2 中曲线为实际运行功率。直线 2 为限制功率，直线 3 为模拟的实际运行功率。直线 3 在直线 2 之下，说明运行没有超出限制功率，反之则超出限制功率。

负荷控制系统可通过监控 PC 机直接输入调控指令，也可以通过调制解调器拨号方法输入调控指令，实现远程或运程集中控制，简便经济。

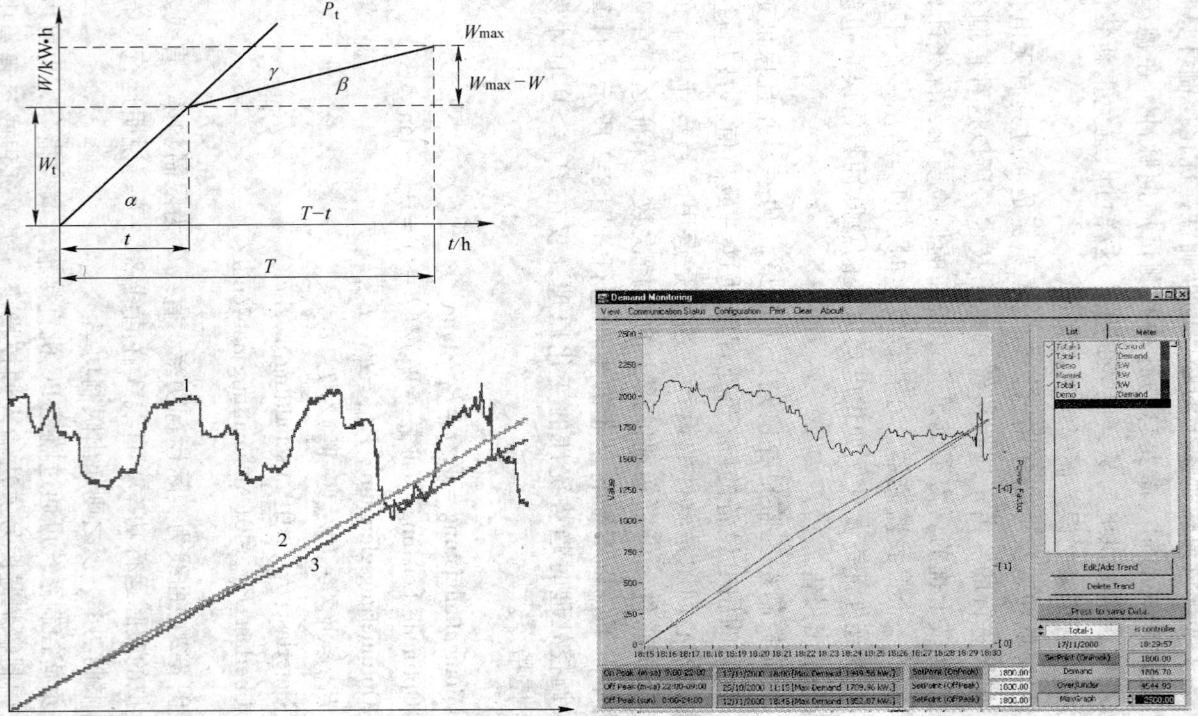
W/kW•h
P_t
W_max
γ
β
W_max − W
W_t
α
T−t
t
t/h
T
1
2
3
Demand Monitoring
View Communication Status Configuration Print Clear About!
Power Factor
Value
List
Meter
Edit/Add Trend
Delete Trend
Press to save Data
Total-1
17/11/2000
18:29:57
Demand
Over/Under
MaxGraph

图 8-2　趋势计算原理图

257. 江苏锡钢为什么采用能源（负荷）管理，系统是如何设计的?

江苏锡钢集团是建于1958年的国有老厂，主要产品有钢、线材、钢管等，年钢产量40.1万t。但是一方面，年最大负荷为74422kW，年平均负荷为54194kW，以最大需量方式支付基本电费，年电费近2亿元，其用电费用总和达到企业总成本的12.8%，是城市的“电老虎”；但另一方面平均日负荷率只有43%，用电效率非常低下。

锡钢电弧炉为传统的晶体管控制。该厂拥有三条供电线路，其中110kV杨钢线容量71.5MV·A，主要为炼钢负荷，是产生电力峰值的主要来源，因此选为项目的受控线路。杨钢线有30t电弧炉2台（6号，7号），总功率50000kV·A，精炼炉3台，总功率18500kV·A。根据生产工艺状况，选择2台电弧炉作为主要受控设备。杨钢线剩余负荷如精炼炉等作为下一步细化控制对象。

锡钢能源（负荷）管理系统设计如下：

（1）采用德国法兰克盖姆普“趋势分析”核心软件，软件设计的重要依据是工厂提供的大量用电负荷历史资料，软件可以预测到下一个时间间隔内是否会出现峰值，如出现峰值，该峰值与当前功率的平均值是否会超出已设定的限定功率，如果超出，则发出自动控制信号。软件测量周期以每15分钟为一个时间间隔，即每天96时段。

（2）受控设备调控功率设计。根据电阻控制方式工艺情况，选择6号、7号炉的额定功率用于调控，设计成4级分档功率，每级800kW左右。根据客户电炉控制板的参数，采用继电器接入电阻方式而改变电炉控制电压（电流），使得电极自动升降而调控功率，如图8-3所示。

（3）信号源采集。鉴于信号源必须是脉冲信号，因此在该厂自备测量柜低压侧加装高精度脉冲式电度表作为信号源，表计脉冲量为1000IMP/H，精度0.2级。

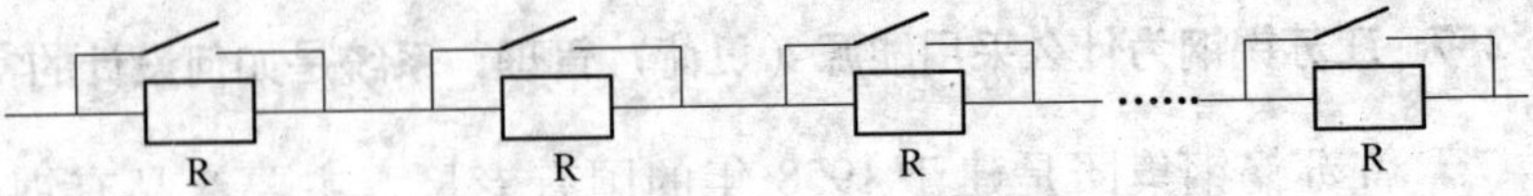

图 8-3　继电器接入电阻方式

（4）主机位置及连接控制系统设计。主机设置在工厂110kV主变电所内，连接系统采用先进的总线结构设计，布线从6号，7号电弧炉的控制板引至工厂中央变电所内，接入能控主机；控制系统采用低压继电器系统，作为接受主机输出信号并启动电弧炉电极自动升降控制板，调控其各档控制级。

（5）限度功率（节约比例）的设定。主要考虑工厂的历史平均峰值功率及在生产不受影响的前提下设定一般在5%～30%，该工厂实施前需量平均值在50000kW左右，该项目设定在10%左右，即下降5000kW左右。

（6）系统示意图如图8-4所示。图中远程监视系统设在外方总部，通过简便的拨号上网方式，可以24小时不间断地为用

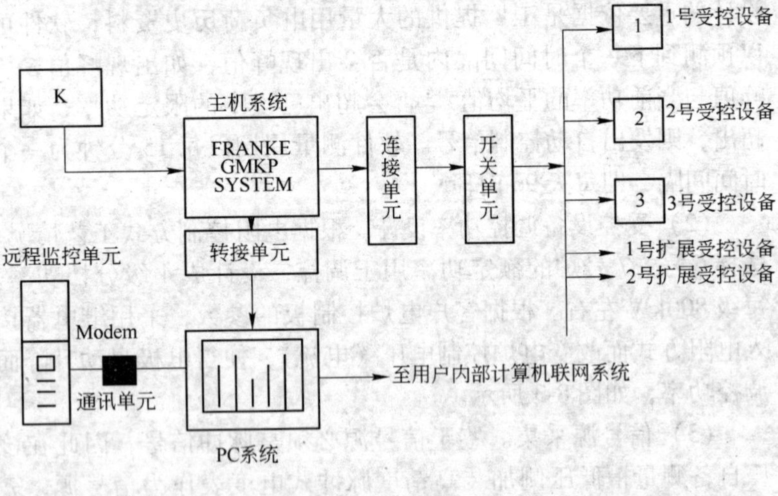

图 8-4　系统示意图

户实施监控服务。扩展设备可由工厂不断细化接入，例如精炼炉电力负荷等，通过细化可发掘最大的效能。

运行原理如下：

（1）当系统软件通过趋势计算预测到将出现超限功率峰值的时候，系统发出自动控制信号，该信号首先启动第一个受控电弧炉的第一档受调功率，如果第一档受调功率仍不能抵消这个超限峰值功率，系统将启动第二个受控电弧炉的第一档受调功率，以此循环，从而可以在不影响生产的前提下，将最大需量功率控制在限度目标以下。各受控电炉受控级启动程序可以表示为：

电炉 1/1 档—电炉 2/1 档—电炉 1/2 档—电炉 2/2 档—电炉 1/1 档

（2）系统控制是全自动的，炉前生产工人可不必考虑其控制情况，原生产程序与次序不受任何改变。

（3）限度功率（节约比例）可根据工厂每月不同的生产情况予以调整，以达到最佳的效能。

258. 江苏锡钢采用能源（负荷）管理后的效果如何？

锡钢采用能源（负荷）管理实施前最大负荷为 50430kW，实施后最大负荷为 45408kW，削减最大负荷 5022kW，年节约金额 162.7 万元（江苏地区最大负荷计费为 27 元/kW）

实施前后工厂负荷曲线图如图 8-5 所示。

系统投运前：平均需量为 37594kW，平均钢产量为 24524t，最大需量/产量单位平均为 1.57kW/t。投运后：在平均钢产量上升到 36083t 增加 16% 的情况下，最大需量/产量单位平均值反而下降为 1.2kW/t，下降 24%，用电效率的提高效果十分明显。

该项目获得 2003 年度江苏省电力需求侧 DSM 项目成果奖励 120 万元。

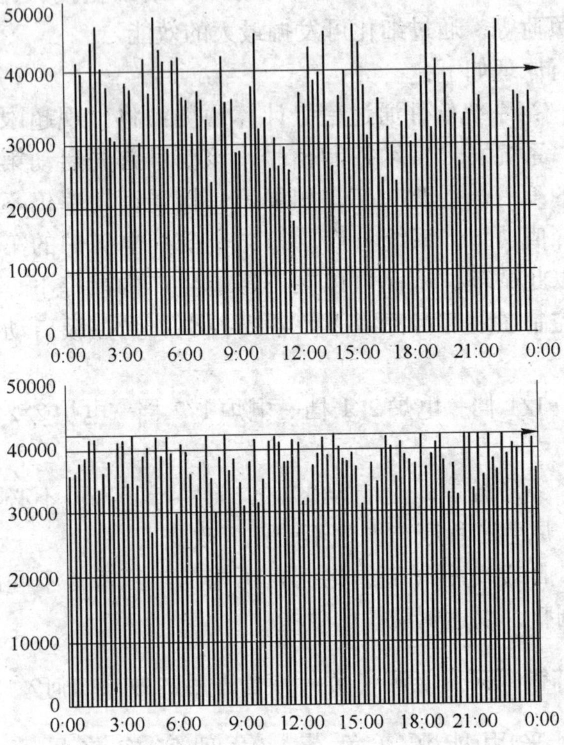

图 8-5　锡钢实施能源（负荷）管理前后的负荷曲线图

无锡节约能源监测站于2003 年4 月对该项目进行全面测试，测试对比数据如表 8-1 所示。

259. 江苏淮钢为什么采用能源(负荷)管理，系统是如何设计的？

江苏淮钢集团公司位于江苏淮安市，其电力负荷在100000kW 左右，其中炼钢 4601 线在 67000 ~ 68000kW 左右，动力 4939 线在 35000kW 左右，负荷控制潜力极大。

淮钢与锡钢不同为电弧炉为 PLC 控制，能源（负荷）管理系统在锡钢项目成功基础上进行了较大的改进。

表 8-1　锡钢采用能源（负荷）管理测试数据

线路名称		锡钢 110kV 杨钢线，线路装机容量 71.5MV·A					
受控设备		6 号、7 号电弧炉 2 台，总功率 50000kW，控制级功率 800kW					
检测单位		无锡市人民政府节约能源监测中心					
月份	最大需量/kW	钢产量/t	单位需量/钢产量/$kW \cdot t^{-1}$	月份	最大需量/kW	钢产量/t	单位需量/钢产量/$kW \cdot t^{-1}$
1	34980	18130	1.93	7	42702	34812	1.22
2	36102	23869	1.51	8	43032	34877	1.23
3	39204	24191	1.62	9	43230	36002	1.2
4	37818	30588	1.24	10	43560	33906	1.28
5	39864	25842	1.54	11	44890	36235	1.21
				12	44748	40668	1.1
平均	37594	24524	1.57		43694	36083	1.2
结论	1. 使用后虽然钢产量较使用前增加了 16%，但单位需量反而下降了 24%。 2. 使用前正常的最大负荷在 50430kW，使用后最大需量在 45408kW，节约量超过 10%，全年可节约用电费用 167.2 万元。 3. 按照江苏省经贸委（2002）1963 号文件精神，该厂获得政府专项奖励 120 万元。						

电弧炉为 PLC 控制，能源（负荷）管理设计在其 PLC 分档中直接选取，由能控装置的开关信号直接控制，分档与额定功率的关系如下：

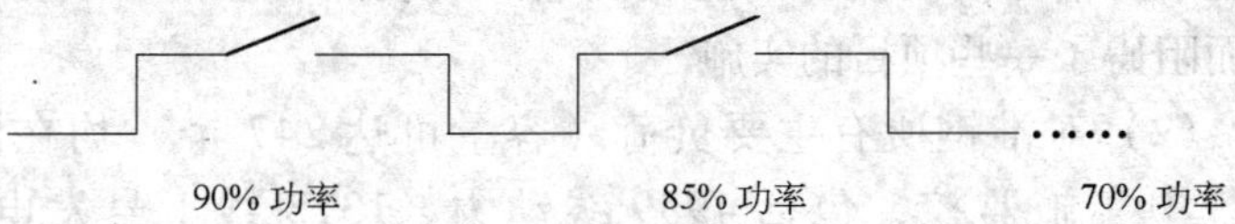

提炉程序：采用循环分推方式，即所有受控设备分担消化峰值率的方式，而不影响正常生产（正常生产感觉不到为最佳）：

→第一档/电炉→第一档/精炼炉→第二档/电炉→……

图 8-6 为淮钢电弧炉在受控时的功率变化，图 8-7 为电弧炉在受控时的每档功率变化指示灯。

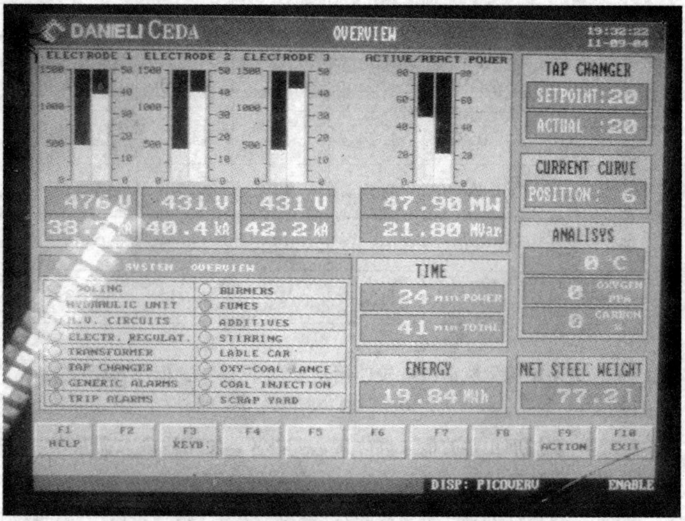

图 8-6　淮钢电弧炉在受控时的功率变化

能源（负荷）管理系统的特点为：

（1）信号源的改进。从过去检测电度信号，改为直接检测电压电流信号，避免了计算误差，提高了精度；可直接在用户计量柜取得信号，改变了只能从供电部门表计中取信号须征得同意而阻碍了一些项目的实施。

（2）对淮钢所有主要负荷（容量可达 247 个）均在同一系统中实施监控，包括 4939 线动力、1313 线 1 号发电机、

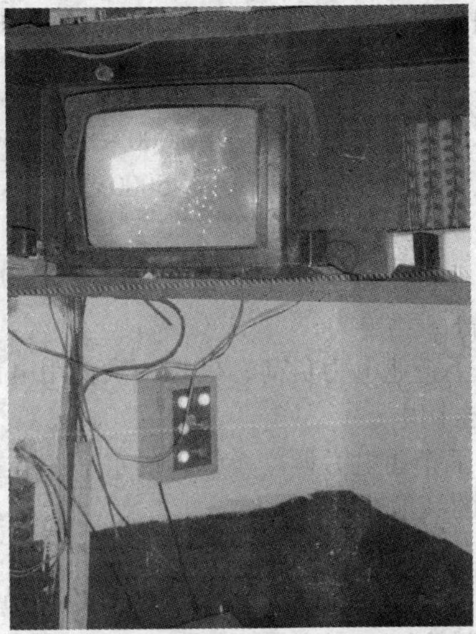

图 8-7　淮钢电弧炉在受控时的
每档功率变化指示灯

1303 线 2 号发电机、4601 线受控炼钢线。监控参数为：kV·A、kW、kvar、kW·h、kvar·h、U11、U12、U13、I1、I2、I3、$\cos\varphi$ 等。使得工厂负荷的变化均能在 4601 线受控炼钢线进行控制。

（3）系统具有全部实时用电参数，可替代人工抄表。系统具有电力成本管理功能，可自动计量生成日、月、年电费。

（4）可进一步实现对内部不同生产单位的电费成本核算。

（5）可进一步实现对内部功率因数及谐波监控，自动切入无功补偿及滤波装置，从而在降低电力峰值的同时提高用电效率及治理电网污染。

该项目是第一个对由 PLC 控制的现代化炼钢炉成功控制的范例，由于目前钢厂基本为 PLC 控制的现代化炼钢炉，故很有推广指导意义。

260. 江苏淮钢采用能源（负荷）管理后的效果如何？

项目实施后，第一步将 4601 线电力负荷控制在 60000 ~ 62000kW 左右，节约电力负荷功率 5000 ~ 8000kW 左右。即：

（1）为社会贡献电力负荷功率 5000 ~ 8000kW 左右，为缓解缺电做出了贡献；

（2）为企业每年减少需量电费支出 162 ~ 259 万元，降低了企业成本，提高了竞争力；

（3）均衡了企业电力负荷，延长一次供用电设备使用寿命，同时实现更安全用电；

（4）提高了企业电力调度及管理的水平。

负控系统的其他功能：

（1）峰、谷、平管理功能。工厂可以根据不同时段的电价及生产安排，相应设定在峰、谷、平的允许用电负荷量，系统能予以自动控制及管理，从而进一步节约用电费用。

（2）用电参数管理功能。系统可以显示与存储所有用电参数，如 P、I、S、Q、$\cos\varphi$ 等，完全可以改变变电所值班人员手工抄表的历史，其软件界面如图 8-8 所示。这些数据可进行统

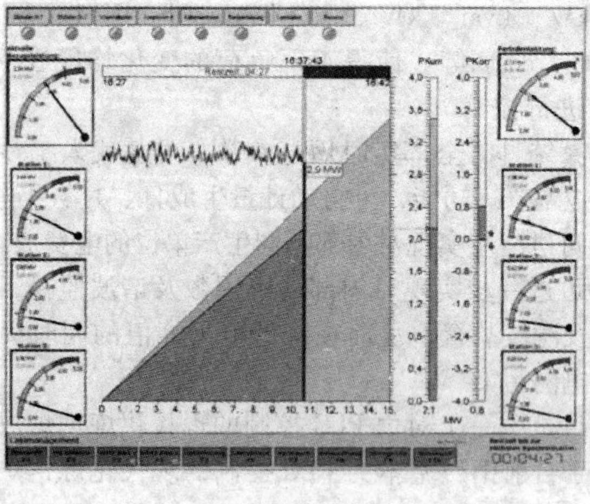

图 8-8　软件界面

计、分析，从而提高企业用电管理水平。

(3) 由于均衡用电负荷，提高了电网设备用电可靠性，从而更安全用电。

(4) 还可以扩展到电、水、气、煤的综合能源管理（图 8-9），均可以在同一系统进行管理，这方面还有许多的课题可以展开，可大大提高企业管理水平与综合竞争能力。

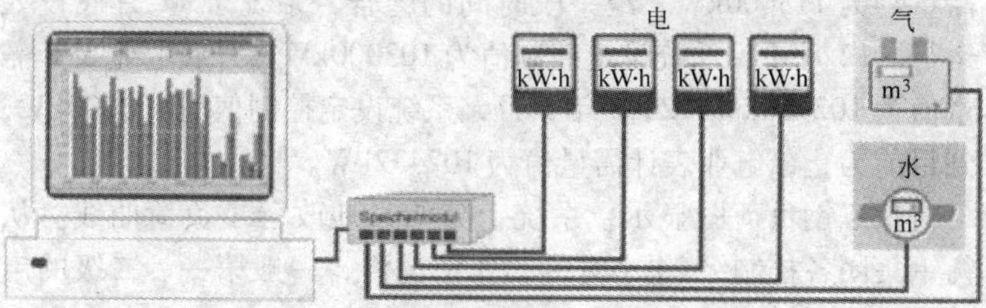

图 8-9　水、电、气综合能源需求侧管理界面

261. 宝钢上海五钢及湖南衡阳钢厂采用能源（负荷）管理后的效果如何？

宝钢上海五钢及湖南衡阳钢厂项目，分别减少最大需量功率 10000kW 和 5000kW。特别指出的是，当地电力部门分别采用 1 分钟及 3 分钟“滑差”方式测量用户的需量功率，因此对软件要求更高。图 8-10 为上海宝钢五厂实施能源（负荷）管理前

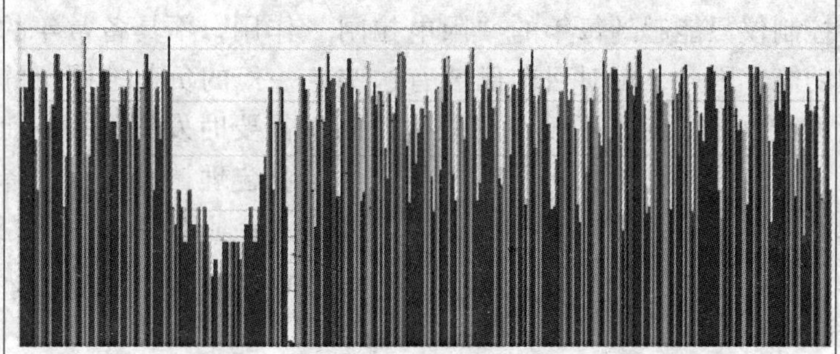

图 8-10　上海宝钢五厂实施能源（负荷）管理前后的负荷曲线示意图

后工厂负荷曲线示意图。

上海宝钢五厂的使用评价为：2002 年 10 月底，我公司与法兰克能源控制（无锡）有限公司进行合作，安装了法兰克能源控制系统，对 2297 线路供电线路最大需量进行控制。该线路主要包括 100t 直流电弧炉 1 台（55MW）、30t 交流电弧炉 2 台（15MW）、20t 交流电弧炉 1 台（9MW）及部分动力负荷，背景需量约为 113000kW。经一段时间的磨合，系统于 11 月底投入运行。12 月份，系统设定控制值为 103000kW，月底电业表计需量值为 102960kW；2003 年 1 月，系统设定控制值为 103000kW，到目前为止，电业表计需量值为 102432kW。

从五钢负荷图显示，系统十分明显地改善了负荷曲线。从衡钢集团各控制级 24 小时的动作情况看，一般第一、二级的启动就能达到控制目的，因此不会影响正常生产。

262. 为更好开展能源（负荷）管理的建议有哪些？

为更好开展能源（负荷）管理的建议有：

（1）鉴于大多数企业缺乏对负荷控制（DSM）的方法与好处的了解，因此，广泛开展的负荷控制（DSM）技术措施和成功亲案例的推介，有利于企业理解与接受这一工作的可行性，推动条件适合的企业首先开展这一工作。

（2）鉴于相当一部分企业已安装负荷控制仪，由于这些负荷控制仪只能起到每年的“限电拉闸”作用，不具备常年的管理功能，因此，可对目前已装有这些老一代的负荷控制仪的企业进行改造，使其不仅在“限电拉闸”需要时发挥作用，而且还可以在这以外的大部分时间里，为企业合理调控负荷，降低峰值功率，节约用电费用。这样，可改变企业对老的负荷控制仪只是拉闸限电的看法，会受到企业的普遍自觉的欢迎，从而自愿而积极安装负荷控制仪，开展负荷控制工作。

（3）改革基本电费计费方式。如果能过渡到同国外一样，全部采用最大需量（最高峰值）的基本电费计费方式，或者先采用像上海企业一样的MD申报的基本电费计费方式，将会大大促进企业开展负荷控制（DSM）工作的程极性。

（4）对于目前相当一部分按基本容量基本电费计费方式的企业，是否也可以提出最大允许峰谷差的考核要求，促使其自行开展负荷控制（DSM）工作。至少在每年夏、冬两个用电高峰时节，要求其开展负荷控制（DSM）工作，以缓解用电压力，并可延缓及减少拉闸手段的运行时间段的来临。鉴于这些企业目前没有基本电费节约上的收益，政府是否按其减少的峰值功率给予一定奖励。

（5）地方供电部门需转变观念，特别是对企业降低需量少收基本电费的观点，从大局的角度，按中国国家电力公司DSM宣传册的要求，支持并推动企业负荷控制（DSM）工作的广泛开展，在计费方式选择，峰值功率信号源提供，历史负荷资料提供等方面给予企业方便。

（6）从长期看，计费方式及供用电技术考核要求的改革，如推广最大需量（最高峰值）或者MD申报的基本电费计费方式，同时增加企业用电峰谷差的考核要求，是负荷控制（DSM）工作得以长期开展，企业及城乡用电不断优化，峰谷差逐步减少，发、供、用电效能不断提高，电网更安全可靠运行的基础。

（7）改变电力部门对企业电能质量的考核体系，从目前只有对功率因数单一奖罚考核，增加峰谷差的奖罚考核（还可以有谐波指标），使用户更具主动性。

（8）改变电力供应体制。目前供电部门即使降低峰谷差，也降低不了买电成本，因此应从电力供应体制上改革。

8.2 无功（滤波）补偿技术

263. 提高功率因数对节能有什么意义？

电能是企业的主要能源，为了提高经济效益，应做好供电系统的节能工作。电能在输送过程中的损耗与功率因数密切相关，在输送功率和电网电压不变的情况下，线路电流与功率因数成正比，也就是说，提高功率因数，可以显著地减少电能损耗。

供电系统的功率因数，取决于无功功率的大小，无功功率越大，功率因数越低。据统计，企业中的用电设备大多数属于感性负载，其中消耗无功功率最多的是感应电动机占60%，变压器占20%，整流设备、电抗器等其他设备占20%。

交流异步电机在工业与民用建筑系统中应用广泛。在民用范围中生产运行机械多为连续运行、不调速、操作不频繁的场合，如风机、水泵、冷冻机多为结构简单，易维护的异步电动机。在工矿企业中，不少电动机负荷率低，经常处于轻载或空载状态，功率因数普遍不高。负荷率愈低，功率因数愈低，无功功率相对于有功功率的百分比愈大，显著地浪费电能。因此，对异步电动机采用无功功率补偿以提高功率因数，节约电能，减少运行费用，提高电能质量，既符合我国节约能源的国策，也给企业带来经济效益。

264. 提高企业用电设备自然功率因数的方法有哪些？

不添置任何补偿设备，采取措施减少供电系统中无功功率，称为提高自然功率因数。它不需要增加投资，是最经济的提高企业用电设备功率因数节约电能的方法。

（1）减少电气设备的轻载和空载运行。电动机、变压器等电感性负载，励磁无功功率在满载和轻载时变化不大，而轻载时有功功率较小，所以功率因数和效率都很低。

1）以适当容量电动机代替负荷不足的大容量电动机。感应电动机的负荷不足是企业用电设备功率因数很低的重要原因，电动机选择不当往往使电动机的负载系数很低。可以用校验功率因数最低的馈电线路的方法找出负荷不足的感应电动机，用嵌式电流表测量的方法确定适当的容量，用适当容量的电动机代替负荷不足的大容量电动机，一般可使企业用电设备功率因数提高 20%～25%。当电动机的负载系数大于 70% 时一般可以不更换电动机；当电动机的负载系数小于 40% 时，在对节能效果进行考核后，合理更换较小容量的电动机；当负载系数大于 40% 小于 70% 时，在对节能效果进行比较后再决定是否进行更换。

2）对负荷不足的电动机，用降低外加电压的方法来提高企业用电设备功率因数。降低感应电动机的端电压就降低了感应电动机的无功功率需要量，从而提高了供电系统的功率因数。但是，减少加在电动机定子的外加电压，将使电动机输出转矩减少，由于它们之间是平方关系，所以只能对负载轻的感应电动机才能考虑采用这种方法。目前采用的方法有：①轻载电动机的定子绕组由△形改接成 Y 形运行，如果电动机在额定负载时定子绕组是△形连接，当负载低于 50%，可改为 Y 形连接。②改变电动机绕组的接法，在某些情况下如调换较小容量电动机受机械设备结构的影响和限制，定子绕组由△形改接为 Y 形又不可能，可以将定子绕组分段改接，使每相绕组串联的匝数增加，也就是使每匝电压减低，这样，由于磁通的减少而使无功功率降低，从而提高了企业用电设备电动机的自然功率因数。

3）提高变压器的负荷率。一般变压器的负荷率在 50%～70% 时，有功、无功损耗最小。当变压器的负荷率经常低于 30% 时，应合理更换较小容量的变压器，一方面节约电能，另一方面也节约了企业的基本电费。对于负荷率高于 70% 的变压器，应做技术经济分析后合理调整使变压器处于经济运行。空载运行时变压器的功率因数仅为 0.01 左右，因此及时停用空载运行的变压器，可以有效地节约电能、提高功率因数。

（2）限制企业用电设备的空载运行。由于空载无功功率在整个无功功率的需要量上的比重很大，各种生产机械在生产过程中又有不同的空载间断时间，所以，在持续时间较长的间歇里，将空载的电动机停下来，对减少有功及无功功率消耗，提高功率因数有很大意义。在实际应用中，是采用各种断电自停装置，当空载时间超过5min时，电动机自动断电，停止运行。

(3) 提高企业用电设备的检修质量。感应电动机的修理质量，对于企业用电设备自然功率因数的数值影响较大。在修理电动机时，应准确地按照电动机的额定数据进行，如重绕绕组的匝数和使用新绕绕组每相的总截面都与原电动机相同。否则，由于维修质量不高，增加了无功功率的需要量。由于感应电动机空气隙消耗的无功功率约占企业全部无功功率消耗量的一半，所以空气隙的变化对电动机的功率因数影响很大，影响空气隙的因数主要是轴承的磨损、转子表面的修整、转子铁心沿轴心的位移等都会使空气隙加大。因此，电动机检修后必须按照设计标准进行实验和调整，尽最大可能降低励磁电流，提高企业用电设备的自然功率因数。

(4) 尽量选用同步电动机。在工艺条件允许的情况下，采用同步电动机代替异步感应电动机是提高企业用电设备自然功率因数的经济方法。

近年来，半导体变流技术和晶闸管技术的应用，为同步电动机的使用推广创造了良好的条件。因为调整同步电动机的励磁电流，就调节了电动机的功率因数。过励磁运行时，电动机能输出无功功率，对周围的感性设备进行补偿，从而提高了企业用电设备的功率因数。

(5) 人工补偿提高企业用电设备的功率因数。采用提高企业用电设备自然功率因数的方法后仍达不到电力部门规定的标准时，必须采用补偿装置提供无功功率因数。目前，无功补偿装置同步调相机、静止无功发生器等。

1) 同步调相机是专门设计的无功功率发电机，是一种不带机械负载的可以过励磁（经常的运行状态）或欠励磁（较少的运行状态）运行的同步电动机，它可以吸收无功功率。同步调相机容量大、造价高、运行技术要求高，适宜装设在枢纽变电站。

2) 静止无功补偿是由并联电容器和并联电抗器组成，可自动投切电容器、电抗器组，调整无功输出，具有调压和平衡本地区无功负荷功能。其容量较大、投资较多，适用于装设在有调压要求的变电站。

3）并联电容器具有投资少、装设不受自然条件限制、运行简便和可靠性高等优点。

4）利用固定电容进行补偿，不是少补偿就是多补偿，无法达到理想的补偿效果，可利用动态补偿方案，使补偿容量随着负荷变化而动态变化，使功率因数接近于1。动态无功功率因数补偿分为晶体管投切电容器方式、晶闸管控制电抗器方式和全控型器件的静止无功发生器方式。

总之，提高供电系统的功率因数，对企业节能具有十分重要的意义，用电企业应根据生产实际，选择合适的方法，不断促进企业经济效益的提高。

265. 无功功率补偿的种类有几种？

无功功率补偿的种类有：

（1）集中补偿。在高低配电所内设置若干组电容器，电容器接在配电母线上，补偿供电范围内的无功功率。

（2）组合就地补偿（分散就地补偿）。电容器接在高压配电装置或动力箱的母线上，对附近的电动机进行无功补偿。

（3）单独就地补偿。将电容器装于箱内，放置在电动机附近，对其单独补偿。

266. 就地、集中补偿的技术应注意哪些问题？

就地、集中补偿的技术应注意：

（1）防止产生自励。采用就地补偿电动机，切断电源后，电动机在惯性作用下继续运行，此时电容器的放电电流成为激励电流，如果电容补偿，会使电动机的磁场得到自励而产生过电压。

（2）防止过电压。当电容器补偿容量过大，会引起电网电压升高并导致电容器毁坏。我国并联电容器国标规定，工额长期过电压值最多不超过1.1倍额定电压。

（3）防止产生谐振。

（4）防止受到系统谐波影响对于有谐波源的供电线路，应增设电抗器等措施以防损坏电容器。

267. 电容补偿控制及安装方式的选择原则是什么？

就地补偿与集中补偿的有关规定如下：

（1）GB12490—90《三相异步电动机经济运行》第7.6条规定：50kW以上的电动机应进行功率因数就地不补偿。

（2）GB3485—83《评估企业合理用电技术导则》第2.9条规定：100kW以上的电动机就地补偿无功功率。

（3）GB50052—95《供配电设计规范》第5.03条及5.0.10规定。

（4）国外用电委员会法规与专业学报均有类似规定与刊载。

电容补偿方式的选择原则为：

（1）采用并联电容器作为人工无功补偿，为了尽量减少线损和电压损失，宜就地平衡，即低压部分的无功宜由低压电容器补偿，高压部分的无功宜由高压电容器补偿。

（2）对于容量较大，负荷平稳且经常使用的用电设备的无功功率，宜就地补偿。

（3）补偿基本无功的电容器组宜在配电所内集中补偿。

（4）在工业生产机械化、自动化程度高的流水线和有大容量机组的场所，宜分散补偿。

268. 如何进行无功功率补偿？

绝大多数企业可以采用集中补偿和就地补偿两种形式。

一般中小企业可选择采用集中补偿方式较好，利用静止补偿器对系统进行无功补偿。具体方法是在配电变压器低压侧的总配室，安装静止补偿器进行补偿，对于绕线式高压电动机，也可采用静止式进相器进行就地补偿，以达到减少线路损耗的目的。与老式旋转进相机相比，因为是静止式，几乎没有磨损，因而使用寿命大大提高，并且能根据实际情况现场调节功率因数的补偿量。在功率因数较低且用电设备相对集中的地点和车间，采用在动力配电箱附近进行无功就地补偿，对一些大型用电设备的高低压电动机，可采用目前推广的无功就地补偿成套装置进行补偿。

适当的相位角投入和切除电容，这样会产生不同的冲击电流。由于冲击电流大，限制了依次投入的电容值，不得不把一次投入的电容值化整为零，分几次投入，这就降低补偿的准确性和减慢响应的速度；而且常会引起接触器触头烧焊现象，使接触器断不开，影响正常工作，实际使用时不得不对触头经常进行维护和更换，这影响了整个装置工作的可靠性和工作寿命，也降低了工作的准确性和动作响应速度。

现在普遍采用单片机控制大功率晶闸管来投切电容，由于具有过零检测、过零触发的优点，响应速度快，合闸涌流小，无操作过电压，无电弧重燃，从而基本上解决了以往投切时交流接触器经常拉弧甚至于烧结而损坏的不良情况。开关器件可选择晶闸管和二极管反并联。

补偿策略目前可分为三相共补和三相分补两种。

三相共补是根据三相总的无功需求来投切电容器组，电容器接法为三角形。

三相分补则是根据每相各自的无功需求投切电容器组，电容器接法为星形。

三相共补广泛采用两组晶闸管作为控制器件。为了提高运行的可靠性，防止电容器和晶闸管损坏，晶闸管投入时必须要有过零检测，即只有当晶闸管两端的电压等于零时间闸管才导通。实际上电压绝对过零是很难做到，会存在电流的暂态过程，但只要线路电参数配合合理，这个过程时间不长，并很快过渡到稳定状态。值得注意的是，当晶闸管切除后，晶闸管和电容器均存在很高的残压，这对晶闸管和电容器的耐压也提出了更高的要求。如果器件选择不当或保护不够，常常会造成晶闸管和电容器烧毁。

三相共补适用与三相负载较平衡的场合，三相分补对于负载不平衡的场合则能做到真正的三相无功平衡。把三相共补和三相分补结合，便实现补偿综合方案——混补，可以用于任何负载。先在三角形接法的电容器组中选择三相共同需要的补偿容量，进行共补，然后在星形接法的电容器组合中选择单相电容器补偿剩余不平衡状况，既避免了过补或欠补现象的出现，又节省了补偿电容的容量，降低了成本，具有很好的经济性。

269. 如何选择电容器组的投切方式？

不使电容器造成自激是选用电容器必要条件。

电容器组投切方式分手动和自动两种。对于补偿低压基本无功及常年稳定和投切次数少的高压电容器组，宜采用手动投切；为避免过补偿或轻载时电压过高，易造成设备损坏的，宜采用手动投切。高、低压笔触效果相同时，宜采用低压自动补偿装置。

270. 无功自动补偿的调节方式有哪些？

以节能为主的，采用无功功率参数调节；当三相平衡时，也可采用功率因数参数调节；无功功率随时间稳定变化者，按时间参数调节。

271. 电容补偿的应用效果如何？

以某大型项目中能源中心为例。该项目设备装机容量约为21MW，其中高压电动机设备容量约5.4MW，其他低压设备容量约为5MW。供电电源的电压等为10kV。本着“节能”、“高效”的方针，初次尝试了采用燃汽轮机发电机组自发电，冷、热、电三联供，做到汽电共生，实现能源综合利用。经过经济分析，采用10kV周围高压电动机的供电电压等级，投资较省，同时也减少变电环节，也就减少了故障点。根据负荷计算，共采用6路10电源，分别对高压电动机直配。

在该项目中，高压电动机主要用于空调系统中的中央空调机组，以及主机的外部设备——冷冻水循环泵和冷水循环泵多台设备。这些设备单机最大容量很大，离心机组最大达2.18MW（共5台），小的870kW（共4台），冷冻水循环泵单机560kW（共9台），冷冻水循环泵单机有380kW（共3台），自然功率因数在0.8左右。如果在10kV配电室集中补偿电容，而不采用高压无功自动补偿，则如此大容量的电动机启、停会使10kV侧功率不稳定，有可能造成过补偿引起系统电压升高。同时，从配电室至冷冻机房高压电动机的线路最近50m，最远140m，线路相当可观。综合考虑到高压自动补偿元件、技术、技术均要求很高，因此采用高压电容器就地补偿，与电动机同时投切。高压电容器组放置在电动机附近。这些电动机采用自耦降压启动方式，高压就地补偿装置以并联电容器为主体，采用熔断器做保护，装设避雷器用于过电压保护，串联电抗器抑制涌流和谐波。这样做，不仅提高了电动机的功率因数，降低了线路损耗，同时释放了系统容量，缩小了馈电电缆的截面，节约了投资。

对低压设备，由2台1000kV·A及2台1600kV·A变压器配处，低压电动机布置较分散，因此，在变电所变压器侧压采用电容器组集中自动补偿。虽然一些低压电动机的容量也不小，就地补偿的经济效益也有，但这些设备主要用于锅炉房和给排水设备，锅炉房的设备不如冷冻机房集中，环境较差，管理不便，因此，在低压配电室采用按功率因数大小自动补偿是较合适的。

对于无功功率进行补偿的节能效果是有目共睹的，在应用的过程中，还应该在技术经济上综合考虑，根据具体情况进行分析，决定是采用集中补偿还是就地补偿，还是两者综合采用，从而达到使电气设备经济运行的目的。

272. 10kV 配电网系统是如何进行节能设计的？

实现配网系统的自动化综合管理是建设现代化高水平供电系统的核心问题之一。为了适应建设一流大学的需要，根据原供系统的特点，对清华大学 10kV 配电网的综合自动化管理系统进行了总体规划设计，将其分为主站层、分站层和子站层三个管理层面。实践表明，配电自动化系统的分层式结构对提高供电系统的安全可靠性及运行质量是非常必要的。

随着微机保护系统的日益成熟和计算机应用的普及，使得在 10kV 配电网系统中实现微机自动化的综合管理成为可能。

清华大学的 10kV 配电网系统比较庞大，有五十多个 10kV 配电室和一百多台配电变压器，负责为全校超过 170 万 m^2 的建筑供电。由于不同时期的新老供电质量越来越高的要求，非常有必要依靠高科技，对供电系统实施全面的自动化管理。为此，根据实际情况，制定了清华大学 10kV 配电网自动化的总体规划和分步实施方案，再经过一段时间的努力，把电网建成高可靠性、高供电质量、供电方式合理的具有较高水平的供电系统。

根据原有供电系统的特点以及不同供电区域对供电质量的不同需求，将供电系统综合自动化管理系统分为中心主站层、分站层和子站层三个层面。

主站层面对整个 10kV 系统的运行状况，对其进行全面的检测和管理中心，是配网自动化系统的管理中心。110kV 变电站控制室，为确保供电局系统与校内系统相连接，各自独立运行。它由计算机主机、计算机辅机、系统服务器、GPS 时钟系统通信前置辅机等组成。配网系统的各种信息通过光纤网实时传至“主站层”，运行人员可随时了解供电系统的供电负荷和设备运行状态，及时发现和解决问题，从而大大提高供电系统的运行质量。

供电系统中的配电室全部无人值班，因此要求配电网系统自动化主站层要具有以下功能：

（1）当10kV配电网系统发生事故时，应发出事故报警信号，指明发生事故的设备名称。

（2）当10kV配网系统通信装置出现不正常状态时，中心站监控主机应发出报警信号，并指明发生不正常状态的设备名称。

（3）在配网自动化系统中心站应能随时查看10kV配网系统的实时数据，随时掌握全校的负荷情况。

（4）在配网自动化系统中心设置全校所有的变压器的电能计量专用数据库，定时存储每台变压器的有功电能和无功电能，为电费的计量校核工作提供依据。

（5）事故信号，报警信号自动储存至计算机，以便值班人员进行查询。

分站层——以开闭站或局部站为核心。

273. 无功补偿的发展趋势如何？

随着电力电子技术的日新月异以及各门学科的交叉影响，静止无功补偿的发展趋势主要有以下几点：

（1）在城网改造中，运行单位往往需要在配电变压器的低压侧同时加装无功补偿控制器和配电综合测试仪，因此提出了无功补偿控制其和配电综合仪的一体化的问题。

（2）快速准确地检测系统的无功参数，提高动态响应时间，快速投切电容器，以满足工作条件恶劣的情况。随着计算机数字控制技术和智能控制理论的发展，可以在无功补偿中引入一些先进的控制方法，如模糊控制等。

（3）目前无功补偿技术主要用于低压系统。高压系统由于受到晶闸管耐压水平的限制，是通过变压器降压接入的，如用于电气化铁道牵引变电所等。研制高压动态无功补偿的装置则具有重要意义，关键问题是要解决补偿装置晶闸管和二极管的耐压，即多个晶闸管元件串联及均压、触发控制的同步性等。

（4）由单一的无功功率补偿到具有滤波抑制谐波的功能。随着电力电子技术的发展和电力电子产品的推广应用，供电系统或负荷中含有大量的谐波。研制开发兼有无功补偿与电力滤波器双重优点的晶闸管开关滤波器，将成为改善系统功率因数、抑制谐波、稳定系统电压、改善电能质量的有效手段。

9 低压充气式电容器及其无功补偿装置

274. 什么是 GMKP 充气式小型化环保型低压电容器?

低压补偿是无功补偿中应用最广泛，效果最直接的应用领域，在低压配电系统中改善供电质量，提高网络功率因数，涉及供配用电部门和几乎所有行业的工矿企业，还涉及到家用电器产品中的应用，因此面广量大。其核心器件低压电容器及其装置一直是业内研究发展的重点，德国早就将金属化聚丙烯薄膜应用于低压电容器。90 年代初，针对 21 世纪低压电容器的发展，德国提出介质气体化是主要方向的革命性意见并进行研制。经过 5 年左右的产业化努力，德国率先成功生产出气体填充式的低压电容器，成为代表 21 世纪发展方向的低压电容器。因此，未来的低压电容器是气体填充式的真正干式结构，以及更趋小型化的高比能环保产品，同时将会带动家电行业，如洗衣机、冰箱和空调机等启动电容器的全面更新换代，FRANKE 在 1999 年首先在中国研制及推广这一最新产品，在 2001 年入选中国官方权威的中国电器年鉴，经几年的努力，至今已实现了该产品适合中国电网特点的设计及制造，如图 9-1 所示。

图 9-1 小型化环保型的 GMKP 充气式低压电容器

275. 低压电容器是如何演变的?

$$C_n = \varepsilon D/S$$

式中，ε 为介质介电常数；D 为极板面积；S 为两极板间距离。可见，电容量与介质成正比，因此电容器的发展几乎是其介质的不断革新。低压电容器的演变可以归结为如下四个时期：

（1）50～60 年代，称为第一代低压电容器，其结构采用油浸式电容器纸作为介质，电容元件为扁平元件，液体介质采用矿物油（含有 PCB 有毒物质）等，产品体积大、有功损耗达到 0.2%～0.5%左右。我国国内型号为 BW 系列。

（2）70 年代，随着金属化膜替代电容器纸的应用，电容器元件由扁平式改为圆形结构，由于具有自愈性能，产品的场强大大提高，使产品体积大大缩小，为 BW 系列的 40%左右，液体介质也大部分采用矿物油或树脂，有功损耗在 0.12%左右。我国国内型号主要为 BZMJ 系列。

（3）80 年代，欧洲各电容器厂家已推出圆柱形结构的称为第三代的 MKP 低压电容器，其元件采用 7μm 左右的金属化膜，内充天然油或树脂密封于铝壳中，使体积更加减小，有功损耗降到 0.3W/kvar。由于时间与发展的限制，目前国内生产的低压电容器，均是从 80 年代初约 7～8 年间从国外引进的，属于第二代产品。如无锡、锦州、桂林和南京等地电容器厂分别从日本 Shizuki、比利时 Asea、意大利 Arcotronics 和意大利 Icar 引进了生产技术与关键设备，其产品结构为方形或椭圆形，一般使用 8μm 金属化膜，统计使用寿命平均在 2～6 年左右。

（4）随着电器产品向小型化、无油化和环保化方向发展的趋势，第四代最新充气型低压电容器（GMKP），采用 5～6μm 金属化膜填充特殊保护气体，内置独特的安全型保护装置，其关键特点是实现了电介质的气体化，从而产生了理论上真正的干式电容器以及具有防火阻燃、安全可靠等多种特点的新一代产品。

276. GMKP低压充气式环保型电容器的结构与关键工艺有哪些?

GMKP采用大直径元件铝壳圆柱形结构，大直径元件一般采用5～7μm金属化膜，金属化膜边缘及方阻必须专门设定，元件压紧系数比传统产品高30%，以最大限度地缩小体积。由于其元件直径最大可达120mm，要生产GMKP元件，必须对生产的卷绕机进行改装（卷轴加粗）。并附有可靠的张力及燃膜装置，元件完成后必须承接大电流的限选，德国FRANKE要求大电流达到$20I_n$。同时元件端面需采用特殊的二次喷金工艺。GMKP的外壳采用一次性拉伸铝壳，其底部带有安装螺栓。但要生产出直径120～150mm左右的铝桶，一般要有500t以上的压机才能保证一次性成形拉伸质量。GMKP的关键工艺还包括制造过程中的净化工艺，充气真空处理及特殊保护丝的制作。元件必须在静态100级或以上的净化环境下生产，并且有极严格的湿度要求。GMKP的真空处理与充气是在同一个真空壳体内单台完成的。德国FRANKE GMKP认为壳体内真空度应在350Pa，其泄漏率不大于56Pa/周，比目前国内其他设备的泄漏率低10倍左右，因此，这种真空系统制造难度较大，欧洲报价约为50万欧元左右。同时气体注入与相关温度、压力的控制也十分关键。特殊保护丝设计应断点并需要特殊的硬化处理，应断点凹缺部位的尺寸确定及加工要求十分精密，才能确保在过压及过流双重不同情况下的可靠动作。

277. GMKP的性能特点有哪些?

GMKP的性能特点为：

（1）比特性更高，体积更小，大大提高单柜的补偿容量，GMKP的比特性比第三代产品大大提高，如表9-1所示。以常用的400V 15kvar为例，BZMJ为173mm×70mm×300mm，4kg；GMKP仅为$\phi70\times230$mm，1.4kg。这使得在同样尺寸的无功补偿柜中，以100kvar为例，补偿容量可提高到250～350kvar，甚至更高。

表 9-1　GMKP 和第三代产品的比特性

电容器容量/kvar	安装尺寸/mm		体积比	单台重量/kg		重量比
	BZMJ（长×宽×高）	GMKP（直径×高）		BZMJ	GMKP	
5	173×70×180	ϕ70×163	1∶0.092	1.5	0.6	2.51∶1
10	173×70×240	ϕ70×200	1∶0.26	2.8	1.1	2.55∶1
15	173×70×300	ϕ70×270	1∶0.286	4.0	1.4	2.86∶1
20	345×100×265	ϕ116×225	1∶0.26	7.0	2.1	3.33∶1
25	345×100×295	ϕ116×267	1∶0.28	8.5	2.5	3.4∶1
30	345×100×315	ϕ116×280	1∶0.41	12.2	4.0	3.05∶1
40	345×100×355	ϕ142×317	1∶0.41	14.2	4.4	3.23∶1
50	345×100×395	ϕ142×355	1∶0.41	16.2	4.7	3.45∶1
平均			1∶0.343			3.19∶1

（2）真正干式，无油化，高性能。与第三代采用属于可熔性介质植物油类的着火点虽高但也有燃烧可能的环氧、石蜡等相比，GMKP 是真正的无油化干式产品，防火防燃。由于充入特殊保护气体，更加提高元件的电性能，过电流能力大于 2 倍的额定电流，而受冲击达到 200 倍的额定电流，此外有功损耗仅在 0.2W/kvar 之内。

（3）全新保护更安全可靠。目前电容器一般采用机械过压保护与温度速断保护。机械过压保护是在介质击穿而不能自愈使壳内气体达到导致外壳爆裂压力 50% 左右时，对应外壳的膨胀变形是必须切断保护箔，温度速断保护是元件故障时产生出的高温气体使内部温度升高到 89～93℃ 左右，温敏元件动作将电容器退出，其弊端为：经常由于保护箔拉不断或温敏元件误动作导致电容炸裂；或者是保护装置过于灵敏，而发生误动作。GMKP 采用安全型熔丝及外壳保护的“双重”保护方式（图 9-2）：一是内部特殊熔丝中断凹去特殊一块，当故障电流达到一定值时熔丝熔断；二是故障时气体达到一定压力将电容器上壳盖凸起，凸起高度将拉断与上盖相连的保护丝的凹缺部位（应断点）。GMKP 电容器采用三重封口技术（图 9-3），确保顶盖可靠承受保护装置动作的压力，因此更加安全可靠，成为免维护产品。

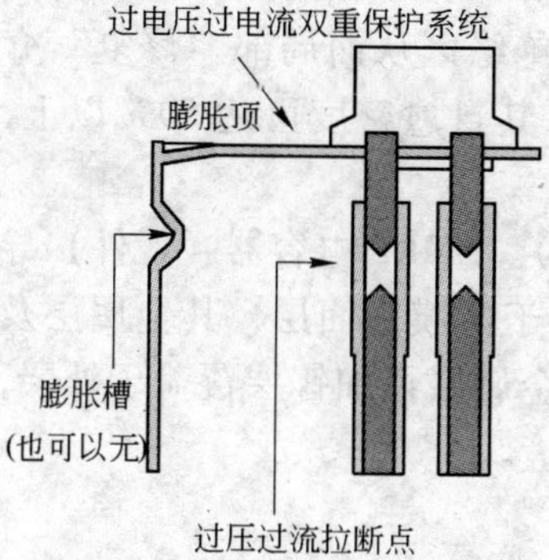

图 9-2　GMKP 安全型熔丝及过压“双重”保护

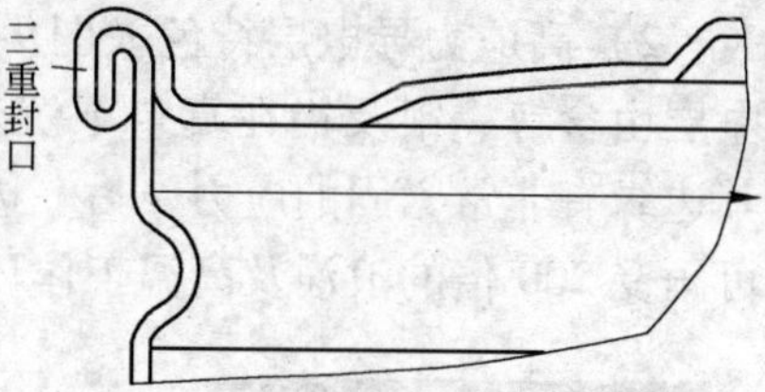

图 9-3　GMKP 电容器三重封口技术

GMKP 与老一代产品主要安全性能对比如表 9-2 所示。

表 9-2　GMKP 与老一代产品主要安全性能对比

项　目	GMKP	国产电容器
可燃性	特殊保护气体 防火——不燃烧 阻燃——对火焰有阻挡作用	油式、蜡式、环氧式均能燃烧
安全装置	压力、电流双重保护，对使用损坏与突发冲击电流损坏均能保护	单一保护
端子防护	完全可触摸	端子部分带电
外壳保护	铝壳不生锈	外壳易锈
放电模块	有防护装置，能更换	直接内置，损坏后不能更换
环境保护	可回收，无污染	污染产品

（4）自愈性能好，在运行局部过电压下均有良好的自愈性能，使用寿命更长。

1）高性能自愈特性（图9-4）。GMKP电容器电介质由两层低损耗的在真空状态下以电弧蒸发方式将金属层直接镀于优质的聚丙烯薄膜组成，它能产生电弧在几微秒内将击穿点的金属化层蒸发，形成一个设有金属层的绝缘区从而局部“修复”介质击穿点而达到“自愈”的目的。其自愈密度可达50%以上，电容量损失小于100pF。

2）高应力导电层特色（图9-5）。GMKP电容器（元件）导电层由含锌、银及铝在真空下沉着于薄膜表面层，其金属层及其边缘有非常紧固的应力，另一边金属层再加锌层覆盖于外层，可耐受200倍的浪涌及高温工作环境。

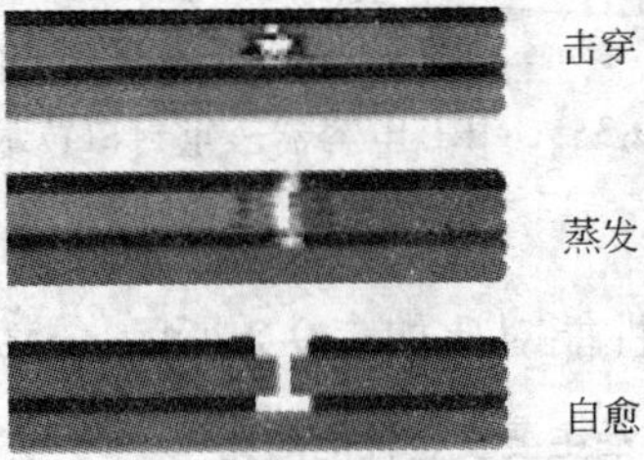

图9-4　自愈特性示意图

图9-5　高应力导电层示意图

因此，GMKP电容器的统计使用寿命平均达到10万h以上，最长可达16万h，大大高于第二代产品。

3）GMKP与国产电容器使用寿命比较（表9-3）。比较指标为影响寿命的电容器原件喷金层膨胀比率。

表9-3　GMKP与国产电容器使用寿命比较

浸渍物	膨胀比率	制成电容器统计寿命	型　式
硅油	3%	5~7年	非真式
矿物油	3%~4%		非真式
S油	7%	5年左右	非真式

续表 9-3

浸渍物	膨胀比率	制成电容器统计寿命	型　式
凡士林	遇高温即变液体	2~3 年	半干式
石蜡	70℃左右变液体，一般只能用于230V 电容器产品	2~3 年	半干式 半干式
气体	无膨胀问题	10 年	真正干式

（5）安装灵活（表9-4），成套性更好。国产老系列产品只能直立安装，而 GMKP 可以旋转 360°任意方向安装，使设计师非常方便地设置它的位置，并且可安装在海拔 4000m 高度。GMKP 的接线采用很方便的接插式端子，可直接接入 $35cm^2$ 以下的导线。据统计，可减少 50% 的安装和连接时间，GMKP 可方便地组合成壳式，墙上（柱上）安装式[50kvar（4×12.5kvar）600mm×600mm×245mm]和柜式[2×176kvar(11kvar×16)，2280mm×(2×600)mm×630mm]结构，约 2m 高的立体柜补偿容量可达 500kvar（无电抗器）或 300kvar（带电抗器），壳式结构可方便地替代 BZMJ 产品的方形与椭圆形结构。

表 9-4　GMKP 与国产电容器安装方式对比

项　目	GMKP	国产电容器
安装螺栓	仅需底部一个，(M12mm) 节省安装时间	需 4 个螺栓
安装姿势	可 360°任意角度，任意位置	只能直立
电缆并联	双端子并联，更适合组合使用	单端子并联
安装间隔	可紧靠（线接触）	不能紧靠（面接触）
户外安装	专用防护套，简单方便	需加装铁壳
海拔高度	4000m	2000m

（6）环保性更好，欧洲环境部门认定 GMKP 废品可作为一般垃圾处理的环保产品。

（7）结构多样化。GMKP 可十分方便地组合成盒式、就地式、户外式等不同形式及结构的电容器（图 9-6），以满足不同的需要。

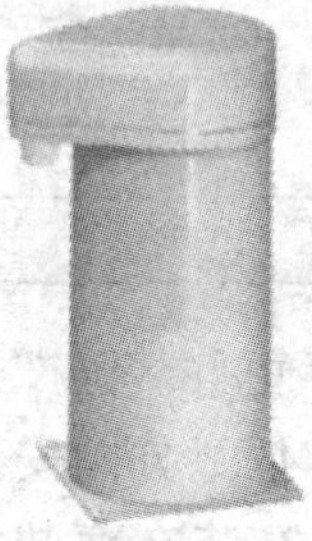

户外式

就地式 1

盒式

就地式 2

图 9-6　不同形式及结构的 GMKP 电容器

（8）与国外同行业对比，GMKP 也有领先的优势。表 9-5 是 GMKP 与国外最著名的几家电容器制造公司产品的比较。

表 9-5　GMKP 与国外同类产品比较

序号	技术指标	知名国外品牌 1	知名国外品牌 2	法兰克 GMKP	备　注
1	额定电压范围/V	220～690	220～1000	100～1000	GMKP 更宽
2	额定频率/Hz	50/60	50/60	50/60	

续表 9-5

序号	技术指标	知名国外品牌1	知名国外品牌2	法兰克 GMKP	备　注
3	耐受冲击电流	无此指标	无此指标	$200I_n$	GMKP 达到 200 倍
4	过压、过流	$1.1U_n$, $1.3I_n$	$1.1U_n$, $1.3I_n$	$1.1U_n$, 1.3 或 $1.5I_n$	GMKP 更高
5	介质损耗 /W·$kvar^{-1}$	≤0.5	≤0.2	≤0.2	GMKP 更小
6	温度等级 /℃	-40 ~ +50	-40 ~ +50	-40 ~ +55	GMKP 更宽
7	外形形状	方　形	方　形	圆柱形	
8	安装方式	只能直立安装	只能直立安装	360°任意位置	GMKP 更方便
9	安装间距	不能紧靠安装（面接触）	不能紧靠安装（面接触）	可紧靠安装（线接触）	GMKP 更方便
10	外壳材料	钢　板	钢　板	铝合壳永不锈	GMKP 更好
11	体积/mm（400V/30kvar 尺寸）	大，470 × 360 × 366	大，436，310，152	仅为其 1/3 左右，仅 $\phi116 \times 270$	GMKP 更小
12	介质材料	金属化膜	金属化膜	德国金属化膜	
13	填充材料	环氧等	环氧等	特殊气体或混合	GMKP 更新
14	元件结构	老式小元件结构	老式小元件结构	新颖大元件结构	GMKP 更新
15	型式	半干式	半干式	真正的干式	GMKP 更新
16	海拔高度/m	≤2000	≤3000	≤3000	GMKP 更高
17	使用寿命	无此指标	无此指标	正常下 10 年左右	GMKP 更长
18	最大单柜容量（1700mm × 500mm × 600mm）	不带电抗：约 500kvar 带电抗：约 300kvar	不带电抗：约 500kvar 带电抗：约 300kvar	不带电抗：1000kvar 带电抗：600kvar	法兰克更大
19	制造标准	IEC60831	IEC60831	IEC60831，VDE0560	德国标准
20	价格比	1	1	90% 左右	法兰克更低

278. 什么是 GMKPb 自动智能无功(抑谐防振)补偿方案及装置?

小型化的充气型环保化自愈式低压电容器的诞生，使得欧洲无功补偿装置的技术与性能得以更新换代。与老一代无功补偿相比，GMKPb 结构为小型化模块化设计，具有更紧凑、更安全可靠、补偿精确、远程遥控、免维护等特点，特别是还具有抑制谐波防止谐振的关键作用，体现了 21 世纪电器产品小型化、无油化、智能化、环保化的发展趋势。

环保节能的观念，欧洲的补偿理念是用户在解决自身无功提高其用电效率的同时，必须保证不会产生诸如谐波放大、谐波倒送、系统振荡等问题，因此滤波型是 GMKPb 无功（抑谐防振）补偿方案是必然选择。

图 9-7　GMKPb 自动智能无功（抑谐防振）补偿装置

GMKPb 自动智能无功（抑谐防振）补偿装置如图 9-7 所示。

279. GMKPb 为什么采用带串联电抗器保护?

欧洲早在十几年前就认识到电网谐波对干扰与损害电网安全及关联用电设备正常运行的危害并制定了强制性法规，基本上只允许安装串联电抗器的无功补偿装置。实践证明，虽然装置增加了一些成本，但是其明显优点如节省无功电流费用，减轻导线、熔断器及变压器的负荷，减少谐波电流与谐波电压，防止电网谐振使整个用电电网与供电电网更安全可靠与高效。

串联滤波电抗器去谐示意图如图 9-8 所示。无功补偿装置串联调谐电抗器，使该回路的谐振频率调谐低于最低次谐波，使其在工频时呈容性，改善功率因数达到 0.95 及以上。在谐振频率呈感性，防止谐振的发生以防止谐波的放大，同时由于电抗率是针对系统主要谐波频率设定的，因而在该次谐波频率时能

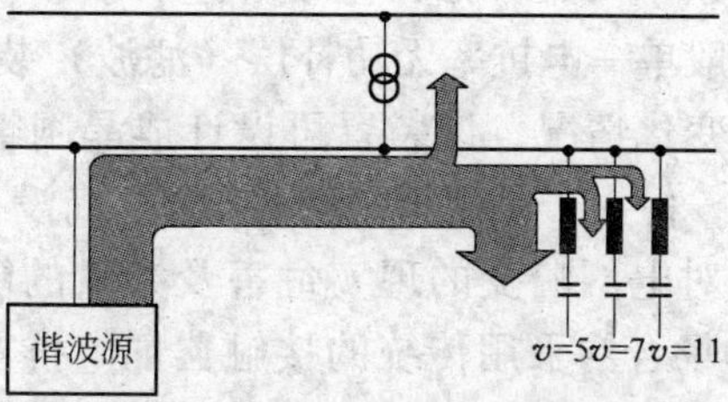

图 9-8　串联滤波电抗器去谐示意图

与电容器产生串联谐波谐振，使装置在该次谐波频率形成非常低的阻抗（趋近于零），让大部分的该谐波电流（约 40% ~ 60%）左右流入本装置，而不流向供电系统。通常电抗率为 5.67%、7%、14% 等，也可以采用不同电抗率组合而成。

根据系统谐波变化情况，还可设计成具有不同电抗率的组合无功补偿（滤波）装置，如 $N_1=3$，$N_2=5$，$N_3=7$…等。这种串联谐振电路的谐振频率同样分别对各次谐波电流有较小的阻抗（图 9-9），因此大部分的该谐波电流流入装置，而不流向供电系统。其投入与切出时必须遵循投入从最低频率回路开始

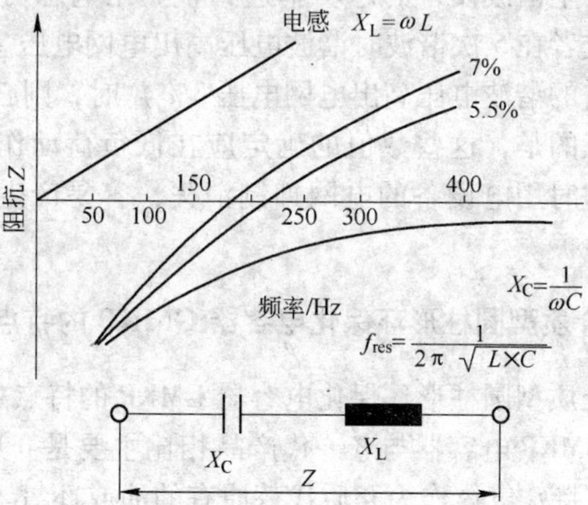

图 9-9　带串联电抗器后的无功补偿（滤波）
装置系统阻抗曲线示意图

而切出从最高频率回路开始！但设计这种装置需详细的系统及谐波数据，一般单一电抗率无功补偿（滤波）装置更为现实。

根据负荷变化情况，该装置可设计成晶闸管（可控硅）快速开关投切式，但由于晶闸管（可控硅）（尚没有真正可靠的过零投切技术）对电网畸变的现实危害及大量的能耗及发热，因此欧洲95%的场合均采用传统的接触器加电抗器的方式而限制使用晶闸管（可控硅）方式，仅在极快速变化负荷如电焊机、吊车等场合使用。

GMKPb 常用串联电抗率为5.67%、7%、14%，其相应谐振频率分别为210Hz、189Hz及134Hz。由于电网中谐波主要是5次与7次谐波，通常7%的电抗配置能解决绝大多数问题，既能防止电网谐振，又能适当吸收电网谐波。但如果系统情况复杂，需要采用不同于7%电抗率，则必须经过实地实时测量后才能确定正确的串联电抗率。如果电网中经常出现的是三次谐波，则必须选择14%～13%的电抗率。

中国多数用户由于成本问题排斥使用带电抗的无功补偿方案，但是有些情况下必须串联电抗器：根据欧洲的经验与规范，如果用户产生谐波设备的总功率达到企业用电总功率的10%～15%时；或者在5次谐波时谐波电压高出电网电压2%（或者总的谐波频谱的谐波电压高出电网电压3%）时，则必须串联电抗器。要注意的是，这些数值的确定应在低负荷动作时段进行考查，因为这时用电设备的电网抑制消失，容易产生推移而导致快速形成谐振。

280. 气体介质型圆柱形环保化电容器 GMKP 的特点是什么？

气体介质型圆柱形环保化电容器 GMKP 的特点是：

（1）GMKP 电容器与老一代产品相比主要是介质上的革命。GMKP 采用特殊气体作为介质代替原有的油或环氧。GMKP 电容器是真正的干式产品。

（2）GMKP 电容器采用大元件结构，故其比特性大大提高，

GMKP 本身重量与体积仅为现有国产产品的 1/3 左右，使用寿命达到 10 年左右，并且是新一代的环保型产品。

（3）由于 GMKP 电容器为圆柱形结构，方便紧凑型安装（图 9-10），可设计成“子弹夹”式大大减少空间；GMKP 本身重量与体积仅为现有国产产品的 1/3 左右，其本身又大大减少柜体重量与体积；相同柜体的补偿容量可增加 2～3 倍。由于老式电容器的油式结构使其只能竖立安装，而 GMKP 的气体介质可在各个角度保证电容器内都不出现绝缘“空洞”而可以任意位置任意角度安装，这些特点使 GMKPb 可灵活设计成模块式、抽屉式。

图 9-10　GMKP 电容器连接串联滤波电抗器

（4）GMKP 电容器是真正的干式产品，具有自愈性能，端子可触摸，外壳不锈，内部双重安全的“五级”安全型设计，特别是其内部双重安全保护装置采用过压力拉断与电流熔断双重保护，确保在任何场合均安全可靠地切除故障电容器，可靠地排除了在极少数极端大电流情况下，电容器内部压力积聚不足以启动保护装置而引起顶盖爆裂。

281. 全自动智能型控制器的特点是什么?

全自动智能型控制器（图9-11）的特点是:

（1）具有全自动、半自动、手动三种模式，可以自动检测并“记住”电流互感器的位置和柜子中各组电容器的容量。

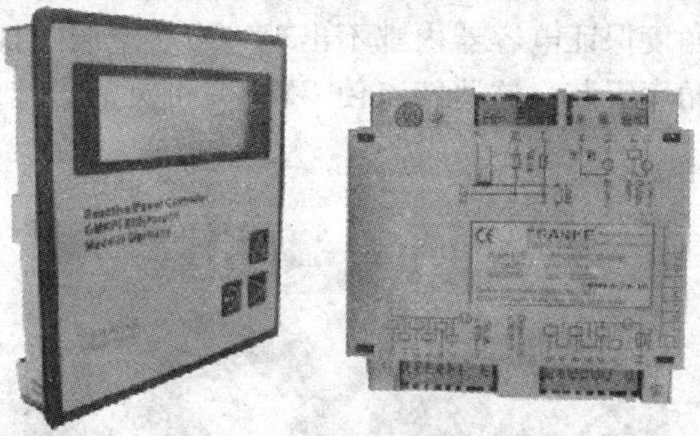

图9-11　全自动智能型控制器

（2）采用最优控制比控制方式，较传统的等值投切方式可减少回路40%～60%，降低成本30%～50%。如100kvar可设定为1∶1∶2∶4模式，即12.5∶12.5∶25∶50 kvar，仅4个回路；传统方式如仍以12.5kvar为最小组，则需8个回路。以250kvar为例，比较如表9-6所示。

表9-6　传统方式和控制比方式的比较

控制方式	组成	回路数	每一回路电容器数	电容器总数	接触器数	电抗器数	控制组合数	组合回路数（如75kvar）
传统方式	25kvar ×10	10	均为25kvar	25kvar 10台	10个	10台	10种	需三个回路
控制比方式	1∶1∶2∶2∶4	5	25，25，50，50，100其中：50=25×2 100=25×4	25kvar 10台	5个	5台	10种	仅两个回路

（3）循环的非线性投切。按 FIFO（先进先出）原则投切时可切：如电容器按 1-2-3-4-5 顺序投入，则也按 1-2-3-4-5 顺序断开，以把负担平均分配给所有的部件，如电容器与接触器。此外，电容器从切断到再次投入前有足够的时间进行放电。同时，循环投切也适用于变动投切程序：如在 1：2：2：2：2：2 控制比中，所有“2”组可循环，“1”组则用于微调；在 1：1：2：2：4 例子中，相同组（1：1 及 2：2）也可实现循环。

（4）优化投切。通过不断测量无功的变化，总是可以投入功率尽可能大的电容器。如 25：25：50：50kvar 柜子中，在无功至少需 50kvar 情况下会立即投入 50kvar 组，而不是通过 25kvar 组来累加，由此减少投切次数，提高器件寿命。

（5）投切时间设定。电容器投切的时间可以预先设定，同时断开后再投入的时间也可以锁定为 20s、60s、180s 及 300s，以保证断开后的电容器残留电压小于工作电压的 10%。

（6）回路投切次数设定。可以查询某一回路、某一时段内的投切次数，并可以预先设定，方便一些特殊控制的需要。

（7）谐波控制功能。可循环显示 3～17 次谐波分量，并可设置谐波报警或切断。3～19 次谐波的份额可以百分比的形式规定 10 个界限值，当至少一种谐波超出设置值达 5 分钟时，则警报或切断动作。

（8）温度保护。测量柜体内环境温度，超过设定值可启动冷却风扇或报警或切除动作，可省去原用的热保护装置。

（9）发电机运行模式。当系统变成电机模式，即在向电网回馈有功的过程中，同样可以测出感性无功并进行充分补偿。

（10）通讯接口功能。具有 RS232 通讯端口，利用电脑可远程查询或修改所有重要的测量值与控制数据，实现远程遥控。

282. 投切接触器及熔断器负荷开关的特点是什么？

投切接触器及熔断器负荷开关的特点是：

（1）一般为带电抗器与非电抗设备用接触器两种，其特点是接触器带有过流及放电两个超前触点（图9-12），可充分吸收投切过程中的浪涌电流及电容器卸载后的残余电荷。投切寿命达到10万次，基本上与其采用的电容器的使用寿命一致即10年左右。

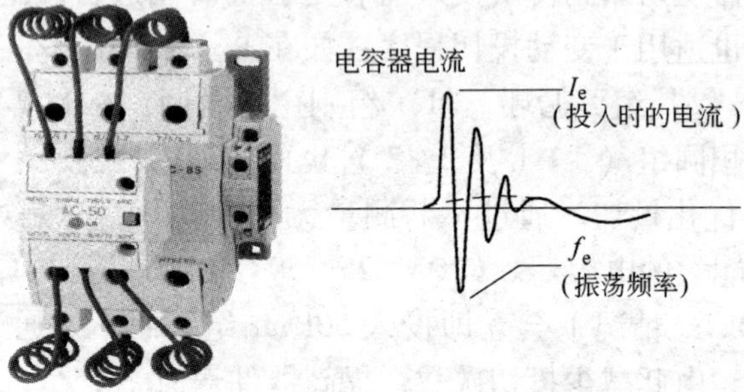

图 9-12　带有过流及放电两个超前触点的投切接触器

（2）熔断器开关（图 9-13）代替塑壳断路器也是无功补偿的发展趋势，GMKPb 不采用塑壳开关而采用熔断器开关保护，它能在仅仅毫秒内就切断短路或故障电流，从而大大缩短所有负载所遭受的冲击时间，降低故障概率，同时，熔断器的分断参数不可改变与调节，因此不会发生配合不当及错误运行（故障必须真正排除后才能正常运行）。它是新一代无功补偿（谐波）选择的开关及保护器件，具有极高的分断能力、极快速的分断时间，采用触点保护及闭锁设计，可配微动开关连接监控系统。

图 9-13　熔断器负荷开关

283. 自动多功能跟踪与控制的特点是什么？

自动多功能跟踪与控制的特点是：

（1）自动智能化地跟踪与调控功率因数，具有人脑化节能优化管理功能。

（2）自动智能化地跟踪谐波的变化，而自动切入谐波电抗器。

（3）自动智能化地跟踪谐振点的偏移情况，提前发出报警信号或切除装置。

（4）自动智能化地跟踪负荷需量的变化，可进行预警或调控设备，从而保证负荷运行。在限定负荷容量之下，在当前电力需求管理方面有相当意义。

（5）自动传送运用数据，可按每 15min、60min 等传送功率因数、开关动作次数、无功节电量、用电事件情况以及基本用电参数等，可支持 ModBus 等多种协议或载波，基站，拨号等多种通讯方式。

284. 模块式/抽屉式结构的特点是什么？

模块式/抽屉式结构是 GMKPb 的重要特征，体积小，同体积单柜容量可比国内目前的结构提高一倍左右，而且生产效率大大提高。

模块化无功（滤波）补偿装置（图 9-14）的特点为：

（1）产品小型化：紧凑型，是传统型式体积的 50% 左右；

（2）通用性更强：可适合多种型式的柜体，配套十分方便；

（3）组装更灵活：只需生产标准型模块，自由按需拼装即可；

（4）扩容更简便：可按需增加（插入）新模块来扩大容量；

（5）母线更简洁：主母线贯穿简洁、安全可靠、连接方便；

（6）维护更方便：只需抽出故障模块检修即可；

（7）进线更灵活：下进线或上进线均可，还可装主开关；

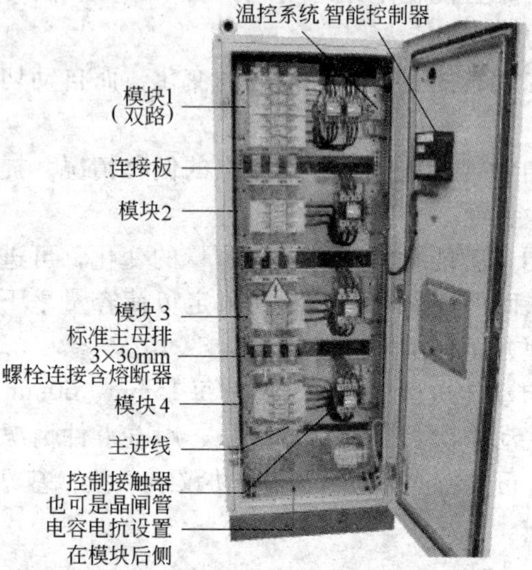

图 9-14　250kvar(50kvar×5)7%电抗器，
模块化（滤波）补偿装置示意图

(8) 防护更高级：所有内部器件全部达到可触摸连接；

(9) 功能更强大：三相共补、分补、混合补偿均可实现单一无功补偿及补偿滤波，均可实现非等比优化循环补偿方式。

模块组装（滤波）补偿装置的部件包括：

(1) FRANKE 模块组件及智能控制器；

(2) 选定适合尺寸的柜壳含内部横梁及安装板；

(3) 总进线负荷开关（如需要）；

(4) 风扇系统（含温度控制继电器）；

(5) 母排连接排及控制端子排；

(6) 指示灯、按钮、电流互感器、电压/电流表（选用）。

285. 小型化模块是如何组装的？（见图 9-15、图 9-16）

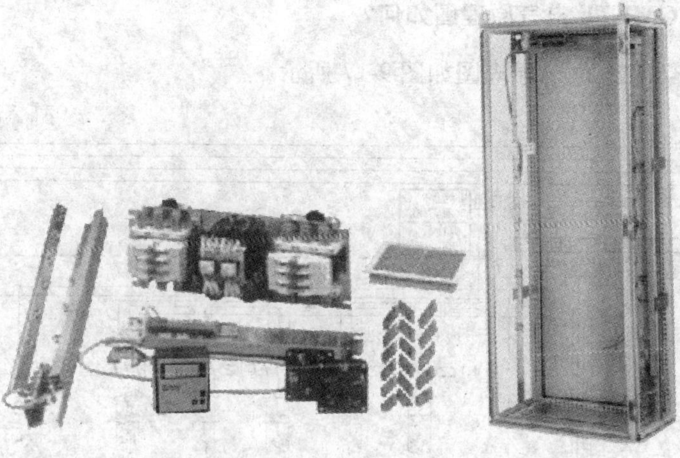

图 9-15　小型化模块式抽屉式结构组件

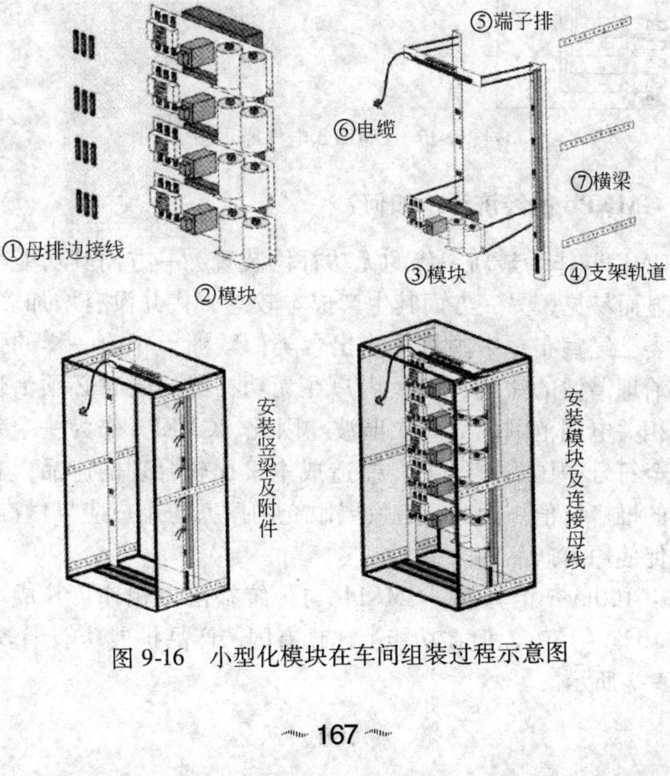

图 9-16　小型化模块在车间组装过程示意图

286. GMKPb 电气原理图如何？

GMKPb 电气原理图如图 9-17 所示。

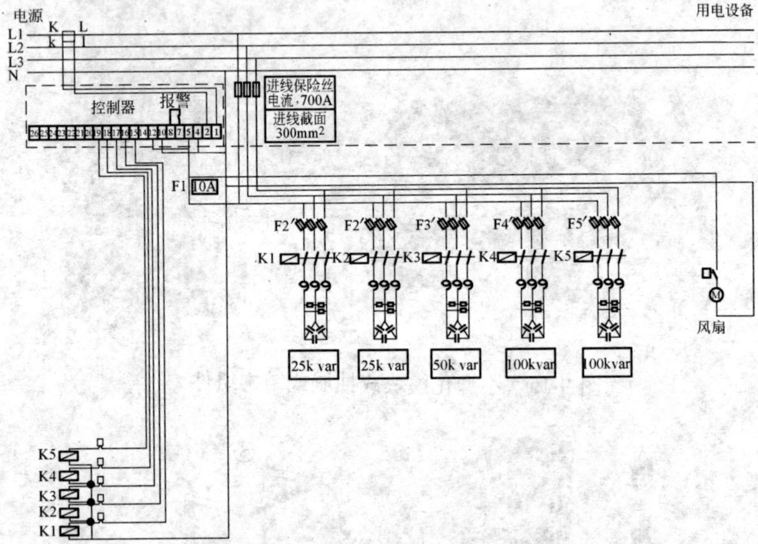

图 9-17 GMKPb 电气原理图

287. GMKPb 的经济评价如何？

GMKPb 作为最新一代的无功补偿装置，一方面其功能与优越性显而易见，另一方面其生产成本较老一代并没有增加多少。经贸委已经宣布：中国将逐步出台类似欧洲十年前一样的强制性的治理谐波的法规，广大用户在无功补偿的同时必须治理自身及相关电网范围内的高次谐波。因此，GMKPb 作为一个效果上完全符合中国发展需要，制造成本又比较合理的产品，有着重要的推广价值。因此，有发展眼光的厂家与用户应早做准备，尽快促使原有产品的改型。

以 100kvar 柜为例，GMKPb 与传统补偿柜相比，其成本仅高出 10% ~15%，但在功能上比现有国产产品扩展功能十多项，如表 9-7 所示。

表 9-7　GMKPb 与传统补偿柜的比较

序号	项　目	国产传统式			GMKPb 控制比式		
		规格型号	数量	金额比/%	规格型号	数量	金额比/%
1	刀熔开关	QSA630	1	7.3	×		
2	操作手柄		1	0.3	×		
3	熔　芯	NTOO	3	0.58	×		
4	电波互感器	BH-0.66100/5	3	1	×		
5	电流表	CM72-A100/5	1	0.2	×		
6	功率因数表	6LZ-COS	1	0.5	×		
7	控制器	ZKW-Ⅲ	1	3.2	德国原装（6 路）	1	11.5
8	热继电器	T45	5	0.4	×		
9	电容器	0.4-3-12.5	8	7.3	GMKP0.4-3-12.5	2	2.8
					0.4-3-25	3	8
	小　计		8	7.3	小计	5	10.8
10	接触器	B60C	8	9.6	德国原装 UA16-30-10R UA30-30-10R UA63-30-00R	2 1 1	3.4 2.6 3.8
	小　计		8	9.6	小　计	4	9.8
11	转换开关	LW5-15	2	1	×		
12	避雷器	FSZ-0.22	3	0.5	×		
13	轴流风机	E25	1	0.5	德国原装（含过滤罩）		5.6
14	按　钮	LA18-22X	1	0.04	×		
15	指示灯	AD11-25	5	0.2	×		
16	熔断器	RL8-63	15	0.96	德国原装 SLP00-160 SLP00-100	1 2	1.4 2.1

续表 9-7

序号	项 目	国产传统式			GMKPb 控制比式		
		规格型号	数量	金额比/%	规格型号	数量	金额比/%
17	铜排			4.2			4.3
18	辅助材料			4.2			7.3
19	小 计			34			38
20	箱 体			23.5	德国型式		26.5
21	合计成本			100			110~115
说明					厂家还可以在柜体制造上压缩成本		
谐波谐振（报警）		×			√		
循环投切		×（部分有）			√		
优先投切		×			√		
谐波分断		×			√		
温度保护（报警）		×			√		
投切次数控制		×			√		
回路控制		×			√		
非线性投切		×			√		
通讯遥控		×			√		
小型化体积		×			√		
功能扩展		×			√		
设置方式		自动、手动两种			自动、半自动、手动三种		

附：电容器回路选择及优越性对比

类 别	电容器组容量/kvar	电容器分组容量/kvar	回路数/个	最小调节容量/kvar	投切组合（种类）	投入最大组次数
控制比式	100	12.5，12.5，25，50	4	12.5	8	1
现有模式		10kvar×10 或 12.5kvar×8	10 或 8	12.5	8	4

续附表

类别	电容器组容量/kvar	电容器分组容量/kvar	回路数/个	最小调节容量/kvar	投切组合（种类）	投入最大组次数
控制比式	150	12.5，12.5，25，50，50	5	12.5	10	1
现有模式		15kvar×10	10	15	10	4
控制比式	200	25，25，50，100	4	25	8	1
现有模式		25kvar×8 或 20kvar×10	10 或 8	25	8	4
控制比式	250	25，25，50，50，100	5	25	10	1
现有模式		25kvar×10	10	25	10	4
控制比式	300	25，25，50，100，100	5	25	10	1
现有模式		30kvar×10	10	30	10	4
控制比式	400	25，25，50，100，100，100	6	25	16	1
现有模式		不可能等比排列（>12 路）				

288. 什么是 GMKPbst 智能型动态无功（滤波）补偿装置？

GMKPbst 智能型动态无功功率补偿装置（图 9-18）是用于提高电网功率因数、实现负载无功功率实时检测、补偿容量实时计算、投切逻辑快速判断、实时输出投切信号、动态控制负载的一种快速无功补偿装置，是先进可靠的无功功率补偿技术产品。低压晶闸管投切电容器组用来支援间歇性负载的电压降，在改善功率因数的同时，也达到电压变动率要求的标准。

图 9-18　GMKPbst 智能型动态
无功（滤波）补偿装置

289. GMKPbst智能型动态无功（滤波）补偿装置的适用范围和主要作用是什么？

起重机、轧机等快速变化的负载，电容器补偿是由晶闸管控制，而非电磁接触器，因此在达到快速反应的同时，也不会造成电器设备损坏、噪声及暂态现象。

GMKPbst 智能型动态无功（滤波）补偿装置的主要作用有：

（1）提高电网功率因数，达到 0.95 以上，且不返送无功；

（2）提高电网传输能力；

（3）减少线路损失；

（4）改善配电网的三相不平衡性；

（5）提高设备利用率、减少机械损耗；

（6）稳定电压，减少电压波动，提高产品质量。

290. GMKPbst 智能型动态无功（滤波）补偿装置的工作原理是什么？

GMKPbst 智能型动态无功功率补偿装置，采用微处理器为智能控制模块对电网无功进行自动跟踪监测；以无功功率为控制物理量，对电容投切执行元件进行全自动动态控制；运用无触点过零投切技术，根据负载无功功率的变化，实现快速、无涌流投切补偿电容，达到动态补偿负载无功功率、显著提高负载功率因数（最高可达0.99）。响应及时迅速，补偿效果好，工作可靠，杜绝了危害电网的过补偿现象，并具有过压、过流的硬件保护。其工作原理如图9-19所示。

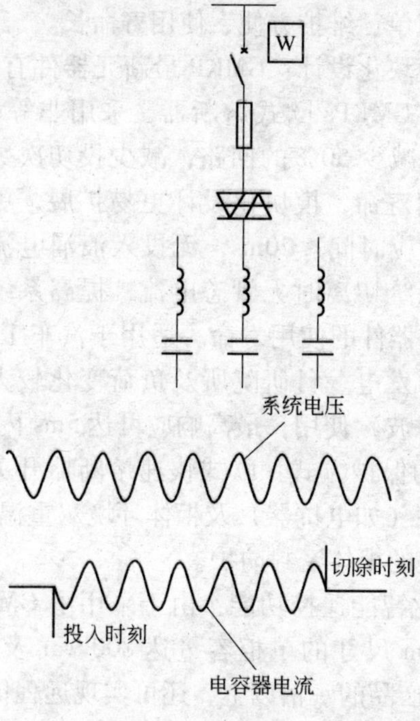

图9-19　GMKPbst智能型动态无功（滤波）补偿装置工作原理

291. GMKPbst智能型动态无功（滤波）补偿装置的技术特点是什么？

GMKPbst智能型动态无功（滤波）补偿装置的技术特点有：

（1）控制技术先进：运用微处理器实现对负载无功补偿的智能化控制，实时性强、抗干扰能力强。

（2）可靠性高：具有过压、欠压、过流、过热、防雷击等多种保护，运行稳定可靠。

（3）无涌流：由晶闸管模块、触发电路等构成的无触点过零投切开关，实现了无涌流投切。

（4）响应速度快：可实现频繁快速投切，动态响应时间可达20ms。

（5）安装简单、维护方便、使用寿命长。

（6）最优模块化设计：GMKP最新元器件有GMKP电容器、GMKPr电抗器、GMKPs欧式熔断器。采用非等比模块化设计，比老式等比设计减少50%的回路，减少投切次数，减少器件成本延长器件使用寿命，模块化设计更易扩展，更易安装；真正的实时补偿，反应时间≤20ms，无投入浪涌电流，可靠保护电容器及系统，系统切离时无管态电流，提高系统的安全性，延长电容器及相应器件的使用寿命。适用于汽车工业、港机工业、电炉工业、风力发电、科研院所及负荷变化较大的场所。适合加装电抗器（滤波）使用，最高响应可达5ms内。

（7）独特的保护方式：欧式快速熔断器开关保护，更安全可靠。具有器件（如电抗器）及柜体环境双重温度保护及谐波、谐振保护。优良的柜体密封防护。

（8）小型化智能遥控功能：由于采用了GMKP，1700mm×1200mm×600mm尺寸的单柜容量达800kvar及350kvar（带电抗），是传统老产品的一倍以上，还可实现远程传输及遥控。

主要技术参数为：

电压等级：230～690V（其他也可）；

环境条件：－25～＋55℃，≤2000m；

进线方式：上进线或下进线；

通讯方式：RS485/232；

开关方式：主开关或分路开关式；

容量范围：柱上式50～100kvar，墙上式50～100kvar，柜体式100～1000kvar；

容差范围：－5%～＋10% Cn；

短路保护：NH型熔断器开关；

电容器：GMKP圆柱形；

电抗器：GMKPr干式铁芯式；

温控保护：－20～＋100℃范围；

滤波型：电抗率不同配置，5次、7次上谐波6%、7%，3次、11次谐波14%、13%，11次、13次谐波5.67%，或其他电抗率；

外形尺寸：也可按用户要求生产。

292. GMKPbst智能型动态无功（滤波）补偿装置的主要功能是什么？

GMKPbst智能型动态无功（滤波）补偿装置的主要功能有：

（1）数字式当前功率因数、电压、电流等显示；

（2）数字式目标功率因数、电容容量、投切编码、电容投切路数、投切时间等设定；

（3）过压、过流、断相、投切路数、感性、容性指示；

（4）断电记忆、人机对话、手动/自动切换、电压上升率限制、投切电容辅助放电等功能；

（5）设有工频过电压保护；

（6）设有瞬态过电压保护；

（7）设有缺相保护；

（8）设有短路保护；

（9）动态响应时间20ms；

（10）电容器投入过程无涌流冲击，无操作过电压，电容器切除过程无电弧重燃；

（11）具有手动和自动投切功能；

（12）可频繁快速投切，可平衡及分相补偿；

（13）可使电网功率因数提高到 0.99，且不会产生无功倒送；

（14）减少冲击性和波动性负荷处的电压波动，抑制电压突变，提高电压稳定性；

（15）控制方式采用编码或循环式投切；

（16）长期工作。

293. 什么是GMKPbr（TR）晶闸管（可控硅）快速开关滤波补偿装置，它的配置如何？

投切式主要适用于含有谐波的场合中（通常在谐波含量在30%左右的系统中）。在这种系统中，单纯电容无功补偿会造成早期损坏而不能很好使用。一是由于并联电容器组对谐波有放大作用，系统电压及电流的畸变更加严重。二是由于谐波电流叠加在电容器的基波电流上，可使电容器的电流有效值增大，造成温度升高，减少寿命或损坏。三是难以跟踪快速变化的负荷，容易造成过补或欠补，导致电压波动。

无功补偿装置串联调谐电抗器（图 9-20），使该回路的谐振

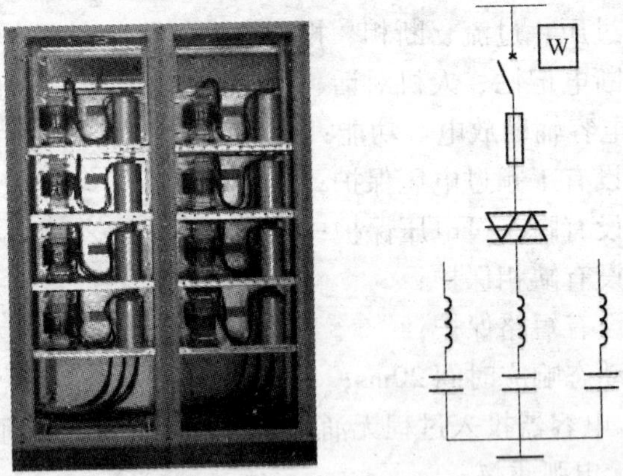

图 9-20　GMKPbr（TR）晶闸管（可控硅）快速开关滤波补偿装置及其工作原理

频率调谐低于最低次谐波，使其在工频时呈容性，改善功率因数达到0.95及以上。在谐振频率呈感性，防止谐振的发生以防止谐波的放大，同时由于电抗率是针对系统主要谐波频率设定的，因而在该次谐波频率时能与电容器产生串联谐波谐振，使装置在该次谐波频率形成非常低的阻抗（趋近于零），让大部分的该谐波电流（约40%～60%）左右流入装置，而不流向供电系统。通常电抗率为7%、5.67%、14%等，也可以采用不同电抗率组合而成。

294. GMKPbr（TR）晶闸管（可控硅）快速开关滤波补偿装置的配置如何？（见表9-8）

表9-8 GMKPbr（TR）晶闸管（可控硅）快速开关滤波补偿装置的配置

分组共12个回路，分组比为1∶1∶2∶2…；　型号GMKPb（T）440-1000/7		
无功补偿容量1000kvar，分组为： （1）50×2+100×9共11个回路； （2）电容器单元采用25kvar 440V共40台	采用7%（189Hz）滤波电抗器，分组为： （1）50×2+100×9共11个回路； （2）电抗器单元采用50kvar 2台及100kvar 9台共11台	采用欧式熔断器分路保护，分组为： （1）50×2+100×9共11个回路； （2）熔断器单元采用配50kvar 2个及配100kvar 9个共11台
采用法兰克最新核心元器件组合 （1）GMKP圆柱形小型化电容器； （2）GMKPr高性能滤波电抗器	采用欧式汇流排母线系统； 采用智能自动通风冷却系统； 欧式高品质柜体系统，参考尺寸1500mm×2000mm×800mm； 执行国际标准IEC60831或欧洲标准EN60439	

295. GMKPbr（TR）晶闸管（可控硅）快速开关滤波补偿装置有什么功能？（见表9-9）

表 9-9 GMKPbr（TR）晶闸管（可控硅）快速开关滤波补偿装置的功能

功 能	多功能控制功能	多功能保护功能
多功能显示功能 —系统电压显示 —系统电流显示 —系统有功显示 —系统无功显示 —系统功率因数显示 —系统滤波畸变率显示 —系统投入回路无功显示 —系统温度显示	—无功自动设定 —自动 CT 控制功能 —自动柜体冷却控制功能 —自动优化循环投切功能 —非等比优化回路功能 —功率因数自动补偿为 0.7 ~ 0.99 —手动、自动选择功能 —湿度报警控制功能 —滤波报警控制功能	—过电压保护 —过电流保护 —湿度超限保护 —滤波超限保护 —欠补偿保护 —过补偿保护 —电容器过压过流双重保护 —电抗器芯子湿度保护
智能化扩展功能（可选）	—通讯接口功能 —需求电量控制	

296. GMKPb“非等比”补偿（滤波）装置大型电耗企业运用效果如何？

日本 NOK（无锡）橡胶有限公司是无锡新区的大型用电企业，其负荷在 2 万 kW 左右，其电力系统成本比例甚大。该企业功率因数低负荷时在 0.78 左右，高负荷时仅在 0.5 左右，每年无功罚款及电能损耗在数百万元左右，同时电网中存在 3 次、5 次、7 次谐波，其中 3 次、5 次、7 次均达到 25% 以上，系统运行风险较大。

经诊断及与厂方确定，方案如下：

（1）对其 200V 及 400V 配电的三个变压器系统，采用最新“非等比”补偿（滤波）方案。

（2）功率因数目标设定值在 0.92 ~ 0.98 之间，提高 55% ~ 30%。

（3）节电效能预期在 15% 左右，变罚款为奖励。

（4）投资回收预期在 6 ~ 12 个月左右。

（5）在该厂所有低压配电系统进行就地设置。

（6）装置采用动态自动跟踪补偿（滤波）方式。

（7）谐波吸引率预期在 30% ~50% 左右，目标值降低 1% 以下（国标为 5%）。

（8）同时调控负荷峰值，以电炉为主，目标为降低 10% 左右的峰值功率，节约用电费用 10% 左右，同时降低系统冲击峰值，还可为缓解工业区的高峰缺电做贡献。

运用现场见图 9-21。

图 9-21　三个变压器系统的三套 GMKPb“非等比”补偿（滤波）装置

实施效果如下：

（1）功率因数提高到0.92～0.98之间。

（2）谐波畸变率降至1%以下。

（3）系统高峰功率降低10%，见负荷曲线（图9-22）。

（4）节电率分别为25%、11%及18%，年节约电费974592元（不含无功奖励）。

（5）项目设备投资成本回收期仅在6个月内。

（6）同时实现了用电及监控的自动化管理。

（7）装置在2008年3月经再次测试运行良好。

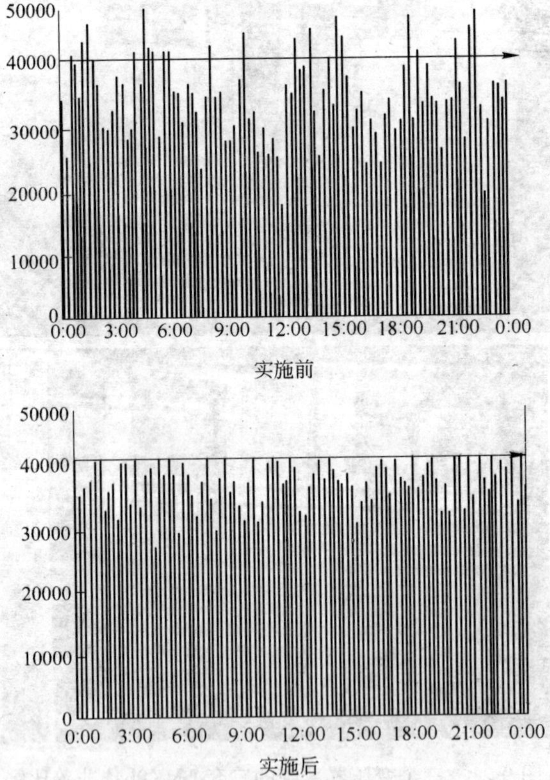

图9-22　负荷曲线

此外，该装置（方案）在各行业均已取得良好的运行业绩。

297. GMKPb“非等比”补偿（滤波）装置还有哪些成功运用？

在其他多行业的成功运用包括上海亚洲第一大桥——东海大桥、上海松下冷机工程、上海最大商业广场——兴利达广场、中央电视 8 台、奥运水立方游泳馆、首都新机场、上海宝钢、上海交大等，特别是上海交大在研制及实施上海无功补偿中，均采用了 GMKP，这些项目均降低了无功（10% ~50% 左右），提高了负荷率（10% ~30% 左右），抑制了谐波（30% ~50% 左右），节约了电能（10% ~30% 左右）。

10 高压电容器及其无功补偿装置

10.1 高压 GMKP 电容器及其使用

298. 什么是高压 GMKP 电容器？

GMKP 电容器是用于频率 50Hz 或 60Hz 交流电力系统的并联电容器（以下简称电容器），是目前无功补偿应用最广泛的核心产品，该种电容器主要用来提高电网功率因数，降低线损，改善电压质量，节约电费，提高变压器效率，充分发挥发电、供电设备的效率。

电容器有 GMKPBFM 型、GMKPBFF 型、GMKPBAM 型等系列，如图 10-1 所示。

图 10-1　GMKP 电容器

常用电容器为 GMKPBFM 型（全膜二芳基乙烷），其型号意义如下：

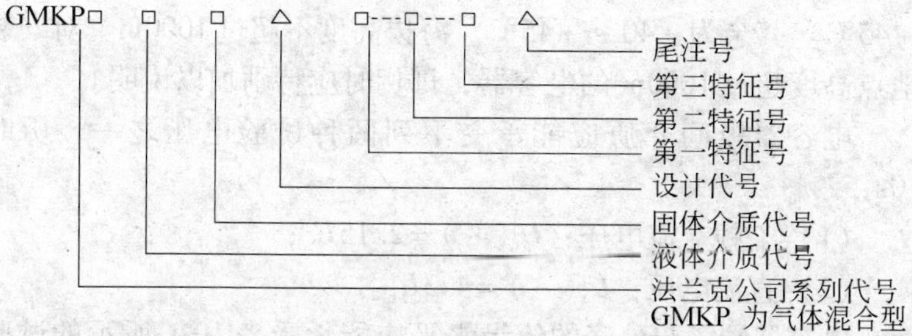

例如：（1）GMKP/BFM6.3-50-1，6.3kV，50kvar，单相，浸二芳基乙烷，全膜。

（2）GMKP/BFMr11-100-3W，11kV，100kvar，三相，浸二芳基乙烷，全膜。

（3）GMKP/BAMr11/$\sqrt{3}$-200-1WH，11/$\sqrt{3}$kV，200kvar，单相，横放型，浸苄基甲苯，全膜。

系列代号 B：表示并联电容器。

液体介质代号 F：表示二芳基乙烷，A：表示苄基甲苯（适用寒冷低温地区）。

固体介质代号 F：表示膜纸复合介质，M：表示全膜介质。

设计代号 R：表示放电电阻，r：表示内熔丝。

第一特征代号（额定电压）6.3：表示额定电压 6.3kV，11：表示额定电压 11kV。

第二特征代号（额定容量）50：表示额定容量 50kvar，100：表示额定容量 100kvar。

第三特征代号（相数）1：表示单相，3：表示三相。

尾注号 W：表示户外式（不表示户内式），H：表示横放。

GMKP 为法兰克公司气体混合型系列代号。

299. 高压 GMKP 电容器的主要性能指标有哪些？

电容器安装运行地区环境温度范围为 −40 ~ +45℃（或

50℃），其中 GMKPBFF 型、GMKPBFM 型电容器为 -25 ~ +45℃。其余为 -40 ~ +45℃。海拔高度不超过1000m。对安装地点高度超过 1000m 的电容器，订货时应特别加以说明。

电容器极间介质应能承受下列两种试验电压之一，历时 10s：

（1）工频交流电压：$U_t(\sim)=2.15U_n$；

（2）直流电压：$U_t(-)=4.3U_n$。

电容器端子与外壳的绝缘水平应能承受表 10-1 所示的试验电压。

表 10-1　电容器端子与外壳的绝缘水平应能承受的试验电压

绝缘等级/kV	电容器额定电压/kV	绝缘水平/kV		
		工频试验电压，1min		雷电冲击试验电压
		干式	湿式	1.2 ~ 1.5/50μs，峰值
3	3.15	25	18	40
6	$6.6/\sqrt{3}$，6.3	30	23	60
10	10.5，11，$11/\sqrt{3}$	42	30	75
20	19，20	65	50	125

电容器具有表 10-2 所示的工频稳态电压能力。

表 10-2　电容器具有的工频稳态电压能力

工频过电压	最大持续时间	说　明
$1.10U_n$	长　期	指长期工作电压的最高值应不超过 $1.10U_n$
$1.15U_n$	每 24 小时中 30min	系统电压调整与波动
$1.20U_n$	5min	轻负荷时电压升高
$1.30U_n$	1min	轻负荷时电压升高

表 10-2 中的 $1.2U_n$、$1.3U_n$ 及其对应的运行时间在电容器的寿命期间总共应不超过 200 次，其中若干次过电压可能是在电容器内部温度低于 0℃，但在下限温度内发生的。为了延长电容

器的使用寿命，电容器应经常维修在额定电压下运行。

电容器能承受第一个峰值不超过 $2.2U_n$ 持续 1/2 周期的过电压。

电容器允许在由于电压升高及高次谐波造成的有效值为 $1.3I_n$ 的稳定过电流下运行，对于电容具有最大正偏差的电容器，这个过电流允许达到 $1.43I_n$。

电容器的实测电容值与额定值之差不超过额定的 -5% ~ +10%，三相电容器中任何两线路端子间测得的最大与最小电容值之比值应不大于 1.06。

电容器在工频额定电压下，温度为 20℃ 时的损耗正切值（$\tan\delta$）为：

膜纸复合介质电容器：$\tan\delta \leqslant 0.0008$ 或 0.0005

全膜介质电容器：$\tan\delta \leqslant 0.0005$ 或 0.0002

注：内部装有放电电阻或熔丝的电容器，其损耗角正切值允许增加 0.0001。

内部装有放电电阻的电容器，与电源断开后，能在 10min 内由额定电压的峰值降到 75V 以下。若要在 5min 内额定电压的峰值降到 50V 以下，则应在定货时特别加以说明。

电容器导电杆能承受的扭矩见表 10-3。

表 10-3　电容器导电杆能承受的扭矩

导电杆螺纹	螺母扳手的扭矩/N·m	
	最大值	最小值
M12	15	7.5
M16	30	15.0

300. 高压 GMKP 电容器的结构特征有哪些？

电容器由箱壳和芯子组成，如图 10-2 所示。箱壳用薄钢板密封焊接制成，箱壳盖上焊有出线瓷套，箱壁两侧焊有供安装用的吊攀，一侧吊攀装有接地螺栓。

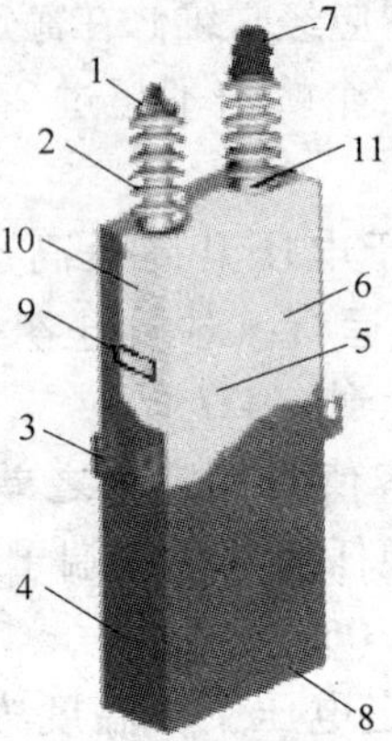

图 10-2 电容器结构

1—接线端子：采用欧式双向紧线夹结构；2—支撑瓷套：采用高防污高爬距；3—安装固定：采用欧式双孔结构；4—外壳：采用钢板或不锈钢及 PAL 7301 外观处理；5—内部元件：采用全薄膜结构；6—绝缘介质：采用特殊保护气体混合油新技术；7—防鸟罩：采用加强性聚酯材料；8—箱壳底部：采用加强型设计；9—产品铭牌：按 EC 标准参数标志；10—元件工艺：采用极板凸出及折边工艺；11—瓷套连接：采用无铅焊接或一体式压接工艺

电容器芯子由若干元件和绝缘件组合而成。元件由作为极板的铝箔中间夹膜纸复合介质或全膜介质经卷绕而成。芯子中的元件按一定的串并联方式连接，以满足不同电压的容量的要求。

内熔丝电容器内部每个元件均串有一根熔丝，当某个元件击穿时，与其并联的完好元件即对其放电，使熔丝在毫秒级的时间内迅速熔断，将故障元件切除，从而使电容器能继续运行。内部安全保护如图 10-3 所示。

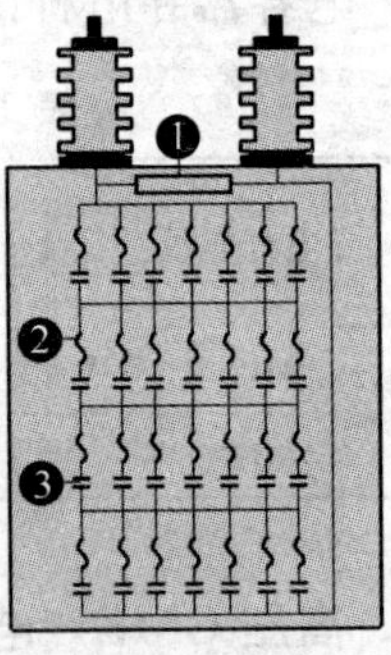

图 10-3 电容器的内部安全保护

1—放电电阻；2—熔丝；3—电容单元

6kV、10kV 三相电容器内部为星形接线，每相均有放电电阻。

内熔丝技术特点：直接开断已经损坏的电容器元件在电容器内部产生气体少，减少过压力影响；即使开断个别元件后电容器仍可继续运行；维护与更换电容器也十分简单。同时还可以：增加电容器单台的无功容量；减少电容器装置电容器单元的数量；减少电容器装置单位平均尺寸；减少电容器装置单位平均成本。

301. 高压 GMKP 电容器有哪些独特优点？

高压 GMKP 电容器的独特优点为：

（1）特殊气体混合于绝缘油。法兰克的最大特点是将特殊气体混合于绝缘油，提高了绝缘介质的电气性能，通过气体“挤占”微量水分，具有更好的局部放电性能，加快了油介质的运动更利于散热，通过气体注入更改善了油介质注油或由温度引起的油介质可能不满现象，从而大大提高了产品性能。

（2）铝箔折边，压接方式。由于元件边缘电场影响，电容器铝箔边缘绝缘易发生电蚀而早期损坏，折边工艺可使局部放电性能提高约20%（图 10-4）。

传统焊接方式连接电阻（损耗）大，对薄膜有损伤，元件压接可更好降低极板间连接的电阻，同样提高瞬时过电流能力，

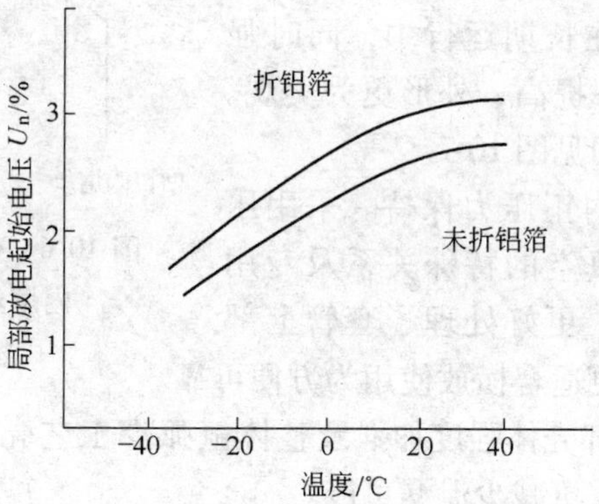

图 10-4　局部放电与介质温度的关系对比

尤其增加了大容量电容器的可靠性。

（3）元件极板凸出设计。极板凸出设计可更好消除极板电阻性损耗（图 10-5），提高瞬时过电流能力，尤其增加了大容量电容器的可靠性。

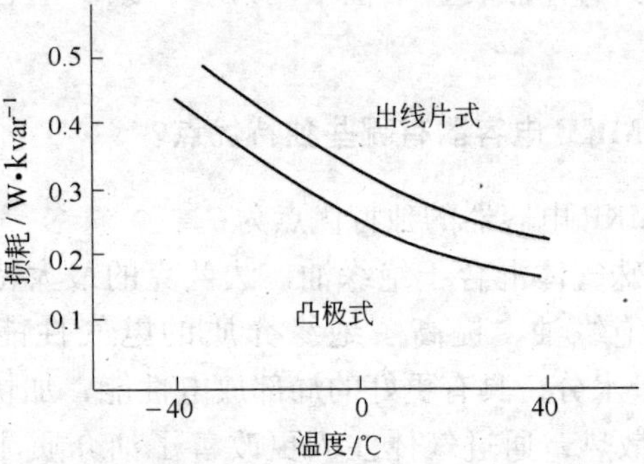

图 10-5　损耗与温度的对比

（4）独特带凹口引导“应断点”内熔丝技术。带凹口内熔丝设计引导应断点（图 10-6），安秒特性更好，保护更可靠。

（5）一体式压接绝缘套管。一体式压接绝缘瓷套使泄漏率大大降低，特别是在长期运行中，同时强度又得以很好提高，外形更为美观。其结构剖析图见图 10-7。

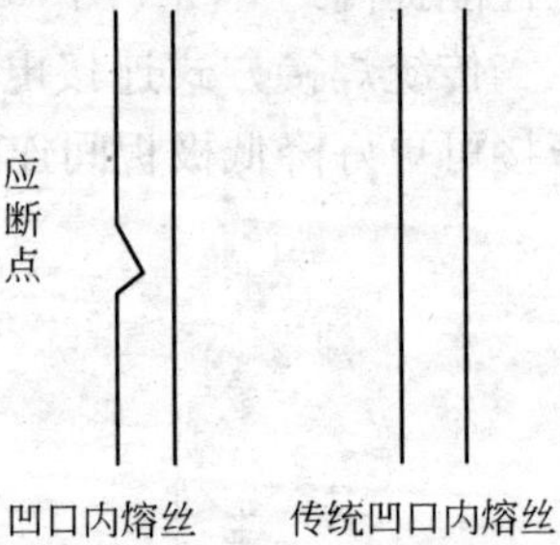

图 10-6　带应断点的内熔丝设计

（6）壳内正压力保持。采用压力，注油与真空的特殊关系及专用设备的保证，更好处理了套管上部油可能不足更适合横放使用为方便可靠。

（7）底部壳体强度加强及整体氩弧焊工艺壳体及底部更坚固耐磨耐腐，更减少泄漏可能。

（8）紧线卡压式接线夹。紧线卡压式接线夹是十分有用的

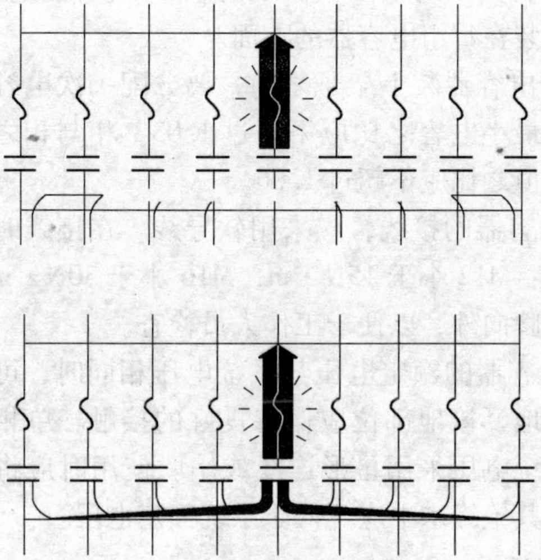

图 10-7　一体式压接绝缘套管结构

随机配件，使连接更为方便可靠，降低连接点电流及发热。

（9）三相单相，双瓷套单瓷套选择。

302. 高压 GMKP 电容器应如何安装调试？

高压 GMKP 电容器的安装调试如下：

（1）用户在安装电容器之前，应先对电容器进行外观检查，检查铭牌与所订电容器规格是否相符，箱壳、瓷套、出线导杆等是否有损伤及渗漏油。

（2）电容器安装运行地区空气温度应与其温度类别相适应。

（3）电容器安装场所应无剧烈的机械振动，无有害气体及蒸汽，无导电性或爆炸性尘埃。

（4）电容器可安装在铁架上，分层布置不宜超过三层，每层不应超过两排。为保持通风良好，电容器间距不应小于 100mm，户外产品不应小于 300mm，装置顶部至层顶净距不应小于 1000mm。

（5）不得安装妨碍空气流通的水平层间隔板，冷却空气的出风口应安装在每组电容器的上面。

（6）当电容器装上架子之前，要分配一次电容，使各串联段的最大与最小电容之比应不超过 1.03，相与相之间电容的最大值与最小值之比应不超过 1.06。

（7）电容器的接线，应采用软导线。在接线时，导电杆上承受的扭矩：M12 小于 15N·m，M16 小于 30N·m，电容器的布置应使铭牌向外，以便于工作人员检查。

（8）电容器的额定电压与系统电压相同时，可以将电容器外壳直接接地，接地部位应保持良好的接触。单相电容器电压等级低于系统电压采用星形连线或串联使用时应将电容器外壳对地绝缘，其绝缘水平应不低于系统额定电压。

（9）当单相电容器的额定电压为 $6.6/\sqrt{3}$kV 和 $11/\sqrt{3}$kV 采用星形用于 6kV 和 10kV 系统时，允许电容器外壳直接接地使用。

（10）除上述还应考虑以下几点：

1）当电容器直接与感应电动机并联时，为防止电动机从电源断开时发生自激，引起电容器上的电压升高至大于额定值，必须使电容器的额定电流小于等于电动机空载电流的 90%。

2）当电容器安装地点的系统谐波分量超过规程规定时，应考虑加装串联电抗器。

（11）无论是三角形连接或星形连接的三相电容器，在任意两个线路端子测得的电容用 C_1、C_2 和 C_3 来表示，如能满足第（6）条所规定的对称性要求，则电容器的容量 Q 可由下列公式算出：

$$Q = 2/3(C_1 + C_2 + C_3)WU_n^2 \times 10^{-3}$$

式中，C_1，C_2 和 C_3 均以 μF 计；U_n 以 kV 计；Q 以 kvar 计。

（12）电容器投运前应进行验收试验，此项试验的目的检验电容器在运输中有否受到损伤，以确保投运的电容器是良好的。试验按 GB/T11024.1—2001《标称电压 1kV 以上交流电力系统用并联电容器》或SD205《高压并联电容器技术条件》标准进行，推荐进行下列项目的试验。

1）测量电容。

2）耐压试验，试验电压应为出厂试验值的75%或更低。

3）复测电容。

测量电容可用数字式电容表，当用电流电压法测量电容，应使用精度较高的电流表和电压表，以免影响读数精度。

（13）试验中若有疑问，应及时与制造厂联系。

303. 高压GMKP电容器应如何使用维护？

高压GMKP电容器的使用维护如下：

（1）电容器的额定电压应不低于接入的系统的最高运行电压，并且还要考虑接入电容器后所引起的电压升高。为降低谐波及其他影响而接入串联电抗器时电容端子上的电压将高于系统运行电压，此时有必要选用额定电压较高的电容器。

（2）轻载荷时电容器端子上的电压升高较多，在这种情况下应切除部分或全部电容器。

（3）电容器的允许最高工频电压和相应时间见表10-2。

（4）当投入电容器特别是投入与已通电的其他电容器相并联运行时，有可能产生高频和高幅值的过渡过电流。为了将这些过渡过电流降低到电容器和有关设备所能承受的程度，可在电容器组的电源电路中串入电抗器。

（5）除轻载荷下不长于5min的电压升高（见表10-2）外，不应使电容器在超过所允许的过电流下运行。如果电容器电流超过了规定，而电压仍在表10-2允许限度之内，则应测出主要的谐波以便采取最佳的对策。下面的处理办法对降低电流有作用：

1）将一些或所有的电容器移装到系统别的部位；

2）在电容器的电源电路中接入串联电抗器，将电路的谐振频率降低到低于主要的干扰谐波频率之下；

3）增加连接在整流器近旁的电容器的电容值。

（6）用于投切电容器组的高压断路器的额定电流应不小于1.5倍电容器组额定电流，且应选用无重击穿的高压断路器，对于要求切除短路故障的高压断路器，其额定开断电流应大于装置安装地点系统的短路电流。

（7）电容器组应采取适当保护措施，保护方式有内熔丝保护和外部熔断器保护、继电保护等。内部熔丝和外部熔断器保护为电容器内部故障的第一道保护，继电保护为第二道保护。继电保护有：开口三角电压保护、电压差动保护和桥式电流差动保护、中性点不平衡电压或中性线不平衡电流保护等。

（8）当选用外熔断器作电容器保护时，熔断器的额定电流应按熔丝的特性和接通时的涌流来选定，一般选电容器额定电流的1.5倍为宜。

（9）易于受到高的雷电过电压的电容器，应选用合适的避雷器进行大气过电压保护，避雷器应尽量靠近电容器放置。避雷器应能承担电容器的、尤其是大电容器组的放电电流。

（10）当接入电容器组的母线电压超出表10-2中规定的长期工作电压最高值时，禁止将电容器投入。

（11）电容器的电介质的温度降低到温度类别的下限以下时，电介质中有发生局部放电的危险。当电容器在断开电源一段时间以后其内部的电介质的温度可能降低到温度类别的下限温度以下时，应避免进行电容器的投入操作。

（12）当环境温度超过电容器温度类别的上限值时，应采用人工冷却（安装风扇）或将电容器组退出运行。

（13）安装地点温度的检查和电容器外壳上最热点的温度的检查可以通过水银温度计等进行，并且须做好温度记录（特别是夏季）。

（14）对运行的电容器的外观检查建议每天都要进行，如发现箱壳鼓肚变形应停止使用，以免发生事故。

（15）电容器套管表面不应积满灰尘和其他脏东西，以免发生污闪事故。

(16) 电容器组中所有电气连接（通气的汇流排、熔断器、放电线圈、断路器、接地线等）必须紧固可靠，任何接触或连接不良，都可能发生电弧引起高频振荡，使电容器过热和过电流。因此，建议定期检查电容器设备的所有的接触点和连接点。

(17) 电容器在运行过程中，一旦出现报警、跳开关等情况，应查明原因，在未查明原因前，不得重新合上开关。

(18) 电容器组每次从电网断开后，其放电应该自动进行，为了保护电容器组，自动放电装置应与电容器直接并联（中间无断路器、闸刀开关和熔断器等）。具有非专用放电装置的电容器组（例如：对于高压电容器用的电压互感器），以及与电动机直接连接的电容器组，可以不另装放电装置。

(19) 在接触自电网断开的电容器的导电部分前，即使电容器已经自动放电，还必须用绝缘的接地金属棒，短接电容器的出线端，进行单独放电。

304. 高压 GMKP 电容器在修理和运输贮存方面有哪些注意事项?

高压 GMKP 电容器在修理方面的注意事项有：

(1) 在运行或运输过程中如发现电容器外壳渗油，可用锡铅焊料和烙铁修补。

(2) 瓷套管焊缝处渗油，可用锡铅焊料修补，但应注意烙铁温度不能过热，以免银层脱焊。

(3) 电容器发生对地绝缘损坏，电容器及损耗角正切值增大，开路等故障，需在有专用修理设备的工厂中才能修理。

高压 GMKP 电容器在运输贮存方面的注意事项有：

(1) 电容器必须装在能防雨水的塑料袋内，然后再装入包装木箱内。在搬运木箱时，严禁将木箱倒置及在地上翻滚。

(2) 在搬运电容器时，严禁搬拿电容器套管，以免损伤套管的焊接部位，造成渗漏油。

(3) 在保存期间，电容器应直立放置，套管向上。

305. 高压 GMKP 电容器的安装容量如何确定？

已知负荷功率为 P，补偿前的功率因数为 $\cos\varphi_1$，需提高功率因数到 $\cos\varphi_2$，所需电容器的容量 Q(kvar)可按下式计算：

$$Q = P\left(\sqrt{1/\cos^2\varphi_1 - 1} - \sqrt{1/\cos^2\varphi_1 - 1}\right)$$

也可以按照 $\cos\varphi_1$ 及 $\cos\varphi_2$ 的值由表 10-4 直接查出每 1kW 负荷所需补偿用电容器的千乏数，再以此值乘负荷功率 P 即得。

例：$\cos\varphi_1 = 0.6$，$\cos\varphi_2 = 0.9$ 按表 10-4 查得千乏负荷所需补偿用电容器容量为 0.85kvar，如负荷功率 P = 100kvar，则所需补偿用电容器的总容量为 100 × 0.85 = 85kvar。

表 10-4　电容器容量速查表

补偿前 $\cos\varphi_1$	为得到所需 $\cos\varphi_2$ 每 1kW 负荷所需电容器千乏数												
	0.70	0.75	0.80	0.82	0.84	0.86	0.88	0.90	0.92	0.94	0.96	0.98	1.00
0.30	2.16	2.30	2.42	2.48	2.53	2.59	2.65	2.70	2.76	2.82	2.89	2.98	3.18
0.35	1.66	1.80	1.93	1.98	2.03	2.08	2.14	2.19	2.25	2.31	2.38	2.48	2.68
0.40	1.27	1.41	1.54	1.60	1.65	1.70	1.76	1.81	1.87	1.93	2.00	2.09	2.29
0.45	0.97	1.11	1.24	1.29	1.34	1.40	1.45	1.50	1.56	1.62	1.69	1.78	1.99
0.50	0.71	0.85	0.98	1.04	1.09	1.14	1.20	1.25	1.31	1.37	1.44	1.53	1.73
0.52	0.62	0.76	0.89	0.95	1.00	1.05	1.11	1.16	1.22	1.28	1.35	1.44	1.64
0.54	0.54	0.68	0.81	0.86	0.92	0.97	1.02	1.08	1.14	1.20	1.27	1.36	1.56
0.56	0.46	0.60	0.73	0.78	0.84	0.89	0.94	1.00	1.05	1.12	1.19	1.28	1.48
0.58	0.39	0.52	0.66	0.71	0.76	0.81	0.87	0.92	0.98	1.04	1.11	1.20	1.41
0.60	0.31	0.45	0.58	0.64	0.69	0.74	0.80	0.85	0.91	0.97	1.04	1.13	1.33
0.62	0.25	0.39	0.52	0.57	0.62	0.67	0.73	0.78	0.84	0.90	0.97	1.06	1.27
0.64	0.18	0.32	0.45	0.51	0.56	0.61	0.67	0.72	0.78	0.84	0.91	1.00	1.20
0.66	0.12	0.26	0.39	0.45	0.49	0.55	0.60	0.66	0.71	0.78	0.85	0.94	1.14
0.68	0.06	0.20	0.33	0.38	0.43	0.49	0.54	0.60	0.65	0.72	0.79	0.88	1.08
0.70		0.14	0.27	0.33	0.38	0.43	0.49	0.54	0.60	0.66	0.73	0.82	1.02

续表 10-4

补偿前	为得到所需 $\cos\varphi_2$ 每 1kW 负荷所需电容器千乏数												
$\cos\varphi_1$	0.70	0.75	0.80	0.82	0.84	0.86	0.88	0.90	0.92	0.94	0.96	0.98	1.00
0.72		0.08	0.22	0.27	0.32	0.37	0.43	0.48	0.54	0.60	0.67	0.76	0.97
0.74		0.03	0.16	0.21	0.26	0.32	0.37	0.43	0.48	0.55	0.62	0.71	0.91
0.76			0.11	0.16	0.21	0.26	0.32	0.37	0.43	0.50	0.56	0.65	0.86
0.78			0.05	0.11	0.16	0.21	0.27	0.32	0.38	0.44	0.51	0.60	0.80
0.80				0.05	0.10	0.16	0.21	0.27	0.33	0.39	0.46	0.55	0.75
0.82					0.05	1.10	0.16	0.22	0.27	0.33	0.40	0.49	0.70
0.84						0.05	0.11	0.16	0.22	0.28	0.35	0.44	0.65
0.86							0.06	0.11	0.17	0.23	0.30	0.36	0.59
0.88								0.06	0.11	0.17	0.25	0.33	0.54
0.90									0.06	0.12	0.19	0.28	0.48
0.92										0.06	0.13	0.22	0.43
0.94											0.07	0.16	0.36

10.2 高压无功补偿装置

306. 高压无功补偿装置的设计中采用了哪些标准及规范？

GB2900.1—1982	电工名词术语　基本名词术语
Q/JR. J02.02—1998	干式自愈式高电压并联电容器组
IEC71-1—1993	高压输变电设备的绝缘配合
IEC871-1—1987	高电压并联电容器
IEC871-2—1987	额定电压 660V 以上交流电力系统用并联电容器第二部分：耐久性试验
GB/T11022—1999	高压开关设备和控制设备标准的共用技术条件
GB156—1993	标准电压
GB762—1980	电气设备额定电流

GB2681—1981	电工成套装置中的导线颜色
GB7947—1987	绝缘导体和裸露导体的颜色标志
GB/T402—1992	电气设备接线端子和特定导线线端的识别及应用字母数字系统的通则
GB4208—1984	外壳防护等级的分类
GB3047—1992	面板、架和柜的基本尺寸
GB5585—1985	电工用铜、铝及其合金母线
DL/T404—1997	户内交流高压开关柜订货技术条件
JB/Z146—1979	电工产品涂漆工艺
JB8—82	产品标牌
JB3084	电力传动控制站的产品包装与运输规程
IEC60694（2001）	高压开关设备和控制设备标准的共同技术要求

307. 高压无功补偿装置的用途及使用环境条件有哪些?

高压并联电容器无功补偿成套装置（以下简称装置）主要用于6kV、10kV、35kV等工频电力系统进行无功补偿，提高功率因数，改善电压质量，降低线路损耗，充分发挥发电、供电设备的效率。

安装运行地点海拔高度不超过1000m的装置，在订货时应加以说明。

安装运行地点环境温度：对于采用BFF型电容器的装置，不超过-25～+45℃，其余不超过-40～+45℃。

装置的安装地平应与垂直面倾斜度不超过5°；安装运行地点应无剧烈的机械振动、无有害气体和蒸汽、无导电性和爆炸性尘埃。

装置允许电容值偏差：整组电容器组实测总容量与各电容器额定值总和之差不超过+10%～0。各相电容偏差不超过5%。

允许过负荷能力：电容器能在1.1倍额定电压下长期运行。

电容器能在有效值为1.3倍额定电流下运行。但这种过电流是由于高次谐波引起的，对于电容值具有最大正偏差的电容器这种过电流允许达到额定电流的1.43倍。

装置的保护：装置采用熔断器和继电保护的合理配合进行电容器内部故障保护，并设过电压、过电流、失压等作为装置外部保护。装置选用无重击穿的高压断路器来投切电容器组，并配置合适的氧化锌避雷器，以限制投切电容器组时产生的操作过电压。

装置的性能符合水电部《并联电容器装置设计技术规程》SDJ25—85和国家标准《并联电容器装置设计规程》GB50227 95的各项规定。

308. 高压无功补偿装置的结构如何？

（1）装置由高压开关柜（包括高压断路器、隔离开关、电流互感器、继电保护、测量和指示部分等）、串联电抗器、氧化锌避雷器及其记录仪、放电线圈、隔离开关、接地刀闸、高压并联电容器及其专用熔断器、支柱绝缘子、连接母线、围栏和镀锌钢构架等组成。装置采用双星型连接，则还包括中性点不平衡电流（电压）保护用电流（电压）互感器。

（2）串联电抗器串接在电容器组回路中，用于抑制高次谐波，限制合闸涌流。

用于抑制5次及以上谐波时，电抗器可按 $X_L/X_C=4.5\%\sim6\%$ 配置。

用于抑制3次及以上谐波时，电抗器可按 $X_L/X_C=12\%\sim13\%$ 配置。

仅用于限制涌流时，电抗器可按 $X_L/X_C=0.5\%\sim1\%$ 配置。

（3）氧化锌避雷器并接在电容器组线路上，以限制投切电容器组所引起的操作过电压。

（4）放电线圈并接于电容器的两端，当电容器组断开电源时，能将电容器两端剩余电压在 5 ~ 30s 内自电压峰值降至 0.1 倍额定电压或 50V 以下。

（5）高压熔断器与电容器串联，当电容器内部 50% ~ 70% 串联元件击穿时，熔断器动作，将该台故障电容器迅速从电容器组切除，有效地防止故障扩大。

（6）根据装置所配置的设备（电容器、电抗器）的布置可分为片架式、柜式、围栏式、模块式和集合式等形式：

1）片架式。结构即以片架（包括直梁、横梁和横档等）为计量单位的零部件，通过螺栓等系列标准件连接而成电容器组构架，其四周为网门。装置具有价格低、运输方便等特点。6kV 和 12kV 等电压等级的装置适宜采用该结构形式。

2）柜式。结构即将所配置的元器件均装在类似高压开关柜的构架上，柜门用钢板或镀锌钢板制成。装置由电抗器柜、放电柜和电容器柜等三部分组成。装置具有外观整齐，安装方便等特点。6kV 和 10kV 等电压等级，容量在 300kvar ~ 3000kvar 的装置适宜采用该结构形式。

3）围栏式。结构即将可拆式网门护栏在电容器组和电抗器等设备的四周，围栏和设备间留有检修通道。35kV 等电压等级的装置适合采用该结构形式。

4）模块式。结构即将设备安装在用型材制成的单元模块上，安装时只需层层或行行拼接即可。该结构又分立式电容器安装和卧式电容器安装两种形式，且单元电容器宜采用内熔丝电容器。具有外形整齐、安装方便等特点。6kV 和 10kV 等电压等级的适宜采用该结构形式。

5）集合式。结构即由密集型电容器等设备组成的电容器组，具有占地面积小、安装维护方便等特点。

（7）10kV 及以下电压等级的装置，允许电容器外壳直接接地使用。当采用星形接线时，中性点不接地。35kV 及以上电压等级的装置，电容器安装在相应电压等级的绝缘平台上，以满足装置对地绝缘要求。

309. 高压无功补偿装置应如何安装?

高压无功补偿装置的安装:

(1) 并联电容器装置安装前, 先打开包装箱检查各零部件及有关随机文件是否齐全。

(2) 每层绝缘子应按高度配置整齐。

(3) 安装应按一次原理图及装配图进行。

(4) 电容器安装严禁攀拉其套管, 电容器在安装前应进行电容量的分配, 使各串联段的最大与最小电容值之比不超过1.02, 相与相之间的最大与最小电容值之比不超过1.02。

(5) 连接电容器的母线必须采用软导线, 电容器布置应铭牌向外, 以便检查。

310. 高压无功补偿装置应如何运行维护?

高压无功补偿装置的运行维护:

(1) 新装设的或停止使用时间较长的并联电容器装置, 在使用前必须进行耐压测试, 实验前后应检测电容量, 若电容量有明显变化, 则不能投入使用, 待查明原因处理后方可投入。

(2) 装置投入前, 应用兆欧表测量放电回路是否良好。

(3) 装置投入前, 应将接地刀闸打开, 隔离开关闭合。

(4) 装置投入时, 应每天巡视检查, 若发现电容器箱壳明显膨胀、外熔丝熔断或其他异常现象, 应停止使用, 待查明原因处理后方可投入。

(5) 装置自断电后, 电容器组虽通过放电回路放电, 但当检修人员接触时必须先将接地刀闸合上后接地, 挂上专用接地线, 方可接触、维护保养。

(6) 电容器组自回路断开后, 一分钟内不得重新投入 (自动切除外)。

(7) 新装的装置在投入前应做好各部分的清洁工作, 运行一段时间后装置也应定期清楚污垢。

311. 高压无功补偿装置的连锁有哪些？

高压无功补偿装置的连锁说明：

（1）隔离开关与断路器：

1）隔离开关合上才能合断路器；

2）断路器打开后，才能分合隔离开关。

（2）断路器与进线柜门：

1）断路器分开柜门才能开；

2）断路器合上进线柜门不能打开。

（3）电容柜门与其他接触器：

1）关上电容柜前后门。真空接触器才能分合；

2）真空接触器分开后，电容柜门才能打开，如用应急钥匙打开柜门，则真空接触器跳闸。

（4）保护跳闸。当电容器发生故障，则跳馈线柜断路器

10.3 高压智能型自功补偿装置

312. 高压无功补偿装置的设计和制造时遵循哪些标准？

智能型高压并联补偿装置（以下简称装置），广泛适用于电力系统和工矿企业的6～10kV等工频电力系统。以提高功率因数，改善电压质量，降低线路损耗，比普通并联电容器装置更能充分发挥有效作用，同时确保装置自身和相连电网的安全可靠运行。

设计和制造标准：

GB2900.1—1982	电工名词术语　基本名词术语
Q/JR.J02.02—1998	干式自愈式高电压并联电容器组
IEC71-1—1993	高压输变电设备的绝缘配合
IEC871-1—1987	高电压并联电容器
IEC871-2—1987	额定电压660V以上交流电力系统用并联电容器第二部分:耐久性试验

GB/T11022—1999	高压开关设备和控制设备标准的共用技术条件
GB156—1993	标准电压
GB762—1980	电气设备额定电流
GB2681—1981	电工成套装置中的导线颜色
GB7947—1987	绝缘导体和裸露导体的颜色标志
GB/T402—1992	电气设备接线端子和特定导线线端的识别及应用字母数字系统的通则
GB4208—1984	外壳防护等级的分类
GB3047—1992	面板、架和柜的基本尺寸
GB5585—1985	电工用铜、铝及其合金母线
DL/T404—1997	户内交流高压开关柜订货技术条件
JB/Z146—1979	电工产品涂漆工艺
JB8—82	产品标牌
JB3084	电力传动控制站的产品包装与运输规程
IEC60694（2001）	高压开关设备和控制设备标准的共同技术要求

313. 高压无功补偿装置的使用环境条件是什么？

（1）海拔高度不超过 1000m。对安装运行地点的海拔高度超过 1000m 的装置，在订货时应特别加以说明。

（2）安装运行地点的环境温度：对于采用 GMKP BFM（GMKP BAM）型电容器的装置，不超过 -25 ~ +45℃，其余不超过 -25 ~ +45℃。

（3）周围介质无爆炸及易燃危险物，无足以损坏绝缘及腐蚀金属的气体，无导电尘埃。

（4）安装地点无剧烈振动及颠簸。

（5）户内安装。

装置允许电容值偏差：整组电容器组实测总容量与各电容器

额定容量之和的差不超过 +10% ~0，各相电容偏差不超过 5%。

运行条件：

（1）装置在不超过 $1.1U_n$ 状态下运行。

（2）装置在不超过 $1.3I_n$ 状态下运行。

装置的性能符合电力部《高压并联电容器装置订货技术条件》DL/T604—1996 和国家标准《并联电容器装置设计规范》GB50227—95 的各项规定。

314. 高压无功补偿装置的型号及其意义是什么？

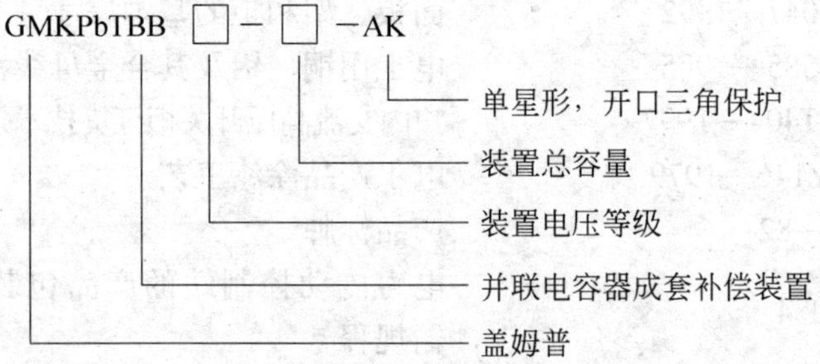

315. 高压无功补偿装置的一次原理图如何？（见图 10-8）

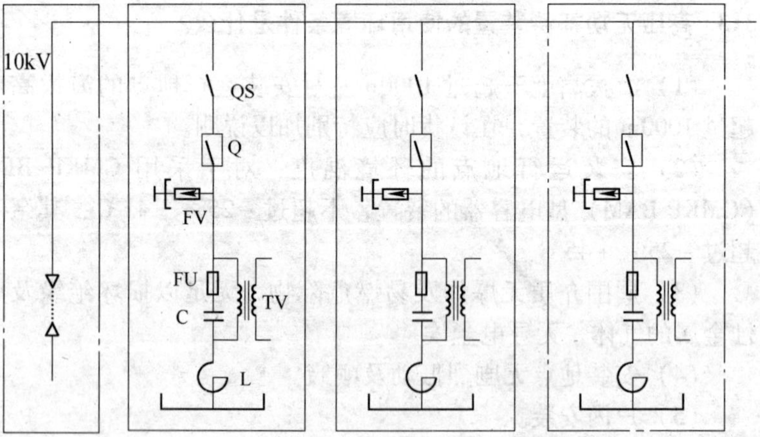

图 10-8　高压无功补偿装置一次原理图

316. 高压无功补偿装置的产品结构如何?

高压无功补偿装置的产品结构为:

(1)高压无功补偿装置为全封闭型柜式结构，由进线柜及电容器柜组成。进线柜包括与用户一二次电缆进线接口及高压无功补偿智能控制器组成。电容器柜包括高压真空接触器(Q)、高压氧化锌避雷器(F_V)、高压并联电容器(C)及其专用熔断器(FU)、放电线圈(TV)、电抗器(L)等构成。

(2)高压氧化锌避雷器并接在电容器组线路上，以限制投切电容器组所引起的操作过电压。

(3)高压熔断器与电容器串联，当电容器出现短路故障时，熔断器动作，同时将该组故障电容器迅速切除，有效地防止故障扩大。

(4)放电线圈并接于电容器及熔断器两端，当电容器组断开电源时，能将电容器两端剩余电压在5秒内自电压峰值降至0.1倍额定电压或50V以下。

(5)串联电抗器串接在电容器回路中，用于抑制高次谐波，限制合闸涌流。

1)用于抑制5次、7次以上谐波时，电抗器可按$X_L/X_C=4.5\%\sim6\%$配置。

2)用于抑制3次以上谐波时，电抗器可按$X_L/X_C=12\%\sim13\%$配置。

3)仅用于限制合闸涌流时，电抗器可按$X_L/X_C=0.1\%\sim1\%$配置。

(6)真空接触器用于投切电容器组。

(7)高压无功补偿智能控制器见其使用说明书。

(8)电容器柜模块化，方便增容。

317. 高压无功补偿装置的布置图如何?

电容控制柜立面由控制器及二次保护组成。电容柜剖面主要由电容器、电抗器、真空开关、放电 P 组成。

电容器内部布置示意图如图 10-9 ~ 图 10-13 所示。

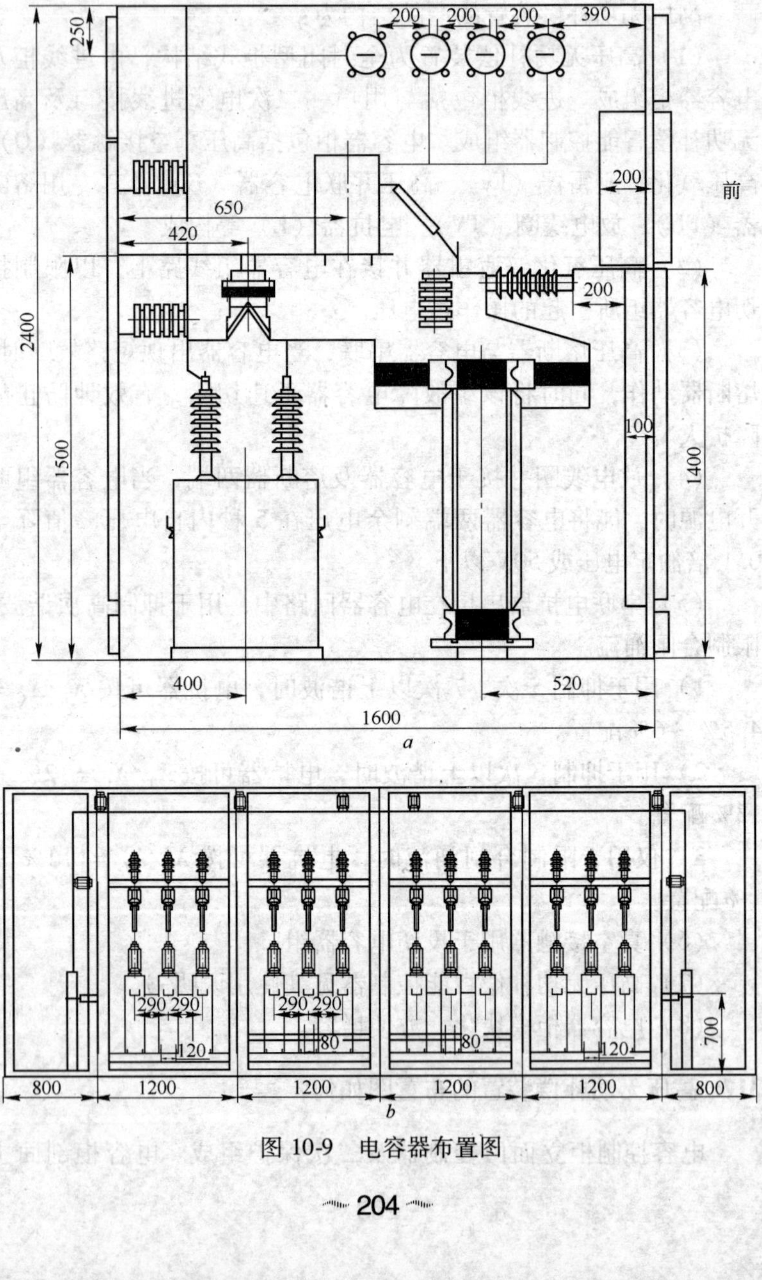

图 10-9　电容器布置图

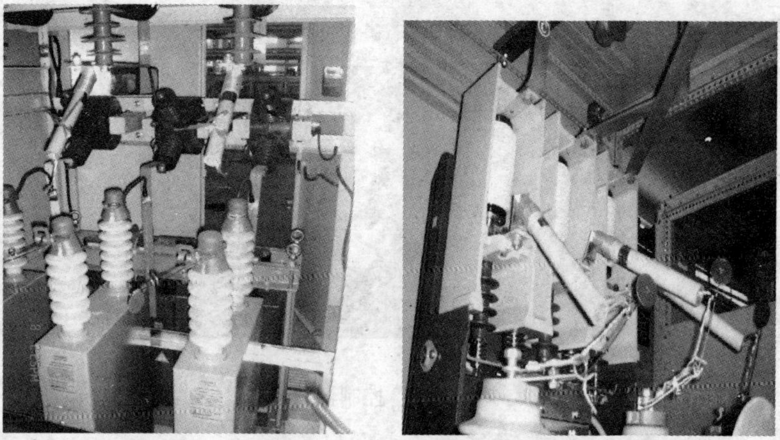

图 10-10　电容器与高压熔断器及真空接触器连接

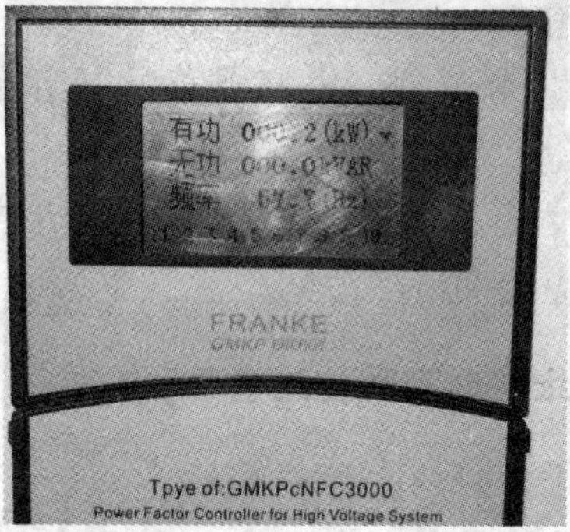

图 10-11　多功能智能控制器

图 10-12　电抗器与高压干式放电线圈连接

318. 高压无功补偿装置在安装时有哪些注意事项？

高压无功补偿装置在安装时的注意事项为：

（1）安装前，先打开包装箱检查各部件及有关随机文件是

图 10-13　控制器设置

否齐全。

（2）安装应按一次原理图及装配图进行，垂直安装地面预埋基础上，倾斜度不大于5°。

（3）电容器安装严禁攀拉其套管。

（4）连接电容器的母线须采用软导线，电容器布置应铭牌向外，以便检查。

（5）新装的电容器装置在投入运行前应做好各部分的清洁工作，运行一段时间后，装置也应定期清除污垢。

319. 高压无功补偿装置在运行及维护时有哪些注意事项？

高压无功补偿装置在运行及维护时的注意事项为：

（1）新装设的或停止使用时间较长的装置，在使用前必须进行耐压试验，试验前后应检测电容量；若电容量发生明显变化，则不能投入使用，待查明原因处理后方可投入。

（2）装置投运前，应用兆欧表测量放电回路是否良好。

（3）装置投入时，应每天巡视检查，若发现电容器箱壳明显鼓胀、渗油等异常，应停止使用，待查明原因处理后方可投入。

（4）装置自断电后，电容器虽通过放电回路放电，但在检修人员接触前，必须先挂上专用接地线，并短接每台电容器的两个桩头，方可接触、维护保养。

（5）电容器组自回路断开后，三分钟内不得重新投入。

（6）新装的装置在投入前应做好清洁工作，运行一段时间后装置也应定期清除污垢。

11 谐波治理及滤波补偿装置

11.1 电力谐波危害及治理

320. 谐波有哪些来源?

工业经济的飞速发展使非线性设备的广泛应用，大量的谐波电流被注入电网，严重影响了电能质量，威胁电网的安全运行，同时增加了电能损耗，降低了经济效益。

电网谐波主要来源于3个方面：（1）发电源质量不高产生的谐波；（2）输配电系统产生的谐波；（3）用电设备产生的谐波。其中用电设备产生的谐波最多。

发电机由于三相绕组在制作上很难做到绝对对称，铁芯也很难做到绝对均匀一致，发电源或多或少会产生一些谐波，但一般来说很少。输配电系统中主要是电力变压器产生谐波由于变压器铁芯的饱和，磁化曲线的非线性，加上设计变压器时考虑经济性，其工作磁密选择在磁化曲线的饱和段上，这样就使得磁化电流呈尖顶波因而含有奇次谐波。它的大小与磁路的结构形式、铁芯的饱和程度有关，铁芯的饱和程度越高变压器工作点偏离线性越远，谐波电流也就越大，其中3次谐波电流可达额定电流的50%。在用电设备中，晶闸管整流设备、变频装置、电弧炉、电石炉、气体放电类电光源、家用电器等都能产生谐波。

321. 谐波有哪些危害?

谐波的危害包括：

（1）影响线路的稳定运行：

1）影响线路的稳定运行。供配电系统中的电力线路与电力变压器一般采用电磁式继电器、感应式继电器或晶体管继电器来检测保护的，使得在故障情况下线路与设备能安全运行。但由于电磁式继电器与感应式继电器在谐波影响下会误动作，因而不能全面有效地起保护作用。晶体管继电器虽然有许多优点，但由于采用了整流取样电路，也容易受谐波影响，产生误动或拒动。这样，谐波将严重威胁供配点系统的稳定与安全运行。

2）影响电网的质量。电力系统中的谐波能使电网的电压与电流波形发生畸变。如低压配电系统中的中性线，由于荧光灯、调光灯、计算机等负载，会产生大量的奇次谐波，其中3次谐波的含量较多，可高达40%；三相配电线路中，相线上的3的整数倍谐波在中性线上会叠加，使中性线的电流值可能超过相线上的电流。另外，相同频率的谐波电压与谐波电流要生产同次谐波的有功功率与无功功率，从而降低电网电压，浪费电网的容量。

（2）对电力设备的危害：

1）对电力变压器的危害。谐波使变压器的铜耗增大，其中包括电阻损耗、导体的涡流损耗与导体外部因漏磁通引起的杂散损耗都要增加。谐波还能使变压器的铁耗增大，这主要表现在铁芯中的磁滞损耗增加，谐波使电压的波形畸变越大，则磁滞损耗越大。同时，由于以上两方面的损耗增加，因此要减少变压器的实际使用容量。除此之外，谐波还会导致变压器的噪声增大，甚至发出金属声。

2）对电力电缆的危害。由于谐波次数的高频率上升，再加上电缆导体截面积越大集肤效应越明显，从而导致导体的交流电阻增加，使得电缆允许通过的电流减小。另外，电缆的电阻、线路的感抗与系统的串联提高功率因数用的电容器及线路的容抗与系统并联，一定数值的电感与电容可能发生谐振。

3）对电力电容器的危害。当电网存在谐波时，投入电容后其端电压增大，通过电容器的电流就增大，使得电容损耗功率增大。对于膜纸复合介质电容器，虽然允许有谐波时的损耗功率为无谐波时损耗功率的3.18倍，对于全膜电容器允许有谐波时的损耗功率为无谐波时的1.43倍，但如果谐波含量较高，超出电容允许的条件，就会使电容器过电流和过负荷，因而异常发热，在电场和温度的作用下绝缘介质会迅速老化，尤其是电容器投入在电压已经畸变的电网中时还可能使电网的谐波加剧，即产生谐波扩大现象。另外，谐波的存在往往使电压呈现尖顶波形，尖顶电压波易在介质中诱发局部放电，且由于电压变化率大，局部放电强度大，对绝缘介质更能起到加速老化的作用，从而缩短电容器的使用寿命。一般来说，电压每升高10%，电容的寿命就要缩短1/2左右。再者，在谐波严重的情况下，还会使电容器鼓肚、击穿或爆炸。

（3）对用电设备的危害：

1）对电动机的危害。谐波对异步电动机的影响，主要是增加电动机的附加损耗，降低效率，严重时使电动机过热。尤其是负序谐波在电动机中产生负序旋转磁场，形成与电动机旋转方向相反的转矩，起制动作用，从而减少电动机的出力。另外，当电动机中的谐波电流的频率接近某个零件的固有频率时还会使电动机产生机械振动，发出很大的噪声。

2）对低压开关的危害。对于配电用的断路器来说，全电磁型的短路器易受谐波电流的影响使铁耗的增大而发热，同时由于对电磁铁的影响与涡流的影响而使其脱扣困难，且谐波次数越高影响越大；热磁型的断路器，由于导体的集肤效应与铁耗增加而引起发热，使得额定电流降低与脱扣电流降低；电子型的断路器额定电流的降低更多。由此可知，上述三种配电断路器都可能因谐波产生误动作。

对于漏电路器来说，由于谐波汇漏电流的作用，可能使断路器异常发热，出现误动作或拒动。对于电磁接角器来说，谐波电流，使磁体部件升温增大，线圈温度升高使额定电流降低。对于热继电器来说，因受谐波电流的影响也要使额定电流降低。

在工作中它们都可能造成误动作。

3）对弱电系统设备的干扰。对于计算机网络、通信、有线电视、报警与楼宇自动化等设备，电力系统中的谐波通过电磁感应、静电感应与传导方式耦合到这些系统中，产生干扰。其中，电磁感应与静电感应的耦合强度与干扰频率成正比，传导则通过公共接地耦合，有大量不平衡电流流入接地极，从而干扰弱电系统。

（4）影响电力测量的准确性。目前采用的电力测量仪表有电子式和感应式两种，它们都会受谐波的影响。特别是电子式电能表，当谐波较大时将产生计量混乱，这将对供电部门带来难以估计的损失。

（5）谐波对人体的影响。从人体生理学角度来看，人体细胞在受到刺激兴奋时，其频率如果与谐波频率相近，电网谐波的电磁辐射就会直接影响人的大脑与心脏。

322. 治理谐波有哪些手段？

由于谐波对电网带来许多方面的危害，治理谐波就显得尤为重要。

（1）选型把关，验收检测。作为供电部门，在用户报装时详细了解其用电性质和用电设备，审查设计图纸时充分考虑系统的设计，使所选用设备的谐波控制在标准允许的范围内。对工矿企业应特别注意，在通电验收时要做好谐波的检测。

（2）加装设施，减小谐波。对现运行的线路应定期进行线损统计，对线损较大的线路进行分析，找出线损大的原因，如怀疑与谐波有关，因寻找出谐波源，加装设施减小谐波。

1）加装谐波滤波器。对于电动机控制器产生的谐波，谐波的形状很分明，可以用滤波器来降低谐波电流。

2）加隔离变压器。均衡的3次谐波电流传回到电源去的问题还可以用一台DYN接法的隔离变压器来削弱。

3）加装有源的谐波调节器。限流器/逆变器产生的边频带和谐波不能很好地用普通的滤波器来滤除，这是因为边频带上的频率是随传动装置的速度而变化的，并且时常很接近于基波频率。有源滤波器能主动注入一个电流精确地补偿由负荷产生的谐波电流，获得一个纯粹的正弦波。

4）采用在无功补偿的同时加装电抗器的方案：

①欧洲早在十几年前就认识到电网谐波对干扰与损害电网安全及关联用电设备正常运行的危害并制定了强制性法规，基本上只允许安装串联电抗器的无功补偿装置。实践证明，虽然装置增加了一些成本，但是其明显优点如节省无功电流费用，减轻导线、熔断器及变压器的负荷，减少谐波电流与谐波电压，防止电网谐振使整个用电电网与供电电网更安全可靠与高效。

②GMKPb 常用串联电抗率为 5.67%、7%、14%，其相应谐振频率分别为 210Hz、189Hz 及 134Hz。由于电网中谐波主要是 5 次与 7 次谐波，通常 7% 的电抗配置能解决绝大多数问题，即既能防止电网谐振，又能适当吸收电网谐波。但如果系统情况复杂，需要采用不同于 7% 电抗率，则必须经过实地实时测量后才能确定正确的串联电抗率。如果电网中经常出现的是三次谐波，则必须选择 14% 的电抗率。

③中国多数用户由于成本问题排斥使用带电抗的无功补偿方案，但是有些情况下必须串联电抗器：根据欧洲的经验与规范，如果用户产生谐波设备的总功率（kW）达到企业用电总功率的 10% ~15% 时；或者在 5 次谐波时谐波电压高出电网电压 2%（或者总的谐波频谱的谐波电压高出电网电压 3%）时，则必须串联电抗器。要注意的是，这些数值的确定应在低负荷动作时段进行考查，因为这时用电设备的电网抑制消失，容易产生推移而导致快速形成谐振。

④德国法兰克盖姆普能源控制（无锡）有限公司自 2000 年以来在国内广泛推广安装串联电抗器的无功补偿装置，用户效果十分明显，如中国华晶集团、中央电视五台、杭州松下冷机、NOK 橡胶等。

323. GMKPb/r 无功补偿（滤波）装置系统有哪些独特的优点？

德国法兰克盖姆普能源控制（无锡）有限公司可提供其他滤波装置以及各种解决方案，法兰克盖姆普 GMKPb/r 无功补偿（滤波）装量系统比其他同类产品更优良：

（1）非等比设计。模块化非等比设计使同容量回路数量及开关次数达到最优化，大大提高可靠性。

（2）元器件单一。30kvar 与 15kvar 组或 25kvar 与 12. 5kvar 组能满足大多数容量需要。

（3）万能式配套。可以与国内外各种柜型轻松配套，而与柜型类别无关。

1）连接更简便。由于每个模块自成相对独立的系统，同时每个模块备有主回路电和控制回路两个接口，模块本身已组装及检验合格，只需将其通过母线相连就实现对接及容量扩展。

2）体积更小型。单柜无功容量较传统的固定式成套柜增加至少一倍。

3）扩容更方便。在用户无功补偿容量不足时可以随时增加模块进行扩容而不需变动柜子结构。

4）检修更容易。可直接将模块抽出或更换模块部件，余下模块可继续工作。

5）进线更灵活。上进线及下进线均可选择，还可设置主断路器。

6）安全可触摸。所有柜内连接全部为可触摸式安全连接技术。

（4）功能更强大。可实现如下功能：

1）三相补偿，分相补偿，三相补偿和分相补偿混合补偿。

2）单一无功补偿或无功补偿兼滤波双重选择。

3）可选择接触器（90%的场合）或动态晶闸管（可控硅）投切方式。

4）可选择实现 $\cos\varphi$、U、I、P、S 多种控制方式。

5）可实现谐波超限，温度超值特殊保护方式。

6）独特的要害场所高技术防谐振保护。

7）粉尘污秽场合加装专用过滤器技术。

8）可扩展电力需求侧管理功能。

（5）优良的设计技术，高品质的元器件。采用最新 GMKP 充气式环保化电容器和最新 GMKPr 高线性低损耗电抗器。

由图 11-1 可见，采用法兰克产品后，电源质量改善已十分明显。

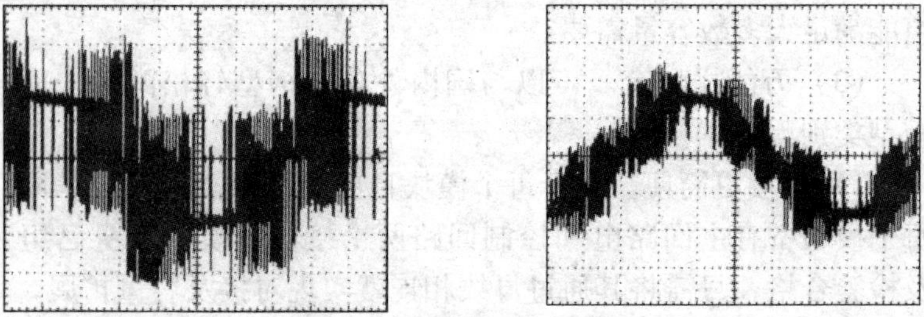

一般产品实测波形

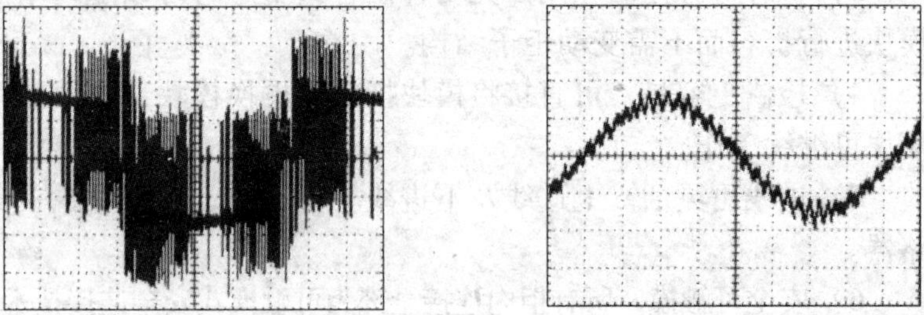

法兰克产品实测波形

图 11-1　法兰克产品和一般产品波形对比

11.2　高压谐波滤波补偿装置

324. 什么是高压谐波滤波补偿装置?

由于工业自动化水平的提高，工矿企业中大量采用整流设备、变频器、电解槽和电炉等设备。这些非线性负载在运行过程中产生大量高次谐波注入电网，引起电网波形畸变，造成电网质量恶化，并威胁供电系统中其他电气设备的安全运行。这种对电网污染的“电力公害”可以使变压器、电缆和其他电力器件产生附加损耗，还可以使控制、保护和测量系统的功能异常，通讯和网络也受到干扰。

高压谐波及无功功率补偿装置是解决电压、电流畸变的最佳方法。该装置是以治理谐波为主兼作补偿无功功率。不但使系统谐波满足国家标准要求，而且还能提高功率因数，达到治理和节能的双重目的。

325. 高压谐波滤波补偿装置的工作原理和参照标准是什么？

高压谐波滤波补偿装置是由滤波电容器、滤波电抗器的无感电阻组成的滤波回路，该回路与谐波源并联。它分别向谐波提供了一个电网以外的低阻抗通道，使这些谐波电流大部分流入滤波器，从而电网的畸变可以减少到一个要求的水平。对于基频率（50Hz）来说，滤波器如同电容器向电网提供无功功率来提高功率因数，达到最佳效果。

根据现场情况可以采用单调谐、双调谐和高通滤波器等组成一个滤波系统，对网络中含有率较大的谐波（如5次、7次、11次等）进行滤除，该装置不但设计合理，而且保护系统齐全，确保成套装置的稳定运行。

参照和执行标准：

GB/T14549—93　　电能质量公用电网谐波

GB50227—95　　并联电容器装置设计规范

326. 高压谐波滤波补偿装置的使用条件和技术特点是什么？

使用条件：

环境温度	-40 ~ +50℃
海拔高度	≤2000m
相对湿度	≤95%
安装地点	无剧烈振动、无腐蚀性气体和无导电尘埃场所

技术参数：

额定电压	6kV、10kV、35kV
额定容量	3000 ~ 20000kvar
额定基波频率	50Hz
接线方式	Y
防护等级	户内柜式 IP2X，户外和户内构架式均配置安全围栏
保护方式	过压、过流、低电压、低周波、不平衡保护、电容器外熔丝保护
滤波谐波	3 次、5 次、7 次、11 次、13 次（高通）、17 次、19 次

装置特点：

（1）滤波电容选用全膜绝缘介质，具有体积小、损耗小、运行温度低等特点。

（2）滤波电抗器采用单相空芯电抗器，电抗值 ±5% 内连续可调，运行噪声低。

（3）电阻器采用无感或微感电阻，电阻值有级可调。

（4）成套装置设有带电显示器和电磁组成强制闭锁环节，确保运行人员安全。

（5）成套装置的结构形式灵活，有构架式和柜式两种，并可根据用户实际场地而设计。

（6）户外成套装置。

327. 高压谐波滤波补偿装置的使用效果如何？

当系统功率因数较低时，需要并联电容器组来补偿无功功率，如当电容器组和系统自身的电感可能在某个谐波频率下形成并联谐振回路，造成谐波的放大，使谐波电压超过了应用场合的允许值，造成电网污染（如图 11-2 所示）。

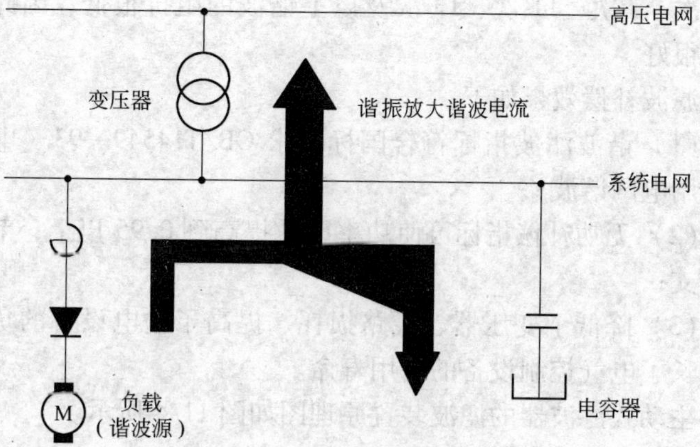

图 11-2　电容组和电网形成并联谐振电路后的谐波流向图

根据客户现场情况，有针对性进行设计和生产的滤波补偿装置。在设计过程中的输入数据是来自现场测量值并进行计算机仿真模型校正，所以滤波效果十分理想，大部分谐波流向滤波器，只有很少一部分（符合标准）谐波流向电网，如图 11-3 所示。

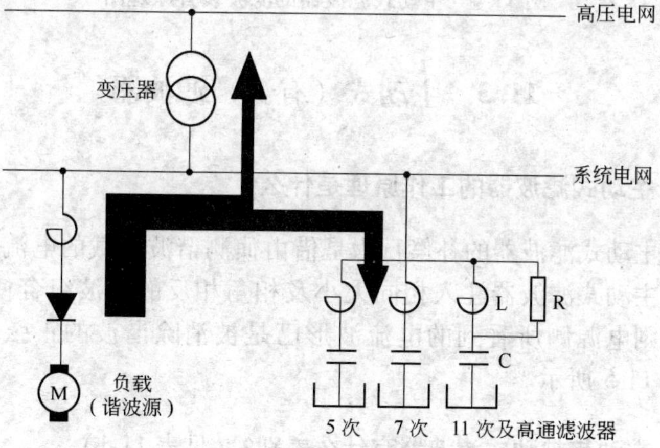

图 11-3　采用滤波器后的谐波流向图

各路的滤波器阻抗设计如图 11-3 所示。图中可以清楚地看出 5 次、7 次、11 次、13 次及以上谐波的阻抗很低，因此滤波效果很好。

滤波补偿效果如下：

（1）谐波滤波指标符合国标要求 GB/T14549—93《电能质量公用电网谐波》；

（2）无功补偿指标可使功率因数提高到 0. 95 以上，节省电费开支；

（3）降低了变压器、线路损耗、提高了输电设备的负荷能力延长了电气控制设备的使用寿命。

主动式滤波器的滤波装置原理图如图 11-4 所示。

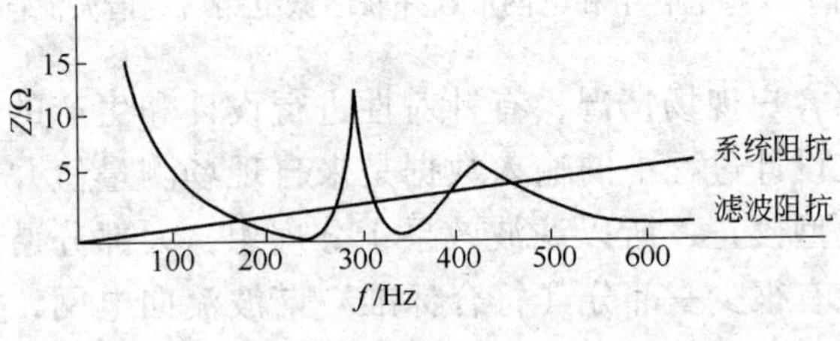

图 11-4　主动式滤波器的滤波装置原理图

11. 3　主动式（有源）滤波器

328. 主动式滤波器的工作原理是什么?

主动式滤波器的补偿行为是借由侦测谐波负载的电流波形，再由主动式滤波器注入相同大小及相角相反的谐波组合使之混合，则电源侧所看到的电流波形已是被消除谐波的正弦波形，如图 11-5 所示。

329. 主动与被动式滤波器有什么差别?（见表 11-1）

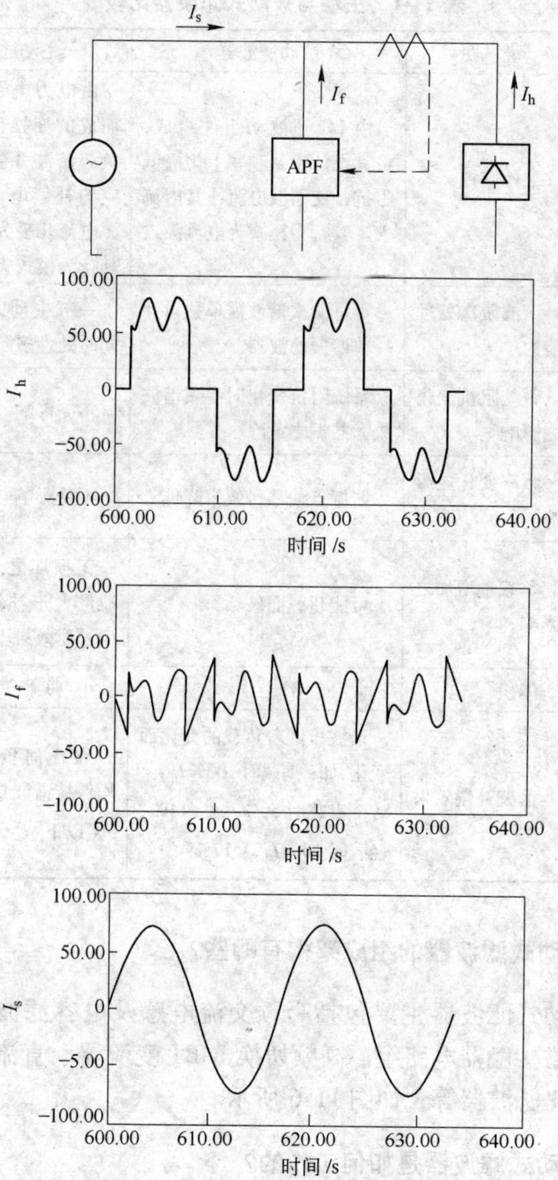

图 11-5　主动式滤波器的工作原理

表 11-1　主动与被动式滤波器比较表

项目	说明	被动滤波器	主动滤波器
1	工作原理	由 LC 等被动组件组成，将其设计于某频率下为极低阻抗，使谐波电流往其内流入。其行为模式为电流汲入	由电力电子组件制作而成的变换设备，侦测负载谐波并主动提供对应的补偿电流，修补电源电流几乎为纯正弦波。其行为模式为电流源出
2	谐波阶次处理能力	每一阶次谐波需单独设计一单谐振滤波器	一部主动式滤波器可同时处理多阶次谐波
3	系统阻抗变化之影响	系统阻抗变化时潜藏谐波放大共振之危险	不受影响
4	频率变化之影响	谐振点偏移，效果降低	不受影响
5	负载量增加之影响	可能超载而破坏	无损坏之危险，若谐波量大于补偿能力仅发生补偿效果不足而已
6	体积	大（3 倍）	小（1 倍）
7	谐波补偿效果	谐波量随着负载的变化而变化，如：满载时 100% I_{thd} < 8%；半载时 50% I_{thd} < 14%；轻载时 10% I_{thd} < 17%	在任何负载状况下，均保持谐波量在 I_{thd} 低于 5% 以下

330. 主动式滤波器的组成架构有哪些？

主动式滤波器主要包括高频交流电感及电容滤波器组、缓启动电磁接触器电路组、高频切换 IGBT 变流器、直流侧电容器组、EMI 滤波器等，如图 11-6 所示。

331. 主动式滤波器是如何工作的？

如前述，主动式滤波器的补偿行为是借由侦测负载谐波的

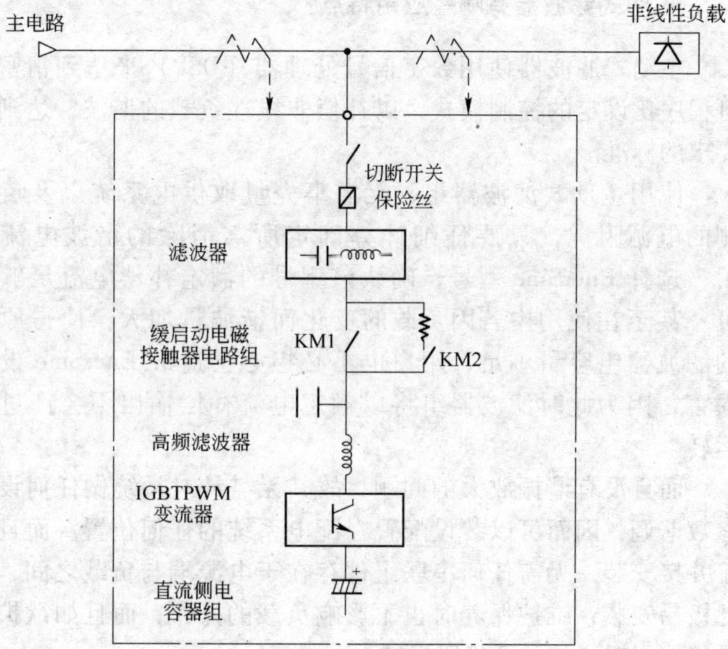

图 11-6　主动式滤波器的组成

电源波形，再由主动式滤波器注入相同大小及方向相反的谐波量使之混合，则电源侧所看到的电流波形已是被改善过后的正弦波形。

透过 IGBT 变流器模块，自电源端吸入电流存于直流侧电容器或自直流电容器端释出至电源侧，当然此工作模式所传递的电流波形即是针对负载侧所测得的非线性负载加以补偿且限制而得。

高频 PWN IGBT 变流器及数字处理器控制技术使其瞬时影响效果快速，可以补偿第 2 次至第 50 次的电流谐波，即使因闸流体控制相时所产生的电压谐波与某些负载操作时产生的瞬时突波均可获得改善。

332. 主动式滤波器有哪些应用特点？

主动式滤波器使用数字信号处理器（DSP）来达到精密而可程序化设定的控制模式，以补偿非线性负载的谐波，达到所要求的标准。

使用主动式滤波器组，无需事先量取供电系统以及负载侧的电源阻抗，只要仔细计算确定所需消除的谐波电流量后，选择 EnerSine 型号，确认该型号的额定补偿电流足够即可。甚至在使用中若因负载的变化而谐波量加大，使得原先的滤波器组容量不足，用户也不必担心会造成 EnerSine 设备损害，因为此时滤波器组将以额定电流补偿输出不会产过载运转。

而且没有谐振放大的问题，故其无需针对系统做任何设定参数谐调，因而可以装设配置在配电系统的任何位置。而且属于并接安装，无需任何串联组件存在于电源端与负载之间，因此极易安装，维护保养时也不影响负载的操作，而且如欲扩大补偿能力时也能并联复置运转。

最重要一点是在任何负载变化下，均可将谐波管制在 5% 以下。

主动式滤波器与马达驱动器的搭配应用如图 11-7 所示，应用效果如表 11-2 所示。

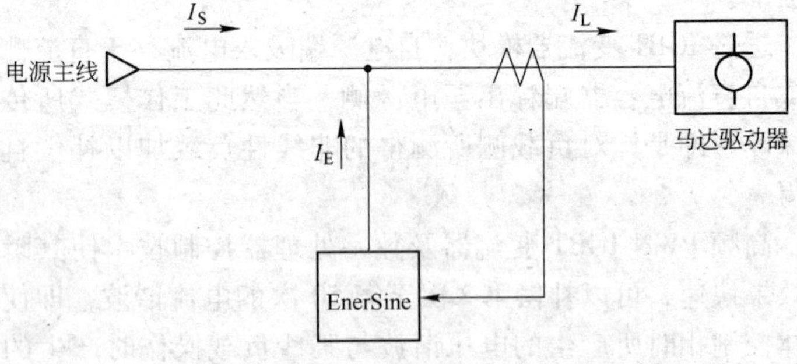

图 11-7　主动式滤波器与马达驱动器的搭配应用

表 11-2　主动式滤波器与马达驱动器搭配应用效果

谐波次数	负载电流（I_L）		补偿后电流（I_S）	
1	130.2A	100%	133.5A	100%
5	83.1A	63.8%	2.9A	2.2%
7	53.6A	41.2%	1.9A	1.4%
11	11.1A	8.5%	0.5A	0.3%
13	9.9A	7.6%	1.8A	1.4%
17	5.9A	4.5%	1.3A	1.0%
19	4.3A	3.3%	1.0A	0.8%
23	3.1A	2.4%	1.0A	0.8%
25	2.4A	1.8%	1.9A	0.7%
29	2.1A	1.6%	1.0A	0.8%
31	1.6A	1.2%	0.8A	0.6%
总电流	164.8A		133.7A	
THD	77.2%		3.5%	
谐波电流	100.5A		4.7A	

在典型的马达驱动器负载下，可将 100A 的谐波电流降至 5A 以下。值得注意的是，将负载电流修正为正弦波的同时，电源电压品质也获得改善，所以输入马达驱动器的谐波电流也随着提高。若是以量取已装置运转的马达驱动器的输入谐波电流值来选择额定容量，则建议以量得谐波电流值的 1.25 倍以上为选用基准。

333. 电力系统谐波管制暂行标准对谐波电流失真率有哪些规定？

电力系统谐波管制暂行标准于 1981 年 11 月 25 日公告实施，1982 年 6 月 4 日完成第一次修订。

（1）对于 3.3～22.8kV 系统，谐波电流失真率如表 11-3 所示。

表 11-3　谐波电流失真率限制值（%）

I_{SC}/I_L ①	各级谐波个别值（奇次）					总合谐波 THD /%
	$n<11$	$11<n<17$	$17<n<23$	$23<n<35$	$35<n$	
<20②	4.0	2.0	1.5	0.6	0.3	5.0
20~50	7.0	3.5	2.5	1.0	0.5	8.0
50~100	10.0	4.5	4.0	1.5	0.7	12.0
100~1000	12.0	5.5	5.0	2.0	1.0	15.0
>1000	15.0	7.0	6.0	2.5	1.4	20.0

注：偶次谐波为上述限制值的25%。

①I_{SC}为用户责任分界点短路电流；I_L(rms)为对既设用户取12个月最大负载电流平均值，新设或增设用户取主变额定电流值。

②自备发电设备的用户，一律采用$I_{SC}/I_L<20$的限制值。

（2）对于34.5~161kV系统为上述限制值的50%。

12 无功补偿器件的选型及电源监测器的应用

12.1 无功补偿器件及装置设计选型参数简明指南

334. 如何选择电容器?

电容器的容量选择根据负荷功率、当前功率因数、期望功率因数，可十分方便地从因子表中查出补偿因子，计算出补偿容量（kvar），即：

$$Q(\text{kvar}) = \text{补偿因素} \times (\cos\varphi_2 - \cos\varphi_1) \times \text{负荷功率}\ P(\text{kW})$$

电容器额定电压：一般来说，对于380V工业电压选用400V电压等级（220V工业电压选用230~250V电压等级）。但是：(1) 希望实际考虑当地的电网波动情况，如必要可选用415V或440V；(2) 串联电抗器会使电容器端电压升高；(3) 法兰克公司推荐使用440V，这样可兼顾电压波及将来增设电抗器。

串联电抗后电容器设定电压的选择：

$$U_n = U_0/(1-A)$$

式中，U_n为串联后的电压；U_0为系统电压；A为电抗率。

如：$U_0=400\text{V}$，$A=7\%$，即：$U_n=400/(1-7\%)=412\text{V}$，则选440V。

三相电容器放电电阻：

$$R = t/(C_r I_n U_b \times 1.414/U_e)$$

单相电容器放电电阻：

$$R = 1.5t/(C_{total} I_n U_b \times 1.414/U_e)$$

式中，t为放电时间，s；C_r为每相电容，μF；C_{total}为总电容，

μF；U_b 为运行电压，V；U_e 为放电后最大允许电压，如 50V；R 为电容器放电电阻。

335. 如何选择熔断器和连接电缆？

熔断器和连接电缆的选择见表 12-1。

表 12-1 熔断器和连接电缆的选择

400V 时的无功容量 /kvar	电容器额定电流 /A		熔断器的电流 /A	连接电缆截面 /mm^2
5	7.2		16	2.5
6.3	9		20	2.5
7.5	10.8		20	2.5
8.3	12		20	2.5
10.4	15		25	4
12.5	18		35	6
15	21.7		50	10
16.7	24		50	10
20.8	30		50	10
25	36		63	16
50	72		125	35
60	86		160	50
100	144		250	70
其他电压等级系数	230V	480V	525V	690V
以上值乘以	1.74	0.83	0.76	0.58

经验：

(1) 保险丝的额定比值应为电容器额定电流的 1.6 ~ 1.8 倍。

(2) 电磁式脱扣器的额定值应为电容器额定电流的 9 ~ 12 倍。

336. 如何选择串联电抗器的电抗率？

（1）电网中大量的谐波为5次和7次谐波，因此90%以上的场合是考虑治理5次、7次谐波。

（2）7%电抗率、谐振谐波189Hz，主要解决5次、7次谐波。

（3）14%电抗率、谐振谐波134Hz，主要解决3次谐波。

（4）5.67%电抗率、谐振谐波210Hz，主要解决11次、13次谐波。

（5）尽量避免加接小电抗，以避免对谐波的放大作用。

337. 如何选择串联电抗器后电容器容量、设定电压及电缆截面、熔丝电流？

串联电抗器后电容器容量、设定电压及电缆截面、熔丝电流见表12-2。

表12-2　串联电抗器后电容器容量、设定电压及电缆截面、熔丝电流的选择

电抗率/%	电容器输出容量/kvar	电容器电压/V	电容器选择电压/V	电容器选择容量/kvar	电抗量/mA	电缆截面/mm^2	熔丝电流/A
7	5.00	430	440	5.63	7.671	4	16
7	6.20	430	440	6.89	6.186	4	16
7	7.50	430	440	8.44	5.114	4	20
7	10.00	430	440	11.25	3.835	6	25
7	12.50	430	440	14.07	3.068	6	35
7	15.00	430	440	16.88	2.557	6	35
7	20.00	430	440	22.51	1.918	10	50
7	25.00	430	440	28.13	1.534	16	63
7	30.00	430	440	33.76	1.278	16	80
7	40.00	430	440	45.01	0.959	25	80
7	50.00	430	440	56.27	0.767	35	125
7	60.00	430	440	67.52	0.639	50	160
7	100.00	430	440	112.53	0.384	70	250

注：5.67%，14%及其他电抗率的参数可向法兰克公司查询。

338. 如何选择自动控制器?

选用非等比的分组方式，达到大大减小回路数，补偿更精确，减少故障点，降低成本的目的。

自动控制器的推荐分组如表 12-3 所示。

表 12-3　自动控制器的推荐分组

50kvar（单柜）	12.5　12.5　25	3 回路
100kvar（单柜）	12.5　12.5　25　50	4 回路
150kvar（单柜）	25　25　50　50	4 回路
200kvar（单柜）	25　25　50　100	4 回路
300kvar（单柜）	25　25　50　100　100	5 回路
400kvar（单柜）	25　25　50　100　100　100	6 回路
500kvar（单柜）	25　25　50　100　100　100　100　100	7 回路

经验：

（1）大多数情况下，只需采用 12.5kvar 及 25kvar 两种电容器；

（2）非等比设计较等分组降低成本 15% ~40%。

339. 如何选择无功补偿柜通风及单柜的容量?

无功补偿柜通风及单柜的容量见表 12-4。

表 12-4　无功补偿柜通风及单柜的容量的选择

电抗器	柜宽/mm	容量/kvar	环境温度/℃						
			20	25	30	35	40	45	50
不带	600	300	+	+	+	+	○	○	–
		250	+	+	+	+	+	○	–
		200	+	+	+	+	+	+	○
	800	500	+	+	○	○	○	○	–
		400	+	+	+	○	○	○	–
		300	+	+	+	+	○	○	–
		200	+	+	+	+	+	+	○

续表 12-4

电抗器	柜宽/mm	容量/kvar	环境温度/℃						
			20	25	30	35	40	45	50
带	800	250	+	+	○	○	-	-	-
		200	+	+	+	+	○	-	-
		150	+	+	+	+	○	○	-
		100	+	+	+	+	+	○	-

注：+—不需要加风扇；○—需要加风扇；-—不可能做到。

340. 各类电容器补偿装置有何区别？

（1）功率因数自动调整电容器装置（柜）。适用于对集中式或各分散式分区负载进行 $\cos\varphi$ 补偿，它通过设计成不同或相同的电容器分组来自动调节 $\cos\varphi$，法兰克公司的装置为先进的模块化设计，每一组均为一模块，从而维护简单，扩充方便。

（2）自动调（抑）谐电抗电容器装置（柜）。对由一定谐波存在的系统中必须使用这类装置，其每一分组由电容器及电抗器组成串联回路，并使该串联谐振的频率低于系统最低的主要谐波频率，由 $\cos\varphi$ 控制器自动控制。这类装置在满足 $\cos\varphi$ 的同时，可滤除低次谐波电流约 15% ~50%

（3）晶闸管投切电容器装置（柜）。对快速变化的负载，如点焊机、轧钢机等，采用这类装置，其补偿容量由负载无功决定，每组电容器是相等的。

（4）低压滤波器。为了主要消除电力系统谐波，使用滤波器是最佳方式，滤波器中的电容量按基波时系统所需无功设计，而电抗器电感值的选择是在该次谐波频率时，能与电容器产生串联谐振回路，使滤波器对该次谐波频率产生非常小的阻抗而大部分流入滤波器。

12.2 GMKP61-830 电源（电压/谐波）监测器的应用

341. GMKP61-830 电源（电压/谐波）监测器的用户有哪些？

（1）设备安装与维护人员，通过此仪器（图 12-1）观察电压参数。

（2）设备制造商，用于成本管理，检查所安装设备的供电是否满足运行要求。

（3）物业管理维护。对耗电费用与停电故障进行管理与维护；鉴别是否由于电能质量差造成设备故障，验证昂贵设备的用电环境不存在隐患；验证 UPS 供电系统性能。

（4）电工。提高工作效率，快速定位停电故障原因。

（5）医疗卫生设备维护。确认设备性能，检查敏感设备附件的谐波。

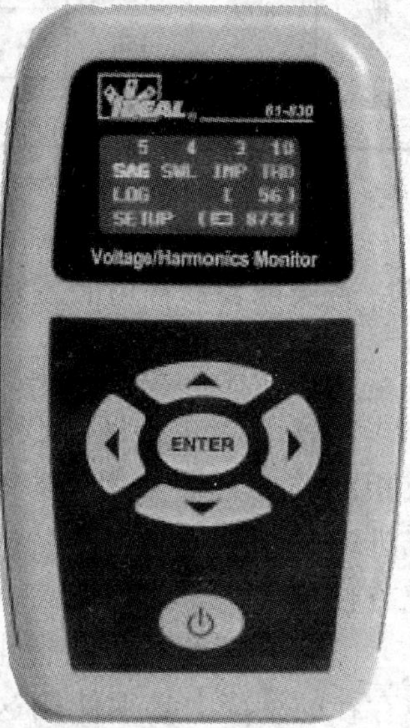

图 12-1 GMKP61-830 电源（电压/谐波）监测器

（6）实验室技术人员/IT 业公司，查看敏感设备供电的电能质量。

（7）普通用电户，查看电能表后用电情况。

（8）UPS 维护人员，协助用户获得用电需求情况。

342. GMKP61-830 测试仪的用途有哪些？

电能质量不好可能造成很多不易诊断的、时有时无的问题。电能质量的影响因设备敏感度及其对电压的适应能力而异。通常设备都被设计为对供电有一定的适应范围。只有当电压超出设备设计范围时才会被注意，就如同某些汽车只适于在平坦路面行驶，某些车能越野一样。VPM 测试仪能捕捉导致出现问题的事件，利用它您就能确定设备问题是否与电源性能相关，并可验证现有电路能否支持添加敏感设备。

目前电能故障定位工具不是太简单就是太复杂。简单的数据记录设备通常是对电压进行周期性采样，只能提供有限信息。事件捕获有可能影响您的设备，而重要的事件可能被错过。复杂的电能分析仪需要进行设置并对记录数据进行解读，而且不是为墙壁插座而设计的。由于电器直接接入墙壁插座，所以这里是测量电压最重要的地方。

FRANKE 的 VPM 测试仪是一款功能强大的故障定位工具，无论是内在的还是外在的，它能有效地衡量导致设备故障的电能质量问题，并能验证电源是否符合设备运行要求。无需设置，也不需要计算机或特殊软件辅助，VPM 测试仪能及时报告电压事件出现的时间、持续的时间、严重程度。所有这些信息都可通过浏览菜单的方式读取。VPM 测试仪是您开始电能质量分析的起点。

343. 什么会造成电能质量下降？

电源接入建筑物时通常是洁净的，除非离变电站距离太远。影响电源质量的情况往往发生在插座处。如果用示波器给交流电拍照的话，就会发现其波形是正弦波，这与交流电的发电原理有关。平滑或完好的正弦波形代表电能质量好。负载、导线及外在因素可能干扰平滑的正弦波形，使附件和下游设备的电源质量下降。电压事件和谐波都会造成电能质量下降。

对运行在有电压事件的电路中设备而言，就如同在“颠簸的道路”上行驶的汽车。为了更好地理解电压事件的不同形式，首先要对它们有个明确的定义。电压事件是根据其规模和持续时间来描述的。所谓规模，即事件有多么严重；持续时间，即事件存在的时间。电压性能检测器能探测到电压骤降、骤升、漂移、浪涌和谐波。

344. 什么是电压骤降？

电压瞬间降低称为骤降。这种降低可能很小，降 10% 或持续很短的时间。电压下降持续超过 1 分钟，则称为"欠压"；完全停电，则称为"中断"。电压骤降可能因重负载启动造成，例如：电机、重型机械甚至吸尘器启动。电力系统的容量以及电路阻抗都会影响电压骤降的规模。

如图 12-2 所示，某电压在连续 7 天内的变化，在第 1 天出现了 1 次电压短暂跌落。您可能会问，如果电压随时都在变化，为何用电设备没有随即出现故障？其原因是，电子设备的电压适应范围是正常电压的 ±10%。而且，设备类型不同其承受电压变化的持续时间也不同。电压的首次变化不一定使设备损坏，但如果电压波动持续时间过长或电压事件频繁出现，超出了设备的耐受能力，设备就会损坏。

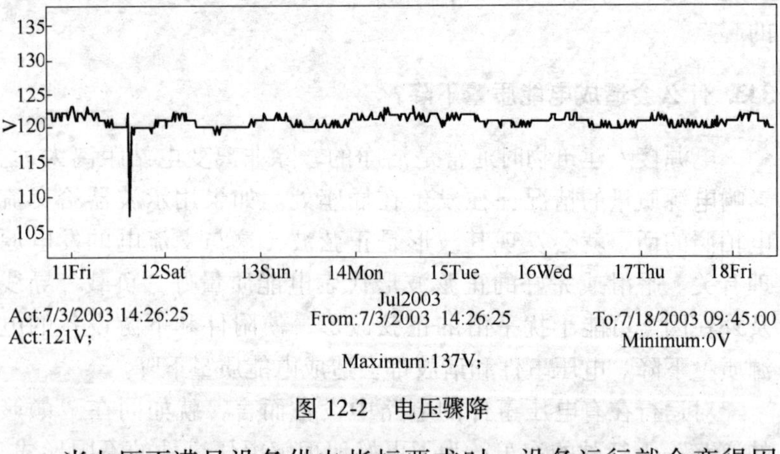

图 12-2　电压骤降

当电压不满足设备供电指标要求时，设备运行就会变得困难、过热或导致绝缘性能不能满足实际电压的变化。

例如，某电气的电压适应范围是正常电压的 ±10%，如果出现图 12-2 所示的电压骤降，输入电压降为 198V，则电机就会发热、效率降低。长期的或反复的电压骤降会降低电机的使用寿命，导致电压下降的原因有多种，包括线径过细、线路过长、用电设备过多等。

345. 什么是电压骤升？

电压骤升与电压骤降正好相反。电压短暂骤升，并持续0.5秒至1分钟。这种能量的释放是由于电机或重型机械突然关断引起的。电压骤升较电压骤降不常见但危害更大。持续超过1分钟的电压骤升，被称为“过压”。有时，在负载开启时会出现电压骤降，由于系统过补偿作用，紧跟着会出现电压骤升。

电压骤升对电力系统的影响与电压骤降不同，但结果是类似的。如图12-3所示，带有若干台计算机的线路，反复出现电压骤升的情形。这些反复出现的电压骤升可能导致硬件损坏、死机、异常，而一旦得知是由于电源问题导致的，这些故障都可以迅速排除。

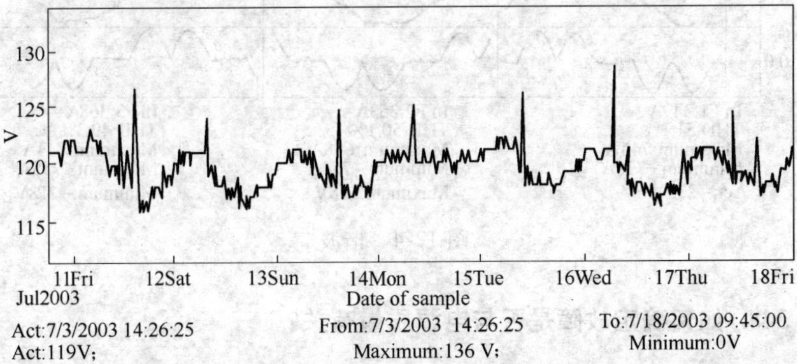

图 12-3　电压骤升

346. 什么是浪涌？

短时的非常高的电压骤升或尖峰被称为浪涌，其规模可能从正常电压的2倍到几千伏，持续时间从不足微秒到几百微秒甚至几秒。

浪涌的特征是在正常电压波形上叠加了极高的电压尖峰。浪涌是由于在电力系统中，蓄积在电感或电容里的能量短时间释放造成的。

347. 谐波有什么影响？

如图 12-4 所示，开关电源干扰了交流电波形。电流的正弦波波峰处产生的下陷。根据欧姆定律，电压与电流成反比，一旦电流波形变成这样的非正弦波，电压波形也会受到影响，产生谐波的设备也会受到谐波的影响。如上所述，如果多台设备都在用电，电压波形的波峰处就会出现平顶，整流稳压电源就无法输出稳定的直流电。换言之，谐波会影响线路中的其他负载。

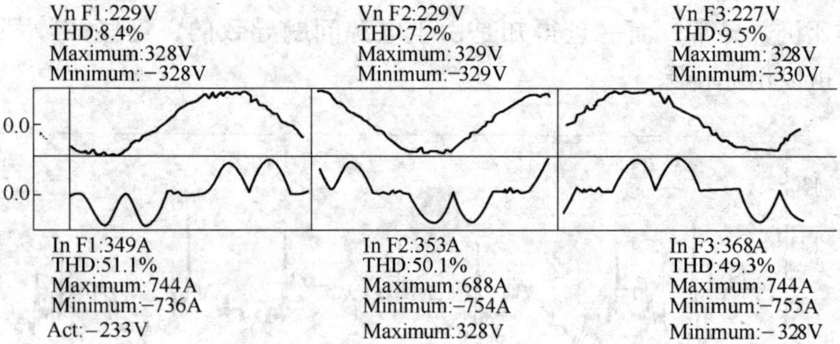

图 12-4　谐波

348. 如何确定故障是否与电源质量有关？

了解供电的唯一方法是使用监测设备。传统测试设备没有足够高的记录各类电压事件的速度，而全功能电能分析仪又不是为测量墙壁插座设计的。

以常用办公设备为例，某客户的传真机在普通插座供电的情况下工作不正常，客户希望找到问题所在。按以下步骤操作即可：将 GMKP61-830（PVM）接入插座、开启传真机、观察故障现象。通过查看仪表中事件记录和对应时刻可知，在传真机试图传送文件时，曾出现大幅度的电压骤降，从而知道，故障发生在电源线路，排除了设备问题。

如果再增加敏感设备，如准备在复印机上添加电控机。设备厂商建议采用独立电路为其设备供电，但没有现成的电源插座，也不可能增加电路。此时即可用 GMKP61-830（PVM）解决问题：将 GMKP61-830 接入现有插座、选择 ITIC 标准限值作评判依据，监测一整天。查看记录，未发现明显的电压异常记录，最高谐波含量（THD）为 2.3%。用 SureTest 电路分析仪测试电压降——15A 时带载电压未低于 114V。

根据上述数据可断定，电压指标满足或优于标准要求，添加电控机是安全的。

通过使用电压监测器，可掌握设备所在的电源环境的状况，减少故障发生的机会。这些设备包括：UPS、稳压器、浪涌抑制器、谐波抑制器等。

掌握电压事件的发生时间和持续时间，是确定和解决电源问题的第一步。通过一段时间的记录，通常是一个工作周期，用户即可在监测器中查看电压事件的发生时间与规模。通过与现场用电设备的运转时间的对比，用户就能确定问题是否来自于电源，并能鉴别出电源问题的具体位置。

如图 12-5 所示的电压骤降，导致某工具加工设备工作异常。

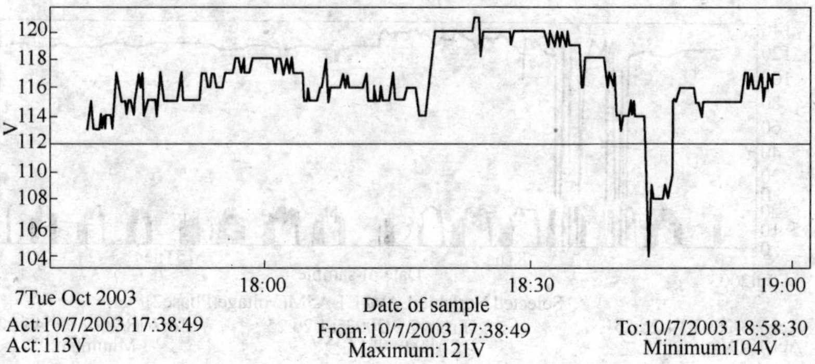

图 12-5　电压骤降监测结果 I

通过在设备旁边对电源进行监测，得知电源在每天的同一时间出现问题。检查线路上负载分配情况后，发现电压骤降是由于有一台鼓风机每天同一时间循环工作造成的。

在前面讨论过线路上某负载导致的电压事件会影响其他负载的运行。图 12-6 为另一个电源监测实例。发现电压骤降的程度与发生时间与高压交流系统的运行有关，高压交流系统工作时的大电流，影响了设备的运行。

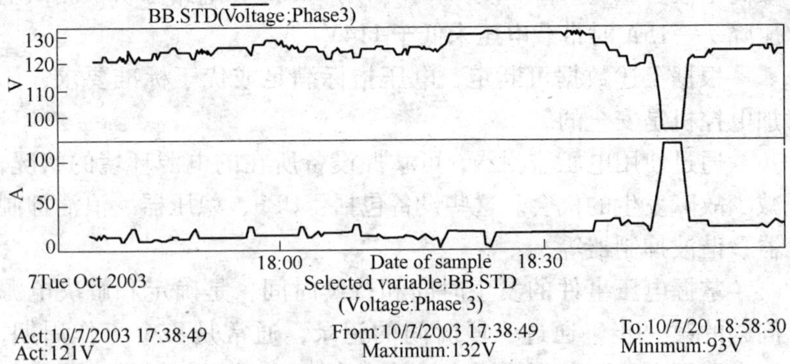

图 12-6　电压骤降监测结果Ⅱ

来自于设备系统外部的影响与前面提到的系统内部的情况并没有直接的联系。图 12-7 所示即设备在运行过程中断续情况。

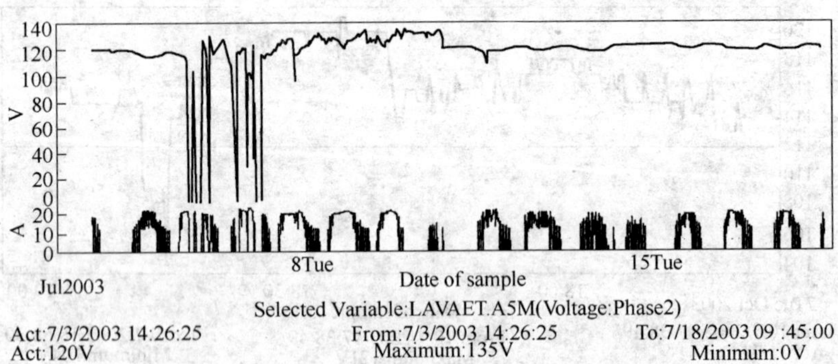

图 12-7　电压骤降监测结果Ⅲ

349. 为什么SureTest电路分析仪（GMKP61-164）可以用于测试分支电路的电压骤降？

大量的电能质量信息可通过简单廉价的设备收集在一起，采用已有的仪表，可检查导线、接地，要想了解更多信息就需要更复杂的设备。

电源问题可能出自当前电路，也可能有更广泛的来源。通过电压事件记录，能鉴别分支电路本身存在的问题。如前所述，很多电能质量问题都是系统内部产生的。例如确认问题出现在插座中后，就可通过检查导线与接地来排除故障。

要确定电压骤降是否由于分支电路的电压降过大造成的，用 SureTest 电路分析仪（GMKP61-164）测试即可。此仪表可对分支电路进行多项测试，包括：带载测量电压降、测量线路阻抗等。采用专利技术的 SureTest®测试仪可发现墙壁背后的各类线路问题，如电击、电气火灾、设备运行异常、接地不良造成的触电、烧保险、漏电保护异常等。带载后设备供电电压不足、接地阻抗过高、中性线对地电压过高，都会导致设备运行异常。实际上，估计有 80% 的电能质量问题与上述线路故障有关。SureTest®电路分析仪（GMKP61-164）在几秒钟内即可在满负载下测试墙壁插座及线路性能，能依据 UL-1436 规定辨别插座的接线是否正确、火/地是否接反以及有无地线。通过简洁的菜单选项就能得到相电压、满载时电压降、中性线对地电压、导线阻抗等数据。

350. 如何判断接地不良？

某些情况下，接地不良、导线连接不良都会造成谐波、通信、数据传输等问题。用 GMKP61-920 钳形接地电阻测试仪，检查电源入口的接地端，测量接地回路中敏感设备的接地状况，可以判断故障位置。与 SureTest®测试仪配合使用，并严格与地线阻抗规定进行对比，可得知建筑内的接地质量和线路连接质量情况。这样就能判断接地故障位置并可平衡地线阻抗。

351. 如何使用电能分析仪监测电能质量?

将电能分析仪接在线路中的正确位置，就能方便地确定问题所在，甚至能查明特殊负载或电路。

检查各相电压和电流，可监测负载开关时对电压的影响，能看到电源何时、以何种方式变化，还能确定电源与电流的性质、在各种情况下的谐波干扰情况、确定负载导致干扰的类型。电能分析仪能确定干扰来自负载本身，还是来自电源入口，或是线路本身。

如图 12-8 所示，启动电流达 1400 A 的某大型电机，导致的明显电压骤降。同时，电压记录曲线上显示，在由于电机启动造成的电压骤降之前还有明显的电压跌落，这只能是由于上游负载造成的。因此，建议不要在电路中接入其他设备。

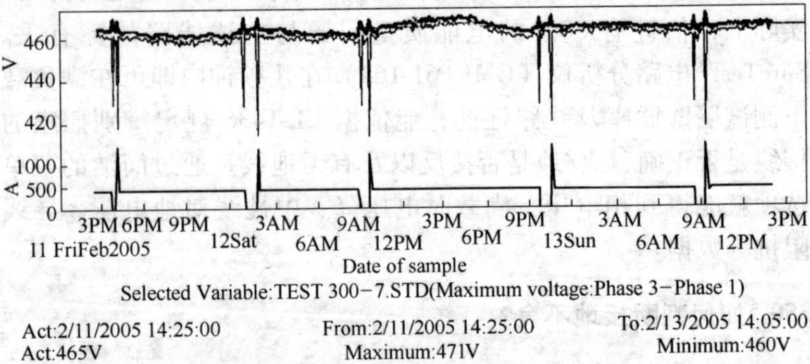

图 12-8　电压骤降监测结果Ⅳ

使用更高精度的 FRANKE 电能分析仪和电能分析软件(Power Vision)，可轻而易举地建立客户图表和曲线，显示电压事件、描述负载情况、记录时间与日期。

352. 线缆探测仪的用途是什么?

一旦在电源插座处确认存在电压问题，就应进一步判断电路上接有哪些负载，并了解哪个开关控制这个插座。使用线缆探测器，可完成此任务。除此之外，线缆探测器能追踪墙壁中的线路走向，协助寻找开路或短路故障的位置，或其他影响供电的潜在线路问题。SureTest 线缆探测仪（GMKP61-958）就是这种工具。

353. 改善电能质量的解决方案还有哪些?

如同采用电压监测器（GMKP61-830）能诊断很多电能质量问题一样，一些改善电能质量的方法也是非常简单的。例如，将问题负载移至带载能力强的单独电路。如果电路不支持同时运行多个负载，或负载本身不能被改变，则必须对电源本身进行改进。改善电源质量的方法包括使用：调压器、浪涌抑制器、UPS 系统、功率因数校正电容等。

您可以选择最好的或最经济的解决方案。如果问题来自于建筑物外部，电压或谐波指标超出了要求范围，则需要直接与电力部门联系。

附　　录

附录 1　中华人民共和国国家标准

工　业　炉　窑
大气污染物排放标准

（GB 9078—1996）

前　言

根据《中华人民共和国大气污染防治法》第七条的规定，制定本标准。

本标准在原有《工业炉窑烟尘排放标准》（GB 9078—88）和其他行业性有关国家大气污染物排放标准（工业炉窑部分）的基础上修订。本标准在技术内容上与原有各标准有一定的继承关系，亦有相当大的修改和变化。

本标准规定了 10 类 19 种工业炉窑烟（粉）尘浓度、烟气黑度、6 种有害污染物的最高允许排放浓度（或排放限值）和无组织排放烟（粉）尘的最高允许浓度。

本标准从 1997 年 1 月 1 日起实施。

本标准从实施之日起，同时代替：

GB 4286—84《船舶工业污染物排放标准》（有关工业炉窑部分）；

GB 4911—85《钢铁工业污染物排放标准》（有关工业炉窑部分）；

GB 4912—85《轻金属工业污染物排放标准》（有关工业炉

窑部分)；

GB 4913—85《重有色金属工业污染物排放标准》（有关工业炉窑部分)；

GB 4916—85《沥青工业污染物排放标准》（有关工业炉窑部分)；

GB 9078—88《工业炉窑烟尘排放标准》。

本标准从实施之日起，GB 9078　88 同时废止，其他上述各标准中的有关工业炉窑部分亦同时废止。

本标准由国家环境保护局科技标准司提出。

本标准由国家环境保护局负责解释。

1　范围

本标准按年限规定了工业炉窑烟尘、生产性粉尘、有害污染物的最高允许排放浓度、烟气黑度的排放限值。

本标准适用于除炼焦炉、焚烧炉、水泥厂以外使用固体、液体、气体燃料和电加热的工业炉窑的管理，以及工业炉窑建设项目的环境影响评价、设计、竣工验收及其建成后的排放管理。

2　引用标准

下列标准所包含的条文，通过在本标准中引用而构成为本标准的条文。

GB 3095—1996　环境空气质量标准

GB/T 16157—1996　固定污染源排气中颗粒物测定与气态污染物采样方法

3　定义

本标准采用下列定义：

3.1　工业炉窑

工业炉窑是指在工业生产中用燃料燃烧或电能转换产生的热量，将物料或工件进行冶炼、焙烧、烧结、熔化、加热等工序的热工设备。

3.2 标准状态

指烟气在温度为273K，压力为101 325Pa时的状态，简称“标态”。本标准规定的排放浓度均指标准状态下的干烟气中的数值。

3.3 无组织排放

凡不通过烟囱或排气系统而泄漏烟尘、生产性粉尘和有害污染物，均称无组织排放。

3.4 过量空气系数

燃料燃烧时实际空气需要量与理论空气需要量之比值。

3.5 掺风系数

冲天炉掺风系数是指从加料口等处进入炉体的空气量与冲天炉工艺理论空气需要量之比值。

4 技术内容

4.1 排放标准的适用区域

4.1.1 本标准分为一级、二级、三级标准，分别与GB 3095中的环境空气质量功能区相对应：

一类区执行一级标准；

二类区执行二级标准；

三类区执行三级标准。

4.1.2 在一类区内，除市政、建筑施工临时用沥青加热炉外，禁止新建各种工业炉窑，原有的工业炉窑改建时不得增加污染负荷。

4.2 1997年1月1日前安装（包括尚未安装，但环境影响报告书（表）已经批准）的各种工业炉窑，烟尘及生产性粉尘最高允许排放浓度、烟气黑度限值按表1规定执行。

表 1　烟尘及生产性粉尘最高允许排放浓度、烟气黑度限值（1997 年 1 月 1 日前安装）

序号	炉窑类别		标准级别	排放限值	
				烟(粉)尘浓度 /$mg \cdot m^{-3}$	烟气黑度（林格曼级）
1	熔炼炉	高炉及高炉出铁场	一	100	不监测
			二	150	不监测
			三	200	不监测
		炼钢炉及混铁炉（车）	一	100	不监测
			二	150	不监测
			三	200	不监测
		铁合金熔炼炉	一	100	不监测
			二	150	不监测
			三	250	不监测
		有色金属熔炼炉	一	100	不监测
			二	200	不监测
			三	300	不监测
2	熔化炉	冲天炉、化铁炉	一	100	1
			二	200	1
			三	300	1
		金属熔化炉	一	100	1
			二	200	1
			三	300	1
		非金属熔化、冶炼炉	一	100	1
			二	250	1
			三	400	1

续表 1

序号	炉 窑 类 别		标准级别	排放限值	
				烟(粉)尘浓度/mg·m⁻³	烟气黑度（林格曼级）
3	铁矿烧结炉	烧结机、（机头、机尾）	一	100	不监测
			二	150	不监测
			三	200	不监测
		球团竖炉 带式球团	一	100	不监测
			二	150	不监测
			三	250	不监测
4	加热炉	金属压延、锻造加热炉	一	100	1
			二	300	1
			三	350	1
		非金属加热炉	一	100	1
			二	300	1
			三	350	1
5	热处理炉	金属热处理炉	一	100	1
			二	300	1
			三	350	1
		非金属热处理炉	一	100	1
			二	300	1
			三	350	1
6	干燥炉、窑		一	100	1
			二	250	1
			三	350	1
7	非金属焙（锻）烧炉窑（耐火材料窑）		一	100	1
			二	300	1
			三	400	2

续表 1

序号	炉窑类别		标准级别	排放限值	
				烟(粉)尘浓度 /mg·m^{-3}	烟气黑度（林格曼级）
8	石灰窑		一	100	1
			二	250	1
			三	400	1
9	陶瓷 搪瓷 砖瓦窑	隧道窑	一	100	1
			二	250	1
			三	400	1
		非他窑	一	100	1
			二	300	1
			三	500	2
10	其他炉窑		一	150	1
			二	300	1
			三	400	1

4.3 1997 年 1 月 1 日起通过环境影响报告书（表）批准的新建、改建、扩建的各种工业炉窑，其烟尘及生产性粉尘最高允许排放浓度、烟气黑度限值，按表 2 规定执行。

表 2 烟尘及生产性粉尘最高允许排放浓度、烟气黑度限值（1997 年 1 月 1 日后安装）

序号	炉窑类别		标准级别	排放限值	
				烟(粉)尘浓度 /mg·m^{-3}	烟气黑度（林格曼级）
1	熔炼炉	高炉及高炉出铁场	一	禁排	不监测
			二	100	不监测
			三	150	不监测
		炼钢炉及混铁炉（车）	一	禁排	不监测
			二	100	不监测
			三	150	不监测

续表 2

序号	炉窑类别		标准级别	排放限值	
				烟(粉)尘浓度 /mg·m^{-3}	烟气黑度（林格曼级）
1	熔炼炉	铁合金熔炼炉	一	禁排	不监测
			二	100	不监测
			三	200	不监测
		有色金属熔炼炉	一	禁排	不监测
			二	100	不监测
			三	200	不监测
2	熔化炉	冲天炉、化铁炉	一	禁排	不监测
			二	150	1
			三	200	1
		金属熔化炉	一	禁排	不监测
			二	150	1
			三	200	1
		非金属熔化、冶炼炉	一	禁排	不监测
			二	200	1
			三	300	1
3	铁矿烧结炉	烧结机、（机头、机尾）	一	禁排	不监测
			二	100	不监测
			三	150	不监测
		球团竖炉 带式球团	一	禁排	不监测
			二	100	不监测
			三	150	不监测
4	加热炉	金属压延、锻造加热炉	一	禁排	不监测
			二	200	1
			三	300	1
		非金属加热炉	一	50*	1
			二	200	1
			三	300	1

续表2

序号	炉窑类别		标准级别	排放限值	
				烟(粉)尘浓度 /mg·m^{-3}	烟气黑度（林格曼级）
5	热处理炉	金属热处理炉	一	禁排	不监测
			二	200	1
			三	300	1
		非金属热处理炉	一	禁排	不监测
			二	200	1
			三	300	1
6	干燥炉，窑		一	禁排	不监测
			二	200	1
			三	300	1
7	非金属焙（锻）烧炉窑（耐火材料窑）		一	禁排	不监测
			二	200	1
			三	300	2
8	石灰窑		一	禁排	不监测
			二	200	1
			三	350	1
9	陶瓷 搪瓷 砖瓦窑	隧道窑	一	禁排	不监测
			二	200	1
			三	300	1
		非他窑	一	禁排	不监测
			二	200	1
			三	400	2
10	其他炉窑		一	禁排	不监测
			二	200	1
			三	300	1

4.4 各种工业炉窑（不分其安装时间），无组织排放烟（粉）尘最高允许浓度，按表3规定执行。

表3 无组织排放烟（粉）尘最高允许浓度

<table>
<tr><th>设置方式</th><th>炉窑类别</th><th>无组织排放烟(粉)尘最高允许浓度
/mg · m^{-3}</th></tr>
<tr><td rowspan="2">有车间厂房</td><td>熔炼炉、铁矿烧结炉</td><td>25</td></tr>
<tr><td>其他炉窑</td><td>5</td></tr>
<tr><td>露天（或有顶无围墙）</td><td>各种工业炉窑</td><td>5</td></tr>
</table>

4.5 各种工业炉窑的有害污染物最高允许排放浓度按表4规定执行。

表4 有害污染物最高允许排放浓度

<table>
<tr><th rowspan="2">序号</th><th rowspan="2" colspan="2">有害污染物名称</th><th rowspan="2">标准级别</th><th>1997年1月1日前安装的工业炉窑</th><th>1997年1月1日起新、改、扩建的工业炉窑</th></tr>
<tr><th>排放浓度
/mg · m^{-3}</th><th>排放浓度
/mg · m^{-3}</th></tr>
<tr><td rowspan="9">1</td><td rowspan="9">二氧化硫</td><td rowspan="3">有色金属冶炼</td><td>一</td><td>850</td><td>禁排</td></tr>
<tr><td>二</td><td>1430</td><td>850</td></tr>
<tr><td>三</td><td>4300</td><td>1430</td></tr>
<tr><td rowspan="3">钢铁烧结冶炼</td><td>一</td><td>1430</td><td>禁排</td></tr>
<tr><td>二</td><td>2860</td><td>2000</td></tr>
<tr><td>三</td><td>4300</td><td>2860</td></tr>
<tr><td rowspan="3">燃煤（油）炉窑</td><td>一</td><td>1200</td><td>禁排</td></tr>
<tr><td>二</td><td>1430</td><td>850</td></tr>
<tr><td>三</td><td>1800</td><td>1200</td></tr>
<tr><td rowspan="3">2</td><td rowspan="3" colspan="2">氟及其化合物
（以F计）</td><td>一</td><td>6</td><td>禁排</td></tr>
<tr><td>二</td><td>15</td><td>6</td></tr>
<tr><td>三</td><td>50</td><td>15</td></tr>
</table>

续表 4

序号	有害污染物名称		标准级别	1997 年 1 月 1 日前安装的工业炉窑 排放浓度 /mg·m^{-3}	1997 年 1 月 1 日起新、改、扩建的工业炉窑 排放浓度 /mg·m^{-3}
3	铅	金属熔炼	一	5	禁排
			二	30	10
			三	45	35
		其　他	一	0.5	禁排
			二	0.10	0.10
			三	0.20	0.10
4	汞	金属熔炼	一	0.05	禁排
			二	3.0	1.0
			三	5.0	3.0
		其　他	一	0.008	禁排
			二	0.010	0.010
			三	0.020	0.010
5	铍及其化合物（以 Be 计）		一	0.010	禁排
			二	0.015	0.010
			三	0.015	0.015
6	沥青油烟		一	10	5①
			二	80	50
			三	150	100

①仅限于市政、建筑施工临时用沥青加热炉。

4.6 烟囱高度

4.6.1 各种工业炉窑烟囱（或排气筒）最低允许高度为 15m。

4.6.2 1997 年 1 月 1 日起新建、改建、扩建的排放烟（粉）尘和有害污染物的工业炉窑，其烟囱（或排气筒）最低允许高度除应执行 4.6.1 和 4.6.3 规定外，还应按批准的环境影响报告书要求确定。

4.6.3 当烟囱（或排气筒）周围半径200m距离内有建筑物时，除应执行4.6.1和4.6.2规定外，烟囱（或排气筒）还应高出最高建筑物3m以上。

4.6.4 各种工业炉窑烟囱（或排气筒）高度如果达不到4.6.1、4.6.2和4.6.3的任何一项规定时，其烟（粉）尘或有害污染物最高允许排放浓度，应按相应区域排放标准值的50%执行。

4.6.5 1997年1月1日起新建、改建、扩建的工业炉窑烟囱（或排气筒）应设置永久采样、监测孔和采样监测用平台。

5 监测

5.1 测试工况：测试在最大热负荷下进行，当炉窑达不到或超过设计能力时，也必须在最大生产能力的热负荷下测定，即在燃料耗量较大的稳定加温阶段进行。一般测试时间不得少于2h。

5.2 实测的工业炉窑的烟（粉）尘、有害污染物排放浓度，应换算为规定的掺风系数或过量空气系数时的数值：

冲天炉（冷风炉，鼓风温度≤400℃）掺风系数规定为4.0；

冲天炉（热风炉，鼓风温度>400℃）掺风系数规定为2.5；

其他工业炉窑过量空气系数规定为1.7。

熔炼炉、铁矿烧结炉按实测浓度计。

5.3 无组织排放烟尘及生产性粉尘监测点，设置在工业炉窑所在厂房门窗排放口处，并选浓度最大值。若工业炉窑露天设置（或有顶无围墙），监测点应选在距烟（粉）尘排放源5m，最低高度1.5m处任意点，并选浓度最大值。

6 标准实施

6.1 本标准由县级以上人民政府环境保护行政主管部门负责监督实施。

6.2 位于国务院批准划定的酸雨控制区和二氧化硫污染控制区内的各种工业炉窑，SO_2的排放除执行本标准外，还应执行总量控制标准。

附录2　中华人民共和国国家环境保护标准

钢铁工业除尘工程技术规范（节录）

（HJ 435—2008 2008-09-01 实施）

前　言

为贯彻《中华人民共和国环境保护法》、《中华人民共和国大气污染防治法》、规范钢铁工业除尘工程建设，防治钢铁工业含尘气体污染，改善环境质量，制定本标准。

本标准规定了钢铁工业主要生产工艺中烟（粉）尘的治理原则和措施，以及除尘工程设计、施工、验收和运行的技术要求。

本标准为首次发布。

本标准由环境保护部科技标准司组织制订。

本标准主要起草单位：中钢集团天澄环保科技股份有限公司、中国环境保护产业协会（电除尘委员会）、上海宝钢工程技术有限公司。

本标准环境保护部2008年6月6日批准。

本标准自2008年9月1日起实施。

本标准由环境保护部解释。

1　适用范围

本标准规定了钢铁工业主要生产工艺中烟（粉）尘的治理原则和措施，以及除尘工程设计、施工、验收和运行的技术要求。

本标准适用于钢铁工业新建、改建、扩建除尘工程从设计、施工到验收、运行的全过程管理和已建除尘工程的运行管理，可作为钢铁工业建设项目环境影响评价、环境保护设施设计与施工、建设项目竣工环境保护验收及建成后运行与管理的技术依据。

2 规范性引用文件

本标准内容引用了下列文件中的条款。凡是不注日期的引用文件，其有效版本适用于本标准。

GB 6222 工业企业煤气安全规程

GB 12138 袋式除尘器性能测试方法

GB 12348 工业企业厂界噪声标准

GB 13456 钢铁工业水污染排放标准

GB 16297 大气污染物综合排放标准

GB 50016 建筑设计防火规范

GB 50019 采暖通风与空气调节设计规范

GB 50187 工业企业总平面设计规范

GB 50231 机械设备安装工程施工及验收通用规范

GB 50235 工业金属管道工程施工及验收规范

GB 50243 通风与空调工程施工质量验收规范

GB 50254 电气装置安装工程低压电器施工及验收规范

GB 50255 电气装置安装工程电力变流设备施工及验收规范

GB 50256 电气装置安装工程起重机电气装置施工及验收规范

GB 50257 电气装置安装工程爆炸和火灾危险环境电气装置施工及验收规范

GB 50258 电气装置安装工程 1kV 及以下配线工程施工及验收规范

GB 50259 电气装置安装工程电气照明装置施工及验收规范

GB 50275 压缩机、风机、泵安装工程施工及验收规范

GB 50414　钢铁冶金企业设计防火规范

GBJ 87　工业企业噪声控制设计规范

GBZ 1　工业企业设计卫生标准

GBZ 2　工作场所有害因素职业接触限值

GB/T 13931　电除尘性能测试方法

GB/T 16157　固定污染源排气中颗粒物测定与气态污染物采样方法

AQ2002　炼铁安全规程

HJ/T 75　固定污染源烟气排放连续监测技术规范

HJ/T 76　固定污染源排放烟气连续监测系统技术要求及检测方法

HJ/T 212　污染源在线自动监控(监测)系统数据传输标准

HJ/T 320　环境保护产品技术要求　电除尘器高压整流电源

HJ/T 321　环境保护产品技术要求　电除尘器低压控制电源

HJ/T 322　环境保护产品技术要求　电除尘器

HJ/T 324　环境保护产品技术要求　袋式除尘器用滤料

HJ/T 325　环境保护产品技术要求　袋式除尘器滤袋框架

HJ/T 326　环境保护产品技术要求　袋式除尘器用覆膜滤料

HJ/T 327　环境保护产品技术要求　袋式除尘器滤袋

HJ/T 328　环境保护产品技术要求　脉冲喷吹类袋式除尘器

HJ/T 329　环境保护产品技术要求　回转反吹袋式除尘器

HJ/T 330　环境保护产品技术要求　分室反吹类袋式除尘器

JB/T 5908　电除尘器主要件抽样检验及包装运输储存规范

JB/T 5911　电除尘器焊接技术要求

JB/T 6407　电除尘器调试、运行、维修安全技术规范

JB/T 8471　袋式除尘器安装技术要求与验收规范

JB/T 8532　脉冲喷吹类袋式除尘器

JB/T 8536　电除尘器机械安装技术条件

JB/T 8690　工业通风机噪声限值

《转炉煤气净化回收技术规程》(冶金工业部，1988 年)

《建筑工程设计文件编制深度规定》（建质［2003］84号）

《建设项目竣工环境保护验收管理办法》（国家环境保护总局令第13号）

3 术语和定义

下列术语和定义适用于本标准。

3.1 烟（粉）尘污染源

指产生烟（粉）尘的部位。

3.2 除尘系统

指治理烟（粉）尘污染的系统工程，由集尘罩、管道、除尘器、风机、排气筒以及系统辅助装置组成。

3.3 集尘罩

指捕集含尘气体或烟气的装置，可直接安装于烟（粉）尘污染源的上部、侧面或下面。

3.4 除尘器

指将颗粒物从含尘气体中分离出来的设备。

3.5 排气筒

指将经过除尘器净化后的气体排至大气的垂直管路。

3.6 卸、输灰系统

指将除尘器收集的粉尘输送至指定地点的成套装置。

3.7 高温烟气

指温度大于等于130℃的烟气。

3.8 冷却设备

指将高温烟气冷却至指定温度的设备。

3.9 标准状态

指含尘气体在温度为273.15K，压力为101 325Pa的干气体状态。

4 总体设计

4.1 一般规定

4.1.1 新建、扩建、改建和技术改造配套的除尘工程应按国家的基本建设程序进行。

4.1.2 除尘工程应根据钢铁生产工艺合理配置，除尘系统排放应符合国家和地方钢铁工业大气污染物排放标准的规定。岗位粉尘浓度应符合 GBZ 2 规定的限值。

4.1.3 除尘工程应由具有国家相应设计资质的单位设计。设计文件应符合《建筑工程设计文件编制深度规定》、环境影响报告书、审批文件及本标准的要求。

4.1.4 除尘系统设计除应符合本标准的规定之外，还应遵守 GB 50019 及 GBZ 1 中有关除尘设计的相应规定。

4.1.5 除尘工程的总体布局应执行 GBZ 1 的规定，并符合下列要求：a）工艺流程合理，除尘器应尽量靠近污染源布置，管道应尽量简短；b）合理利用地形、地质条件；c）充分利用厂区内现有公用设施及供配电系统；d）交通便利、运输畅通，方便施工及运行维护。

4.1.6 除尘系统的场地标高、场地排水、防洪等均应符合 GB 50187 的规定。

4.1.7 除尘系统的装备水平应不低于生产工艺设备的装备水平。生产企业应把除尘设施作为生产系统的一部分进行管理。除尘系统应与对应的生产工艺设备同步运转。

4.1.8 对生产工况负荷变化较大的除尘系统，除尘风机宜采取调速等节能措施。

4.1.9 粉尘储存和运输应防止二次污染，鼓励综合利用。

4.2 烟（粉）尘污染源控制

4.2.1 各烟（粉）尘污染源应设置集尘罩。集尘罩的设置应考虑工艺特点、设备结构、安全生产要求、方便操作和维修等因素。

4.2.2 集尘罩不宜靠近敞开的孔洞（如操作孔、观察孔、出料口等），以免吸入大量空气或物料。

4.2.3 对产生烟（粉）尘的工艺设备，应首先考虑从工艺上采取密闭措施。集尘罩内应保持一定的负压，并避免吸入过多的生产物料，集尘罩的扩张角不宜大于60°。

4.2.4 带式输送机受料点集尘罩与溜料槽相邻两边的距离不宜小于500mm。带式输送机导板密闭罩的净空高度不宜小于400mm。当溜料槽与带式输送机垂直交料时，宜在溜料槽前、后分别设置集尘罩。

4.2.5 除尘系统的风量、含尘浓度宜实测确定，或参照同类工程、设计手册确定。测定方法按GB/T 16157执行。

4.3 除尘管道

4.3.1 除尘管网的支管宜从主管的上部或侧面接入，连接三通的夹角宜为15°~45°；丁字连接时宜采用导流措施（补角三通）。

4.3.2 除尘管道应采取防积灰措施，并考虑设置清灰设施和检查孔（门）。

4.3.3 除尘管道积灰荷载宜按管内积灰高度不低于管道直径1/8（非亲水性粉尘）或1/5（亲水性粉尘）的灰量估算，或按积灰面积不小于管道截面积5%的灰量估算。

4.3.4 除尘管道内风速在常温条件下应取14~25m/s。

4.3.5 除尘管道的壁厚应根据管内气体温度、管道刚度及粉尘磨琢性等因素综合确定，并考虑烟气温度、管道直径（或矩形管边长）、管道壁厚、管内压力、支架间距等因素决定是否设加强筋。壁厚取值可参照表1。

表1 除尘管道壁厚

序号	除尘管道直径 D 或矩形长边 B/mm	矩形管壁厚/mm	圆管壁厚/mm
1	$D(B) \leqslant 40$	3	3~4
2	$400 < D(B) \leqslant 1500$	4	4~6
3	$1500 < D(B) \leqslant 2200$	6	6~8
4	$2200 < D(B) \leqslant 3000$	6~8	6~8
5	$3000 < D(B) \leqslant 4000$	6~8	8~10
6	$D(B) > 4000$	8	10~12

4.3.6 输送含尘浓度高、粉尘磨琢性强的含尘气体时，除尘管道中易受冲刷部位应采取防磨措施，宜加厚管壁或采用碳化硅、陶瓷复合管等管材。

4.3.7 高温管道或设于室外且距离除尘器较远的常温管道，宜设置补偿器，补偿器两端设支架。

4.3.8 除尘器进出口及风机进出口管道上宜设置柔性连接件，并设固定支架，隔离变形引起的推力。

4.3.9 除尘管道应设置测量孔和必要的操作平台。

4.3.10 输送相对湿度较大、易结露的含尘气体时，管道应采取保温措施。

4.3.11 除尘系统管网应进行阻力计算及阻力平衡计算，同一节点上两支管阻力差不应超过 10%，否则应改变管径或安装调节装置。

4.3.12 输送爆炸性气体或粉尘的管道应设泄爆装置，并可靠接地。

4.4 除尘器

4.4.1 选择除尘器应考虑如下因素：a）烟（粉）尘的物理、化学性质，如：温度、密度、粒径、吸水性、比电阻、黏结性、含湿量、露点、含尘浓度、化学成分、腐蚀性、爆炸性等；b）含尘气体流量、排放浓度及除尘效率；c）除尘器的投资、金属耗量、占地面积及使用寿命；d）除尘器运行费用（水、电、备品备件等）；e）除尘器的运行维护要求及用户管理水平；f）粉尘回收利用的价值及形式。

4.4.2 除尘系统宜采用负压式并优先选用干式电除尘器或袋式除尘器。

4.4.3 选择袋式除尘器时，应根据气体和粉尘的物化性质、清灰方式等因素确定过滤风速。

4.4.4 袋式除尘器应分别符合 HJ/T 3 28、HJ/T 329、HJ/T 330 的规定，滤袋应符合 HJ/T 327 的规定，滤袋框架应符合 HJ/T 325 的规定，滤料应符合 HJ/T 324 和 HJ/T 326 的规定。

4.4.5 选择电除尘器时，应根据气体和粉尘的物化性质，尤其是粉尘比电阻值，以及要求达到的除尘效率，确定电场风速及比表面积。

4.4.6 电除尘器应符合 HJ/T 322 的规定，供电电源应符合 HJ/T 320 和 HJ/T 321 的规定。

4.4.7 除尘器在系统中的布置以及所采取的防爆、防冻、降温等措施应符合 GB 50019 的有关规定。

4.4.8 在处理高温、高湿可能导致除尘器结露的含尘气体时，除尘器应采取保温措施，必要时增设伴热系统。

4.5 除尘系统卸灰、输灰装置

4.5.1 除尘器收集的粉尘回收利用应符合 GB 50019 的有关规定。

4.5.2 干式除尘器的灰斗及中间贮灰斗的卸灰口，宜设置插板阀、卸灰阀及伸缩节。

4.5.3 除尘器卸、输灰宜采用机械输送或气力输送，卸、输灰过程不应产生二次污染。

4.5.4 卸、输灰系统设备选型应以后一级设备能力高于前一级设备能力为原则。

4.5.5 除尘器收集的灰尘需外运时，应避免粉尘二次污染，宜采用粉尘加湿、卸灰口吸风或无尘装车装置等处理措施。在条件允许的情况下，宜选用真空吸引压送罐车。

4.6 除尘系统辅助设施

4.6.1 处理高温、高浓度含尘气体时，除尘器前宜设置预处理设施，预处理设施应简单、可靠、阻力损失低。

4.6.2 烟气降温应优先考虑余热回收。

4.6.3 袋式除尘器处理含炽热颗粒物的含尘气体时，在除尘器之前应设火花捕集器。

4.6.4 袋式除尘器清灰及除尘系统阀门驱动所需压缩空气应尽量取自生产厂区压缩空气管网。

4.6.5 袋式除尘器的压缩空气供应系统由除油、除水、净化装置和贮气罐、调压装置等组成。贮气罐应尽量靠近用气点，调压装置应设在贮气罐之后。

4.6.6 寒冷地区应防止压缩空气供应系统结冰，输气管网应保温，必要时应采取伴热措施。

4.6.7 处理煤气等易爆气体时应采用氮气作为除尘器的清灰介质。

4.7 风机及调速装置

4.7.1 除尘系统管网的计算风量、风压不能直接用于风机、电机选型，应按 GB 50019 的规定考虑漏风损失及电机轴功率安全系数附加等因素。

4.7.2 除尘系统的实际温度和当地大气压力与风机设计工况下的温度、大气压力有差别时，风机配用电机的所需功率应按下式计算。

$$P = \frac{p}{101325} \times \frac{273 + t}{273 + t_1} \frac{Qh}{1000 \times 3600 \times \eta_1 \eta_2} \times K$$

式中 P——电机的所需功率，kW；

p——使用地点的大气压力，Pa；

t——风机设计工况下的温度，℃；

t_1——风机使用的实际温度，℃；

Q——选型风量（在设计风量上附加管道漏风量、除尘器漏风量），m^3/h；

h——选型风压（由除尘系统计算压力损失和附加值组成，附加值按 GB 50019 执行），Pa；

η_1——机械效率，取 0.98；

η_2——风机内效率；

K——电动机轴功率安全系数（通风机取 1.15，引风机取 1.3）。

4.7.3 除尘系统需多台风机并联工作时，应选取相同型号、相同性能的机组，其风量、风压应按 GB 50019 中有关规定确定。

4.7.4 周期性变负荷运行的除尘系统，风机应配置与工艺设备联锁控制的调速装置，并采取必要的措施，防止因管道内风速过低引起的水平管道内粉尘沉降。

4.7.5 除尘系统处理潮湿或含水蒸汽的含尘气体，风机内壁可能出现凝结水时，应在风机底部采取排水措施。

4.8 排气筒（烟囱）

4.8.1 除尘系统的排气筒高度应按 GB 16297 的规定计算。

4.8.2 排气筒的出口直径应根据出口流速确定，流速宜取 15m/s 左右。

4.8.3 大型除尘系统排气筒应设置清灰孔，多雨地区应考虑排水设施。

4.9 除尘系统控制及检测

4.9.1 除尘系统控制及检测应包括系统的运行控制、参数检测、状态显示、工艺联锁等。

4.9.2 除尘系统应按照 GB 50019 中有关规定的要求，采用集中和就地两种控制方式，或者单独采用某一种控制方式。

4.9.3 除尘系统集中控制的设备，应设现场手动控制装置，并可通过远程自动/手动转换开关实现自动与就地手动控制的转换。

4.9.4 除尘系统运行控制应包括系统与除尘器的启停顺序、系统与生产工艺设备的联锁、运行参数的超限报警及自动保护等功能。

4.9.5 与生产工艺紧密相关的除尘系统，宜在生产工艺控制室及除尘系统控制室分别设置操作系统，并随时显示其工作状态。除尘系统控制室应尽量靠近除尘器。

4.9.6 除尘系统的运行检测、显示及报警项目宜包括以下内容：

a）除尘器进、出口风量、静压、温度、湿度、除尘器出口粉尘浓度；

b）高温烟气降温设备进口和出口的介质流量、压力、温度，烟气流量、温度、静压；

c）风机轴承温度，电机轴承温度、定子温度、振幅、转速；

d）除尘系统用油循环系统及冷却介质的流量、温度、压力；

e）大型电机电流；

f）电除尘器各电场一、二次电流和电压。

4.9.7 除尘工程应按照国家钢铁工业大气污染物排放标准的要求设置连续监测系统，并与当地环保部门联网。连续监测装置和数据传输系统应分别符合 HJ/T 76 和 HJ/T 212 的规定，安装、运行和维护应符合 HJ/T 75 的规定。

4.9.8 电除尘器和袋式除尘器的性能检测应按 GB/T 13931 和 GB 12138 的规定进行。

4.10 环境保护与安全卫生

4.10.1 除尘工程在建设过程中产生的废水、废渣、噪声及其他污染物的防治与排放，应执行国家和地方现行环境保护法规和标准的规定。

4.10.2 湿式除尘系统的废水处理后宜回用，排放废水应达到 GB 13456 和地方排放标准的要求。

4.10.3 除尘工程噪声和振动控制的设计应符合 GBJ 87 的规定，厂界噪声应符合 GB 12348 的规定。风机噪声应达到 JB/T 8690 的要求。当噪声超过规定时，应在风机出口设置消声器或在风机壳体加装隔声设施。必要时，应对电机采取隔声措施。

4.10.4 除尘系统在设计、施工、运行过程中应按照国家有关规定，采取各种防护措施保护人身安全和健康。

4.10.5 除尘工程的防火防爆设计应符合 GB 6222、GB 50016、GB 50019、GB 50414 等的规定。

4.10.6 除尘工程室内噪声与振动控制等职业卫生要求应符合 GBZ 1 的规定。

5 烟（粉）尘污染源及除尘技术措施

5.1 原料场

5.1.1 翻车机、移动式卸料机除尘

5.1.1.1 翻车机进料工序中翻车机室及给料机和带式输送机应采取除尘措施。

5.1.1.2 翻车机室的翻车部位尽可能密封，两侧在相应位置分层设置吸风口。有条件时，火车进出口应设自动控制门。

5.1.1.3 给料机及带式输送机应采取密封措施，并设集尘罩。

5.1.1.4 翻车机进料工序应设独立的除尘系统，宜选用袋式除尘器。

5.1.1.5 移动式卸料机上宜设车载式除尘器。

5.1.2 破碎筛分除尘

5.1.2.1 对原矿、块矿以及石灰石、白云石、原煤的破碎筛分等工位，应在破碎机或粉碎机的进、出料口、振动筛上部以及带式输送机转运点等部位设密闭装置或集尘罩，转运点受料处宜设双层密闭罩。

5.1.2.2 原料和燃料应分设除尘系统。原料宜采用干式除尘系统，选用袋式除尘或电除尘器。

5.1.2.3 煤一次破碎除尘系统应采取防爆措施。除尘器选用袋式除尘器，滤料应具有防静电功能；系统和设备应静电接地，并设泄爆装置。灰斗宜采取保温或伴热措施。

5.1.3 混匀配料槽除尘

5.1.3.1 混匀配料槽的槽上卸料车和槽下定量给料工位应采取除尘措施。

5.1.3.2 槽上卸料车产生的粉尘可采用移动风口通风槽或车载式除尘器，或设大容积密闭罩。对槽下定量卸料装置产生的粉尘宜设双层密闭罩。

5.1.3.3 对混匀配料槽扬尘，宜设独立的干式除尘系统，采用袋式除尘或电除尘器。

5.1.4 料场、转运点及卸料槽除尘

5.1.4.1 原料、辅助原料及燃料等料场的大面积污染源宜采取喷水抑尘措施，必要时添加适量的表面固化剂。料场场界宜设防尘网或建室内料场。

5.1.4.2 当料场所在位置室外风速较大时，应在边界设置局部防尘网。

5.1.4.3 带式输送机转运点应采取密闭和除尘措施。

5.1.4.4 汽车卸料槽宜整体密闭并设除尘系统，整体密闭罩的设置应充分考虑便于卸料操作并尽可能减少漏风。

5.2 焦化

5.2.1 备煤除尘

5.2.1.1 煤的破、粉碎机室及全部转运点应采取除尘措施。

5.2.1.2 破、粉碎机进、出料口处应设置密闭罩。

5.2.1.3 备煤除尘系统的设置执行本标准5.1.2.3条。

5.2.1.4 备煤除尘系统收集的粉尘应回送到配煤工位。

5.2.2 焦炉装煤、出焦除尘

5.2.2.1 焦炉装煤、出焦除尘系统宜采用除尘地面站。

5.2.2.2 焦炉装煤除尘设计应考虑的烟气特性：

a）主要成分为煤尘、荒煤气、焦油烟；

b）含有苯可溶物和苯并芘；

c）含尘浓度、温度等。

5.2.2.3 焦炉出焦除尘设计应考虑的烟气特性：

a）主要成分为焦粉；

b）含少量焦油烟、苯可溶物和苯并芘；

c）含尘浓度、温度等。

5.2.2.4 焦炉装煤、出焦除尘系统应采用袋式除尘器，并采取阻火、冷却及防爆等安全措施。

5.2.2.5 焦炉装煤除尘系统的滤袋应采取预喷涂措施，预喷涂与清灰操作应联动控制。

5.2.3 干熄焦除尘

5.2.3.1 干熄炉顶的装入装置、预存室事故放散口、预存室压力自动调节放散口和干熄炉底的排出装置、运焦带式输送机受料点等产尘点应设置集尘罩。

5.2.3.2 干熄焦除尘设计应考虑的烟气特性：

a）烟气中主要含焦粉；

b）循环气体含一氧化碳、二氧化碳、氢气、氮气、水蒸气、甲烷及微量的硫化物和氯化物等；

c）含尘浓度。

5.2.3.3 干熄焦除尘宜采用袋式除尘，并设阻火、防爆装置。选用常温滤料时，烟气进入除尘器之前应冷却至120℃以下。

5.2.3.4 排焦口集尘罩排出的气体中焦粉浓度大于$30g/m^3$（标准状态）时，不应与干熄炉顶的装入装置及预存室事故放散口排出的带火星含尘气体混合。

5.2.4 运焦除尘

5.2.4.1 湿法熄焦的筛焦楼、贮焦槽及全部转运站，均应采取除尘措施。当选用湿法除尘时，污水应排入焦化废水处理设施。

5.2.4.2 干法熄焦的筛焦楼、贮焦槽及全部转运点应采用袋式除尘系统，并采取防爆措施。

5.3 烧结

5.3.1 原料及配料除尘

5.3.1.1 原料接受、原料贮存、燃料和熔剂的破碎筛分、配料等工位应采取除尘措施。

5.3.1.2 给矿机卸料点、矿槽放料点、燃料和熔剂的破碎筛分设备、带式输送机转运点宜采取密闭和除尘措施，选用袋式除尘器或电除尘器。在工艺允许的情况下，可采取喷雾抑尘辅助措施。

5.3.1.3 冷、热返矿转运扬尘点宜视总图位置并入配料、机尾或整粒除尘系统。

5.3.1.4 燃料系统宜独立设置袋式除尘器。

5.3.1.5 熔剂系统宜独立设置袋式除尘器或电除尘器。采用袋式除尘器时，宜选用易清灰的滤料。

5.3.2 混合料除尘

5.3.2.1 混合料工序中，一次混合机、二次混合机和混合料矿槽及转运点应采取排气、除尘措施。

5.3.2.2 采用热返矿配料时，宜在带式输送机两端或中部设密闭罩和自然排气管，在圆筒混合机两端和混合料槽顶部设自然排气管。当混合机排气含尘浓度超过排放标准时，应设集尘罩，并对除尘管道采取保温措施。收集的含尘气体宜并入烧结机尾或配料除尘系统。

5.3.2.3 不采用热返矿配料时，应密闭尘源，并设置除尘器。

5.3.2.4 混合料工位若独立设置袋式除尘器，宜选用耐湿性滤料或塑烧板过滤组件。

5.3.3 烧结机头除尘

5.3.3.1 烧结机头除尘系统设计应考虑的烟气特性：烟气温度、含尘浓度、含湿量等。

5.3.3.2 烧结机头除尘系统应采用电除尘器。电除尘器入口应设冷风阀及温控装置，壳体应保温，电场流速宜小于等于1.1m/s。

5.3.3.3 烟气脱硫系统若采用半干法工艺，宜配套袋式除尘器。

5.3.4 烧结机尾除尘

5.3.4.1 机尾热矿卸料、破碎、筛分、输送等工位应采取除尘措施。

5.3.4.2 烧结机尾除尘系统设计应考虑的烟气特性：烟气温度、含尘浓度、含湿量等。

5.3.4.3 烧结机尾应设大容积密闭罩，并将密闭罩延伸到真空箱总长的1/3～1/2部位。

5.3.4.4 烧结机尾除尘系统宜选用袋式除尘器或电除尘器。

5.3.4.5 除尘器收集的粉尘宜返回配料室，或送往附近的粉尘处理室统一处理回收。烧结工艺允许时，宜加湿后直接送入一次混合机回收。

5.3.5 冷却机除尘

5.3.5.1 应按照烧结矿冷却方式选择冷却机除尘措施。

5.3.5.2 机上冷却宜在尾部卸料处设大容积密闭罩，收集的含尘气体进入烧结机尾除尘系统。

5.3.5.3 鼓风冷却的环冷机和带冷机应选用多管旋风除尘器，净化后的烟气送烧结点火炉用作煤气助燃；抽风冷却的环冷机和带冷机应在受料点、卸料点设密闭罩，捕集的含尘气流进入机尾除尘系统。

5.3.6 整粒及成品矿槽除尘

5.3.6.1 固定筛、破碎机、振动筛、带式输送机转运点、成品矿槽顶部移动受料点和底部卸料点等工位应采取密闭和除尘措施。

5.3.6.2 成品矿槽顶部移动卸矿车卸料工位可采用移动风口通风槽或车载式除尘器。

5.3.6.3 整粒及成品矿槽除尘系统应采用袋式除尘器或电除尘器。

5.4 球团

5.4.1 磨碎及干燥脱水除尘

5.4.1.1 球团原料制备的干法磨碎机或湿法磨碎机均应设置除尘系统。

5.4.1.2 磨碎及干燥脱水除尘系统设计应考虑的含尘气体特性：

a）粉尘成分为铁矿石、膨润土、橄榄石、白云石或石灰石；

b）排气含湿量。

5.4.1.3 除尘系统宜采用袋式除尘器或电除尘器，对于含湿量高的含尘气体也可采用塑烧板除尘器。系统应采取保温等防结露措施。

5.4.1.4 除尘器收集的粉尘应返回原料系统利用。

5.4.2 球团烧结烟气除尘

5.4.2.1 球团烧结的带式烧结机、链算机回转窑，以及烧结各段产生的废气应循环用于预热、干燥及燃烧。

5.4.2.2 带式烧结机除尘系统应采用袋式除尘器或电除尘器，链箅机回转窑除尘系统宜采用电除尘器。系统应采取保温等防结露措施。

5.4.3 成品系统除尘

5.4.3.1 球团成品筛分、贮运过程中产生的粉尘应采用电除尘或袋式除尘系统。

5.4.3.2 除尘器收集的粉尘应返回原料系统，用作造球原料。

5.5 炼铁

5.5.1 高炉煤气净化

5.5.1.1 高炉煤气净化系统宜采用袋式除尘系统和余压发电装置。

5.5.1.2 袋式除尘系统应设煤气温度控制装置。

5.5.1.3 袋式除尘器应采用氮气脉冲喷吹清灰，滤袋材质宜选用芳纶针刺毡或芳纶－玻纤复合针刺毡。

5.5.1.4 袋式除尘器设计应考虑高炉煤气高温、高压、易燃易爆以及与生产关系密切等因素，在箱体结构、密封性、防爆性以及灰斗和卸灰装置等方面应适应上述特殊要求。

5.5.2 高炉贮矿槽除尘

5.5.2.1 槽上移动卸料车、槽下振动给料器、振动筛、称量斗、带式输送机受料点和转运点等工位应采取除尘措施。

5.5.2.2 槽上移动卸料车可采用移动风口通风槽、车载式除尘器。槽上贮仓宜采用仓顶抽风方式。

5.5.2.3 槽下振动给料器、振动筛、称量斗、带式输送机转运点等工位应采取密闭措施，带式输送机受料点宜设双层密闭罩。

5.5.2.4 贮矿槽工序宜设计集中式除尘系统，采用袋式除尘器或电除尘器，收集的粉尘送烧结回用。

5.5.3 高炉出铁场除尘

5.5.3.1 出铁口、铁沟、渣沟、撇渣器、摆动流嘴或铁水罐等工位应采取除尘措施，必要时设置二次除尘系统。

5.5.3.2 高炉出铁场除尘系统设计应考虑的因素：a）高炉出

铁方式和周期；b）烟尘颗粒细、阵发浓度高、污染面大，并随生产工艺周期变化。

5.5.3.3 出铁口宜采用侧吸加顶吸的烟尘捕集方式，铁沟和渣沟宜加盖抽风。

5.5.3.4 撇渣器宜设可拆卸式密闭罩。

5.5.3.5 摆动流嘴宜采用顶吸或侧吸的烟尘捕集方式。铁水罐宜采用顶吸的烟尘捕集方式。

5.5.4 炉顶装料除尘

5.5.4.1 炉顶装料产尘点应采取密闭措施，并设抽风点。

5.5.4.2 炉顶装料除尘宜采用袋式除尘器。

5.5.5 铸铁机除尘

5.5.5.1 铸铁机的翻罐浇注工位应采取除尘措施，铁水流槽上部宜设容积式集尘罩。

5.5.5.2 铸铁机除尘系统宜采用袋式除尘器。

5.5.6 煤磨收尘

5.5.6.1 煤磨尾气的流量应根据磨机产量及原煤的可磨系数等因素确定。

5.5.6.2 煤磨收尘系统设计应考虑烟气温度、煤粉浓度等特性。

5.5.6.3 煤磨收尘系统宜采用脉冲袋式除尘器，除尘器过滤速度宜低于0.8m/min。

5.5.6.4 收尘系统应选用防静电滤料，并采用静电接地、含氧量监控、温度监控、氮气喷吹保护等防火、防爆安全措施。

5.6 炼钢

5.6.1 电弧炉除尘

5.6.1.1 电弧炉除尘系统设计应考虑炉型、原料配比、冶炼工况、冶炼周期等因素。

5.6.1.2 电弧炉的炉气量根据装料量、原料配比、脱碳速度、供电功率、吹氧强度等多种因素确定。

5.6.1.3 电弧炉炉内排烟量应按最不利的氧化期工况设计。氧化期烟气含尘浓度 20 ~ 30g/m^3（标准状态），烟气温度 1200 ~ 1600℃。

5.6.1.4 电弧炉排烟方式应根据电弧炉型式、规格、工艺条件以及排放要求确定。生产高合金钢的小型电弧炉宜采用炉盖罩或炉体密封罩排烟方式；20t 以上的电弧炉，宜采用导流罩与屋顶罩相结合的排烟方式；30t 以上的电弧炉宜在炉内排烟的基础上，采用屋顶罩排烟；60t 以上的电弧炉可增设电弧炉密闭罩。

5.6.1.5 电弧炉一次烟气冷却可采用水冷烟道、风冷器、余热锅炉等的组合。

5.6.1.6 电弧炉除尘系统应采用袋式除尘器。

5.6.2 铁水预处理除尘

5.6.2.1 混铁车（铁水罐）倒渣，铁水脱硫、脱硅、脱磷等工位均应采取除尘措施。

5.6.2.2 混铁车倒渣间应保持负压，倒渣间顶部应设屋顶集尘罩，倒渣间进出口处装活动封挡门。

5.6.2.3 铁水脱硫、脱磷工位宜整体密闭或在铁水罐上方设围挡。铁水罐上方应设集尘罩。

5.6.2.4 铁水脱硅的烟气捕集应采用顶部水冷密排管集尘罩。

5.6.2.5 铁水倒罐站应采用全封闭排烟，将混铁车（铁水罐）与受铁罐全部封闭在倒罐坑内，由倒罐坑顶部集尘罩排烟。

5.6.2.6 铁水扒渣工位应在铁水罐上方设集尘罩。在不影响扒渣操作前提下，集尘罩应略大于铁水罐烟柱横断面。

5.6.2.7 铁水预处理除尘系统宜采用袋式除尘器。

5.6.3 混铁炉除尘

5.6.3.1 混铁炉兑铁水和出铁水时均应采取除尘措施。

5.6.3.2 顶部兑铁的混铁炉宜设吹吸式气幕罩、导流式屋顶罩。侧面兑铁的混铁炉，宜将混铁炉兑铁槽和兑铁口整体密闭，在密闭罩顶部两侧设排烟口。混铁炉倒铁水工位宜设容积式密闭罩（铁水罐脱钩平台移动受铁水）或吹吸式气幕罩（铁水罐不脱钩吊车移动受铁水)。

5.6.3.3 混铁炉兑铁水和出铁水排风管路上应设切换阀门，并与生产工艺联锁控制。

5.6.4 转炉除尘

5.6.4.1 转炉除尘设计应考虑最大铁水装入量、冶炼周期、冶炼工况、吹氧强度、脱碳速度等因素。

5.6.4.2 转炉煤气（一次烟气）宜采用未燃法予以净化回收，设计时应充分考虑系统的安全和防爆措施。

5.6.4.3 转炉煤气（一次烟气）净化可采用湿法或干法工艺。新建和改建项目宜采用干法工艺。

5.6.4.4 转炉二次烟气除尘系统应对转炉采取密闭措施，设炉前集尘罩和炉后集尘罩，炉前集尘罩上沿悬挂活动帘。在炉后操作平台下设挡烟导流板。

5.6.4.5 转炉二次烟气除尘系统中炉前集尘罩和炉后集尘罩抽风点宜用阀门转换。

5.6.4.6 转炉二次除尘宜设独立除尘系统，采用袋式除尘器。

5.6.4.7 转炉一次烟气、二次烟气及铁水预处理各工序产生的烟尘，通过独立排烟系统处理尚不能完全满足环保要求时，宜增设屋顶排烟装置。

5.6.5 钢包精炼炉除尘

5.6.5.1 钢包精炼炉应配炉盖罩和排烟弯管，采用移动式滑套与固定排烟管连接，排烟量宜用滑套或阀门调节。

5.6.5.2 精炼炉排烟点宜与上料系统抽风点合设一个除尘系统。

5.6.5.3 若精炼炉工艺操作产生火星，且炉体至袋式除尘器的排烟管道较短时，除尘器之前应设置火花捕集器。

5.6.6 氩氧脱碳炉除尘

5.6.6.1 氩氧脱碳炉炉气（一次烟气）应采用燃烧法处理，燃烧烟气经冷却后与二次烟气合设一套袋式除尘系统。冷却设备可采用汽化冷却烟道、水冷烟道、风冷器等的组合。

5.6.6.2 氩氧脱碳炉排烟方式可采用炉口烟罩排烟、屋顶罩排烟和密闭罩排烟等，应根据炉型、工艺布置选用和组合。

5.7 轧钢

5.7.1 火焰清理机除尘

5.7.1.1 对火焰清理机产生的烟气应加以控制，除尘设计应考虑含尘浓度、烟气含湿量、粉尘中三氧化二铁含量、粉尘粒径等特性。

5.7.1.2 在火焰清理机的坯模通过部位设可拆卸式活动烟罩，排烟管道需保温，并考虑冷凝水排除措施。

5.7.1.3 火焰清理机除尘宜采用塑烧板除尘器、湿式电除尘器，并考虑防结露和防冻措施。

5.7.2 热轧精轧机除尘

5.7.2.1 对精轧机轧制过程中产生的烟气应加以控制，除尘设计应考虑含尘浓度、粉尘中氧化亚铁和三氧化二铁的含量、烟气含湿量、含油率、粉尘粒径等特性。

5.7.2.2 在 F4 ~ F7 机架处应设集尘罩，集尘罩固定在机架牌坊上。

5.7.2.3 排烟管道设计时应考虑冷凝水排除措施。

5.7.2.4 精轧除尘系统宜采用塑烧板除尘器，并考虑防结露和防冻措施。

5.7.3 冷轧除尘

5.7.3.1 对干式平整机、拉矫机、焊机等产生的烟尘以及冷轧机、湿式平整机、酸洗槽、碱洗槽、电镀槽等产生的油雾、酸雾、碱雾应加以控制。

5.7.3.2 干式平整机、拉矫机、焊机应设局部密闭集尘罩，除尘系统宜采用袋式除尘器。

5.7.3.3 冷轧机和湿式平整机产生的乳化液油雾应设排雾系统，采用油雾净化装置。

5.7.3.4 带钢清洗、酸洗、碱洗、电镀及后处理段的酸雾和碱雾应设排风系统，采用除雾洗涤装置。

5.7.3.5 抛丸机、修磨机应设局部密闭集尘罩，除尘系统采用袋式除尘器。

5.8 铁合金

5.8.1 矿热电弧炉除尘

5.8.1.1 矿热电弧炉烟气应冷却和净化，宜采用袋式除尘器。对封闭型电弧炉炉气宜采用干式煤气净化回收系统。冷却设备可采用空气自然冷却器、机力冷却器、余热锅炉等。

5.8.1.2 矿热电弧炉出铁口烟尘应采取控制措施，宜在出铁口溜槽铁水罐上方设集尘罩。

5.8.1.3 矿热电弧炉除尘设计应考虑烟气温度高，烟尘粒径小、密度小、黏性大等特性。

5.8.1.4 硅铁电弧炉烟气除尘系统收集的硅粉应回收利用。

5.8.2 钨铁电弧炉除尘

5.8.2.1 钨铁电弧炉宜设炉顶罩，并加强密封。

5.8.2.2 钨铁电弧炉除尘系统应采用袋式除尘器，收集的粉尘应回收利用。

5.8.3 钼铁熔炼炉除尘

5.8.3.1 钼铁熔炼炉宜采用回转集尘罩捕集烟尘。

5.8.3.2 钼铁熔炼炉除尘系统宜采用袋式除尘器，收集的粉尘应回收利用。

6 除尘工程的施工、安装及验收

6.1 一般规定

6.1.1 除尘工程应按施工设计图纸、技术文件、设备图纸等组织施工，工程的变更应取得设计单位的设计变更文件后再实施。

6.1.2 除尘工程施工单位必须具有与该工程相应的资质等级。施工使用的材料、半成品、部件应符合国家现行标准和设计要求，并取得供货商的合格证书，严禁使用不合格产品。设备安装应符合 GB 50231 的规定。

6.1.3 除尘工程建设单位应专门成立技术质量监督小组。参与设计会审，设备监制，施工质量检查；制定运行和维护规章制度，培训工人；组织、参与工程各阶段验收，进行空载试车和负载试车，建立设备安装及运行档案。

6.1.4 设备安装之前应对土建工程按安装要求进行验收，验收记录和结果应作为工程竣工验收资料之一。

6.2 除尘工程安装

6.2.1 除尘器本体及零部件的现场贮存、运输和吊装应符合产品技术文件的规定。

6.2.2 除尘工程安装包括：除尘器本体、高低压电源及其控制系统的安装，系统相关设备和装置的安装，风管和电、气、水管线的连接；除尘系统保温、防腐和防雨等。施工单位应制定安装技术方案。

6.2.3 袋式除尘器安装应符合 JB/T 8471 的规定，电除尘器的安装应符合 JB/T 8536 的规定。

6.2.4 袋式除尘器滤袋安装应放在全部安装工作的最后，滤袋装好后，不得在壳体内部和外部再实施焊接和气割等明火作业。

6.2.5 电除尘器的壳体四角应分别进行可靠的接地，新建电除尘器的接地电阻应小于或等于 2Ω。

6.2.6 除尘器的泄压装置应确保泄压功能。气路系统要保证密封，气动组件动作应灵活、准确。各运动部件应安装牢固，运行可靠。

6.2.7 除尘工程安装完成后，应彻底清除除尘器、含尘气体管道及压缩空气管路内部的杂物、关闭各检修门。

6.2.8 控制柜/箱的安装要求如下：

a）控制柜/箱的安装应和水平面保持垂直，倾斜度小于 5%；

b）避免强电、磁场及剧烈振动场合；

c）控制柜/箱体必须可靠接地；

d）室内安装应注意通风、散热，室外安装应有防尘、防雨、防晒等措施。

6.3 除尘系统调试

6.3.1 除尘系统调试分单机试车、与工艺设备空载联合试运行和带料试运行三阶段。前一阶段试车合格后进行下一阶段试车。

6.3.2 单机试车应解决转向、润滑、温升、振动等问题，连续运行时间不低于2h。单机试车时，应记录每个设备（装置）的试车过程。

6.3.3 除尘系统与工艺设备空载联合试运行应在该系统设备全部通过单机试车后进行，要求如下：

a）试运行之前必须清理安装现场，清除系统内杂物，悬挂“警示牌”，做好安全防范；

b）各运动部件加注规定的润滑油（脂），转动灵活；

c）确认供电、供水、供气正常，仪表指示正确；

d）电除尘器应首先对所有绝缘材料加热，确认对其能进行温度控制；

e）电除尘器的升压试验应执行JB 6407标准及随机提供的安装说明书，只有当一个电场（或电源）升压正常并稳定后，才可以进行另一个电场（或电源）的升压试验，此时前一个电场不应关闭；全部电场升压完成后，应启动全部振打装置，在全部振打装置运行的情况下，电场的二次电压和电流应没有变化；电场升压过程记录表的格式可参照附录A，并据升压记录绘制伏安特性曲线存档；

f）分别按手动和自动的方式依启动顺序启动各设备，检验系统设备的联锁关系；

g）工艺设备空载联合试运行时间应为4～8h。

6.3.4 袋式除尘器系统带料试运行应在工艺设备空载联合试运行完成后进行，要求如下：

a）与除尘系统相关的水、电、气，物料输送及安全检测等配套设施已经启动且工作正常；

b）在大于额定风量80%条件下，连续试验时间在72h以上；

c）观察并记录各测量仪表的显示数据及各运动部件的运行状况，各项技术指标均应达到设计要求；

d）用于高温烟气的袋式除尘器在带料试运行过程中，应设置不同的温度限值，验证自控系统的可靠性；

e）焦炉装煤车袋式除尘器在负载运行前，应先启动预喷涂系统，使滤袋附上粉料层，并消除壳体内部的堆积平面；

6.3.5 电除尘系统带料试运行应在工艺设备空载联合试运行完成后进行，要求如下：

a）同6.3.4条a）~c）的要求；

b）投运前必须先经烟气加热，使壳体及内部构件的温度超过烟气露点温度30℃以上或至少加热8h以后方可向电场供电；

c）电场供电后应逐点升压，直至能达到的最高工作电压和电流；

6.3.6 湿式除尘系统带料试运行应在工艺设备空载联合试运行完成后进行，要求如下：

a）按6.3.4条a）~c）执行；

b）排水系统管路及设备畅通无阻，运行正常。

6.3.7 煤气净化系统带料试运行执行GB 6222、《转炉煤气净化回收技术规程》及《炼铁安全规程》的规定。

6.4 安装工程验收

6.4.1 安装工程验收在安装工程完毕后，由建设单位组织安装单位、供货商、工程设计单位结合系统调试对除尘系统逐项进行验收，对机械设备和控制设备的性能、安全性、可靠性等运行状态进行考核。

6.4.2 安装工程验收依据为：主管部门的批准文件、设计文件和设计变更文件、合同及其附件、设备技术文件等。验收程序和内容应分别符合GB 6222、GB 12138、GB 50231、GB 50235、GB 50243、GB 50254 ~ GB50259、GB 50275、GB/T 13931、JB/T 5908、JB/T 5911、JB/T 6407、JB/T 8471、JB/T 8532、JB/T 8536及HJ/T76和安装文件的有关规定。

6.5 工程环境保护验收

6.5.1 与生产工程同步建设的除尘工程应与生产工程同时进行环境保护验收；现有生产设备配套或改造的除尘设施应单独进行环境保护验收。

6.5.2 除尘工程环境保护验收按《建设项目竣工环境保护验收管理办法》的规定执行。

6.5.3 除《建设项目竣工环境保护验收管理办法》规定的验收材料以外，申请单位还应提供工程质量验收报告和除尘系统性能试验报告，性能试验报告的主要参数应包括：

a）系统风量；

b）系统漏风率；

c）粉尘排放浓度；

d）系统阻力；

e）岗位粉尘浓度。

6.5.4 配套建设的烟气连续监测及数据传输系统，应与除尘工程同时进行环境保护验收。

7 除尘系统运行与维护

7.1 一般规定

7.1.1 生产单位应设环境保护管理机构，配备技术人员及除尘系统检测仪器，制定除尘系统运行及维护的规章制度。

7.1.2 除尘设施的操作和维护均应责任到人。岗位工应通过培训考核上岗，熟悉本岗位运行及维护要求，具有熟练的操作技能，遵守劳动纪律，执行操作规程。

7.1.3 除尘系统应在生产系统启动之前启动，在生产系统停机之后停机。

7.1.4 岗位工人应填写运行记录，严格执行交接班工作制度。运行记录按天上报企业生产和环保管理部门，按月成册。所有除尘器均应有运行记录，一般通风设备用除尘器运行记录可随同车间工艺设备一起编制，高温烟气系统的除尘器、处理风量大于 100000m^3/h 的大型除尘系统的除尘器运行记录宜单独编制，记录间隔可取 1～2h。除尘器运行记录可参照附录 B。

7.1.5 除尘工程中通用设备的备品备件按机械设备管理规程储备，专用备品备件如脉冲阀、滤袋、气动组件、绝缘材料、电极板及高低压电器组件等储备量为正常运行量的 10%～15%。

7.1.6 应制定除尘系统中、大检修计划和应急预案。除尘系统检修时间应与工艺设备同步，每 6 个月对工艺配套的除尘系统主要技术性能检查一次，对可能有问题的除尘系统随时检查，检修和检查结果应记录并存档。

7.2 袋式除尘系统运行

7.2.1 除尘系统开机前，应全面检查运行条件，符合要求后按开机程序启动。

7.2.2 除尘系统的运行控制应与生产系统的操作密切配合，选择自动控制状态；系统风量不得超过额定处理风量；生产工况变化时，应通过调节保证正常运行和达标排放。

7.2.3 除尘系统入口气体温度必须低于滤料使用温度的上限、且高于气体露点温度 10℃以上；系统阻力保持在正常范围内。

7.2.4 存在燃爆危险的除尘系统应控制温度、压力和一氧化碳含量，经常检查泄压阀、检测装置、灭火装置等。一旦发生燃爆事故应立即启动应急预案，并逐级上报。

7.2.5 操作工每班至少应巡回检查一次各部件，保持设备和现场的整洁，及时发现隐患，妥善处理。

7.2.6 生产系统停机后，除尘器的清灰、排灰机构还应运行一段时间，且先停清灰，后停排灰。

7.2.7 冬季或高寒地区的袋式除尘器长时间停运后，启动时应采取加热措施，沿海等空气潮湿地方的袋式除尘器负载运行启动前宜采用烟气加热，使除尘器内温度高于露点温度 10℃以上。

7.2.8 在有冰冻季节的地区，除尘系统停机时冷却水和压缩空气的冷凝水应完全放掉。长期停车时还应取下滤袋，切断配电柜和控制柜电源。

7.3 电除尘系统运行

7.3.1 执行7.2.1、7.2.2、7.2.4~7.2.6条规定。

7.3.2 电除尘器投运前应提前4h将全部的电加热装置送电加热；向电场供电之前应确认烟气中一氧化碳等可燃气体在安全范围内。

7.3.3 电除尘器运行过程中应控制一次电压、一次电流、二次电压、二次电流、振打周期等运行参数。

7.3.4 电除尘器停机时应先停止向电场供电，再切断主回路和控制回路的电源；如停机时间超过8h或要进行设备检修时，应按供货方提供的操作说明书的要求执行；如停机时间超过24h，在停止向电场供电的同时可切断电加热器电源。

7.4 湿式除尘系统运行

7.4.1 执行7.2.1、7.2.2、7.2.5条规定。

7.4.2 除尘器应在工艺设备停机后停止运行。除尘器停机后，其供水、排水系统还应运行一段时间，清洗除尘器、排水管道及排水设备内的沉淀。有冰冻季节的地方，除尘系统停车时，排水系统设备及管道中的冲洗水应完全放掉。

7.4.3 湿式除尘系统单独设置的沉淀池应定期清除并妥善处理沉淀物。

7.4.4 煤气净化系统运行执行GB 6222、《转炉煤气净化回收技术规程》及《炼铁安全规程》的规定。

7.5 除尘系统维护

7.5.1 除尘系统的维护包括正常运行时的检查、管路和设备清扫、疏通堵塞、定期加注或更换润滑油（脂）以及及时进行的小修、定期进行的中修和大修。维护范围包括工程配套设施。

7.5.2 除尘设备投入运行一周内应对各连接件进行紧固，对运动部件逐一检查。对袋式除尘器检查清灰机构和滤袋滤尘情况，发现滤袋破损应及时更换。对电除尘器检查振打装置、接地和电场内部情况，清扫高低压电控柜和绝缘材料。反吹风袋式除尘器使用1~2个月后，应对滤袋吊挂机构长度进行调整或更换。对湿式除尘器应定期冲洗、清除淤泥。检查冬季防冻保温措施及净化腐蚀性气体设备防腐蚀措施的完好程度，发现破损应及时处理。

7.5.3 中修宜半年进行一次，包括运转设备的换油及调整，重要配件的更换和修理，电气系统及测试设备的调整，接地极的检查和处理，电场内部、高低压电控柜和绝缘材料的清扫工作等。大修宜2~5年进行一次，除中修的内容外，还应包括各种仪器仪表的检定，滤袋或电极的更换，系统设备的改造和更换，系统加固、油漆和保温等。

7.5.4 设备检修时应做好安全防范，切断设备运行电源，在检修门、电控柜处挂“警示牌”，保管好安全联锁钥匙。人员进入电场内部或涉及到高压部位的区域，除切断全部高压电源外，还应将隔离开关全部切换到接地位置。

7.5.5 除尘设备内部检修要求如下：

a）排净粉尘；

b）用新鲜空气置换出内部残留的气体，使设备内一氧化碳等有毒、有害气体浓度降至安全限度以下；

c）采取降温措施，使除尘器温度降至40℃以下；

d）进入内部的维修人员不得吸烟；

e）采取防止维修人员进入除尘器后检修门自动关闭的措施；

f）对于在线检修的袋式除尘器应切断该单元滤室，一旦出现不适，应立即停止作业；

g）电除尘器阴极要可靠接地，袋式除尘器要拆除相应滤袋，才能进行电焊、气割作业。

7.5.6 煤气净化系统设备和管道的维护及检修应执行GB 6222、《转炉煤气净化回收技术规程》、《炼铁安全规程》及本标准的有关规定。

附录A 电除尘器升压记录（略）

附录B 除尘器运行记录（略）

附录3　电炉炼钢除尘和节能实例

图1和图2为无锡东航环保工程有限公司设计的引流式屋顶集烟罩及其运行情况。该集烟罩比原有屋顶罩降低了30%左右的抽风量，据称烟气捕集率大于98%，用较小的风量可达到理想的捕集效果，因而降低了能耗。

图1　引流式屋顶集烟罩

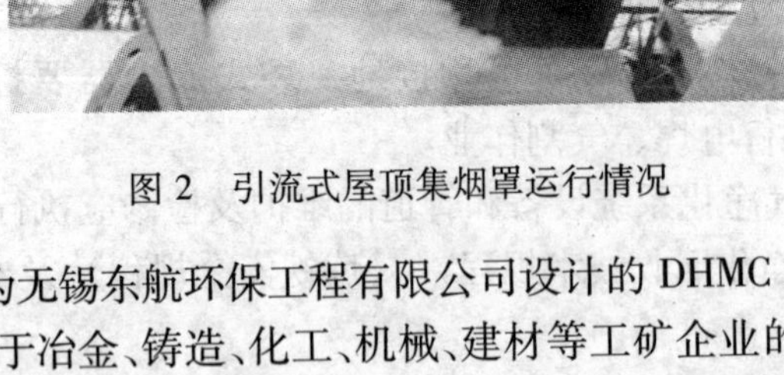

图2　引流式屋顶集烟罩运行情况

图3为无锡东航环保工程有限公司设计的DHMC袋式脉冲除尘器,应用于冶金、铸造、化工、机械、建材等工矿企业的通风除尘。它采用脉冲清灰方式,离线分室反吹,可实行在线监测和定时控制。过滤风速为105～1.25m/min,除尘器阻力低于1300Pa。

图 3　DHMC 袋式脉冲除尘器

图 4 为无锡东航环保工程有限公司设计的电炉移动式半密闭集烟罩，适用于中小型电炉除尘系统。其特点为能耗低、操作方便简单，不影响正常的冶金工作。捕集率大于 95%，目测见不到黄烟。

图 4　电炉移动式半密闭集烟罩

图 5 为无锡东航环保工程有限公司设计的 LF 炉移动式半密闭集烟罩。

图 5　LF 炉移动式半密闭集烟罩

图 6 为无锡市湖山节能技术有限公司研制开发的 HQM 型气箱脉冲袋式除尘器，成功地解决了钢铁冶金、火力发电、建材等行业的高温、高湿、高浓度的烟气粉尘治理，已成功使用于无锡新三洲钢厂、广东江门市新洋热电有限公司、江苏天山水泥集团有限公司等单位。

图 6　HQM 型气箱脉冲袋式除尘器

图 7 和图 8 为法兰克盖姆普能源控制公司开发的钢厂负荷（需量）控制系统及其在锡钢的使用效果。它采用联合国“免费安装，节能共享”的合同管理模式与企业进行合作，已成功地应用于锡钢、衡钢、宝钢、南钢等。

图 7　FRANKE 负荷（需量）控制系统及无功补偿波系统

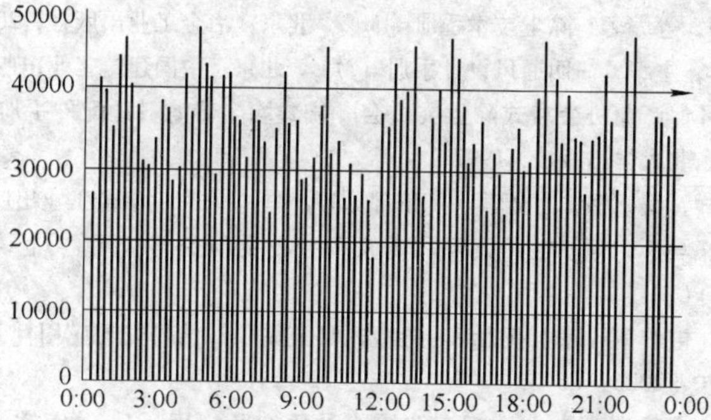

实施前的负荷曲线，最大负荷 50430kW

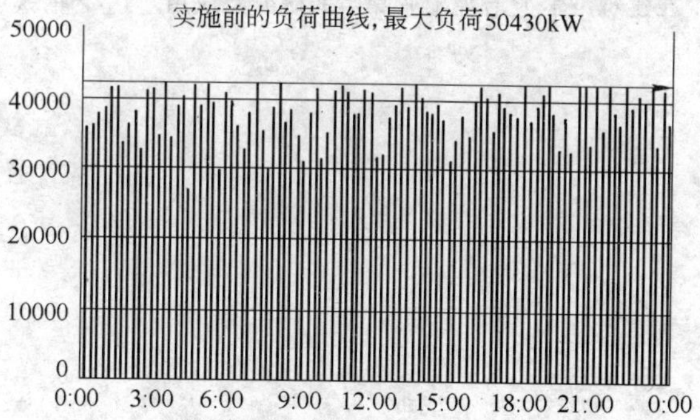

实施后的负荷曲线，最大负荷下降 5022kW

图 8　钢厂负荷（需量）控制系统及其在锡钢的使用效果

参 考 文 献

[1] 国家环境保护局．GB16297—1996 大气污染物综合排放标准［S］．北京：标准出版社，1996.

[2] 国家环境保护局．GB9078—1996 工业炉窑大气污染物排放标准［S］．北京：标准出版社，1996.

[3] GB3095—1996 环境空气质量标准［S］．北京：标准出版社，1996.

[4] 王永忠，宋七棣，编著．电炉炼钢除尘［M］．北京：冶金工业出版社，2003.

[5] 宝钢集团上海五钢有限公司许汝钟，主编．电炉炼钢 500 问（第 2 版）［M］．北京：冶金工业出版社，2004.

[6] 邱绍岐，祝桂华，编著．电炉炼钢原理及工艺［M］．北京：冶金工业出版社，2006.

[7] 沈才芳，等编著．电炉炼钢工艺与设备（第 2 版）［M］．北京：冶金工业出版社，2005.

[8] 张殿印，等编著．除尘技术手册［M］．北京：冶金工业出版社，2002.

[9] 孙一坚，主编．简明通风设计手册［M］．北京：中国建筑工业出版社，1997.

[10] 中国环保产业协会袋式除尘委员会．袋式除尘器滤料计配件手册［M］．沈阳：东北大学出版社，1997.

[11] 陈家祥，编．钢铁冶金学（炼钢部分）［M］．北京：冶金工业出版社，2005.

[12] 沈仁，马丁，等．电炉钢厂用电负荷控制的研究与应用［J］．中国冶金，2005，(1)．

[13] 沈仁．电炉钢厂除尘新型综合导流式环流屋顶罩的研究与应用［J］．冶金环境保护，2006，(6)．

[14] 沈仁．在建筑声学上治理工业噪声的研究及应用［J］．钢铁产业，2007，(4).